国家自然科学基金（批准号：51278413）资助

基于公共利益的大中城市居住地块
开发强度绩效研究

王　阳　黄明华　著

中国建筑工业出版社

图书在版编目(CIP)数据

基于公共利益的大中城市居住地块开发强度绩效研究/王阳，
黄明华著. —北京：中国建筑工业出版社，2014.12
ISBN 978-7-112-17398-3

Ⅰ.①基… Ⅱ.①王… ②黄… Ⅲ.①居住区-城市规划-经济
绩效-研究-中国 Ⅳ.①TU984.12

中国版本图书馆 CIP 数据核字(2014)第 251198 号

本书针对居住地块控规开发强度控制中公共利益缺失的症结，提出
"开发强度绩效"概念，并通过调查西安市 300 个已建成居住地块样本的
当前开发控制状况，重点在地块自身和地块所在片区两个层面构建容积率
与公共利益因子配建关系的数学模型，以此量化分析已建居住地块典型样
本的开发强度指标与公共利益因子的当前配建状况，即"当前绩效"，探
讨公共利益因子完全能满足各类规范要求时，即开发强度达到"期望绩
效"时，开发强度指标和公共利益因子的合理配建关系。

本书可供城市规划设计人员、建筑设计人员及有关专业师生参考。

责任编辑：许顺法　陆新之
责任设计：李志立
责任校对：陈晶晶　刘　钰

基于公共利益的大中城市居住地块
开发强度绩效研究

王　阳　黄明华　著

*

中国建筑工业出版社出版、发行（北京西郊百万庄）
各地新华书店、建筑书店经销
北京科地亚盟排版公司制版
北京画中画印刷有限公司印刷

*

开本：787×1092 毫米　1/16　印张：16　字数：389 千字
2015 年 3 月第一版　　2015 年 3 月第一次印刷
定价：46.00 元
ISBN 978-7-112-17398-3
(26154)

前　言

  目前，在我国大量的居住用地开发建设过程中，居住地块普遍存在住宅停车位和公园绿地配建不足，公共服务设施配套不完善等公共利益缺失的问题。这一问题看似是修建性详细规划（以下简称"修规"）或实际建设中产生的问题，但实际是在控制性详细规划（以下简称"控规"）开发强度指标编制时，住宅建筑日照、组团绿地、公共服务设施等公共利益因子与开发强度指标之间的合理配建关系难以被准确把控，造成的修规方案和后续建设无法在符合控规编制的各项开发强度指标的同时满足公共利益因子的规范要求的问题。本研究针对居住地块控规开发强度控制中公共利益缺失的症结，提出"开发强度绩效"概念，并通过调查西安市 300 个现状已建成居住地块样本的当前开发控制状况，重点在地块自身和地块所在片区两个层面构建容积率与公共利益因子配建关系的数学模型，以此量化分析已建居住地块典型样本的开发强度指标与公共利益因子的当前配建状况，即"当前绩效"，探讨公共利益因子完全能满足各类规范要求时，即开发强度达到"期望绩效"时，开发强度指标和公共利益因子的合理配建关系。

  本研究首先在理论层面对"开发强度绩效"的必要性、目标与方法进行说明和论证，指出期望绩效下的容积率为弹性范围或区间，即"值域化"，提出期望绩效下容积率与公共利益因子的配建关系不受地块层面因子当前配建状况的影响，是控规层面的"理论达到"，是给予下层面规划与建设保障公共利益的可能。其次，选取相关规范的强制性条文中与居住地块开发强度有最实质、最直接、最大影响的，地块自身层面的住宅建筑日照因子、组团绿地因子、停车位因子和地块所在片区层面的小学因子、中学因子、医院因子作为公共利益因子，通过数学建模方法构建单因子开发强度"值域化"模型。再次，运用"值域化"模型计算典型样本的期望绩效下的容积率，通过现状容积率和期望绩效下容积率的数理关系衡量开发强度当前绩效，并对典型样本的开发强度当前绩效进行单因子分析与综合评价。评价结果表明：①除停车位问题外，其他当前居住地块公共利益缺失的问题均主要源于控规开发强度控制方面，控规层面开发强度指标的合理编制对于保障居住地块的公共利益至关重要；②片区层面公共利益因子对居住地块开发强度指标的影响较地块层面大，在控规中应重视把控片区层面公共利益因子的布局与开发强度的配建关系；③期望绩效下的开发强度指标为"理论达到"，在下层面规划使用时必须和各公共利益因子的规范要求同时作用才能最终保障公共利益。最后，基于"值域化"数学模型，提出理想状态下的住宅容积率值域区间为 0.8～5.9，并结合实际状况下的住宅平均高度、建筑密度将容积率值域区间进行细分，形成各项指标细化且对应控制的"居住地块开发强度值域化一览表"。

目　　录

1 绪 论

1.1 研究背景

改革开放 30 多年来，伴随着经济的高速发展，我国的城镇化进程逐步加快。至 2011 年底，全国城镇化水平已超过 50%，达到 51.27%（国家统计局，2012）。随着城镇化进程的快速推进，我国城市居民的居住条件得到巨大改善，城市人均住宅建筑面积近 10 年增加了 10 多平方米，2010 年底已达到 31.6m²/人（住建部，2011），2012 年部分城市（如北京、长春等）的人均住宅建筑面积已接近高收入国家的 35m²/人[1]。从国际经验来看，随着城镇化率达到 50%，城市在国家和地区发展的地位会不断提升，城市文明普及最快，城市辐射力最强。[2] 但与此同时，城镇化率 50% 也是城市问题和社会矛盾不断地积累进而达到激化失衡状态的关键点，集中表现为城市发展中公平与效率失衡，公共利益与经济效益出现矛盾。[3] 当前，虽然我国城市人均住宅建筑面积在不断提高，但在大量的居住用地开发建设过程中，住宅配建停车位、小区游园与组团绿地等公园绿地[4]配建的严重不足、不合理，以及公共服务设施配套的不完善等居住用地公共利益缺失的问题却逐步凸显。因此，在快速城镇化背景下，对于居住用地公共利益的保障亟待城市规划角度的探讨与研究。

开发强度控制是控规的核心内容。开发强度控制主要指控规"规定性控制要素"中的"环境容量控制"。[5] 环境容量控制是为了保证良好的城市环境质量，对建设用地能够容纳的建设量和人口聚集量作出合理规定。其控制手段便是以容积率为核心的开发强度指标，包括：容积率、建筑面积、建筑密度、绿地率、建筑高度等。城市环境容量分为城市自然环境容量和城市人工环境容量两方面。城市自然环境容量主要表现在日照、通风、绿化等方面，建筑密度和容积率过高，绿地率过低，容易造成日照不足、通风不畅、绿地过少、视线干扰等问题，使城市的自然环境质量下降，超出城市自然环境容量；城市人工环境容量主要表现在市政基础设施和公共服务设施的负荷状态上，过高的人口密度将给市政基础

---

[1] 高收入国家的相关数据详见：联合国人居中心编著. 城市化的世界：全球人类住区报告 1996 [M]. 沈建国，于立，董立译. 北京：中国建筑工业出版社，1999。

[2] 高珮义. 中外城市化比较研究 [M]. 天津：南开大学出版社，2004。

[3] 李璐颖. 城市化率 50% 的拐点迷局——典型国家快速城市化阶段发展特征的比较研究 [J]. 城市规划学刊，2013（3）：43-49。

[4] 根据《城市绿地分类标准》（CFF/T 85—2002）条文说明 2.0.4 条及《城市用地分类与规划建设用地标准》（GB 50137—2011）条文说明 3.3.2 条第 8 款对"公共绿地"更名的阐释，本研究将"公共绿地"统称为"公园绿地"。详见：中华人民共和国建设部. 城市绿地分类标准 CFF/T 85—2002 [S]. 北京：中国建筑工业出版社，2002；中华人民共和国住房和城乡建设部，中华人民共和国国家质量监督检验检疫总局. 城市用地分类与规划建设用地标准 GB 50137—2011 [S]. 北京：中国建筑工业出版社，2012。

[5] 同济大学，天津大学，重庆大学，华南理工大学，华中科技大学，联合编写. 控制性详细规划 [M]. 北京：中国建筑工业出版社，2011。

设施和公共服务设施带来沉重的负担，致使各种设施超负荷运转，城市人工环境受到不利的影响。❶ 因此，在城市规划角度，居住用地公共利益的保障与控规开发强度控制中的环境容量控制，即与容积率主导的开发强度指标密切相关。

然而，容积率指标现今并没有国家层面规范强制性条文的限定，社会各界对其争议很大。在实际的开发建设中，容积率经常会不遵循规划随意变动。住房和城乡建设部、监察部开展的专项治理工作数据显示，截至 2010 年底，专项治理工作查处的 2007～2009 年城市房地产开发领域违规变更规划、调整容积率项目中，涉及未按规划容积率建设的项目数占到了总违规项目数的近 90%。❷ 导致容积率指标变更的原因较多，其中容积率的确定价值取向片面，正是导致居住用地公共利益缺失问题的核心。但将此问题引申到开发强度的"绩效"概念，仍需系统和深入的理解。

"绩效"一词来源于行为主义心理学，主要应用于管理学。从字面意思分析，绩效包含有成绩和效益的意思，是"绩"与"效"的组合。"绩"就是业绩，即行为实行后所达到的状态；"效"就是效用，即行为结果达到预期的程度。❸ 用在经济管理活动方面，绩效是指社会经济管理活动的结果和成效。"绩效"目前广泛应用于许多其他学科，如"投资绩效"、"生态绩效"、"土地利用绩效"等。自 2007 年，学者赵民提出"空间绩效"概念，"绩效"开始引起规划界的普遍关注。规划绩效简单看来是规划与绩效的融合，具体而言，城市规划领域中的"绩效"主要指以空间资源和土地开发为对象，以高效引领城乡发展与公平保障公共利益为双重预期目标，城市空间资源配置和土地开发控制的成效。它体现了城市规划是"政府调控城市空间资源、指导城乡发展与建设，维护社会公平、保障公共安全和公众利益的重要公共政策"❹，也与中央政府近年来强调的"保障民生、维护社会公平与正义"以及科学发展的理念一脉相承。

控规作为我国城乡规划体系中具有法定效力的一个重要层次，作为科学技术与公共政策的统一体❺，基本价值的关键就是要体现效率与公平，灵魂与目的便在于谋求公共利益的实现。❻ 因此，作为控规核心内容的开发强度控制也应体现经济效益和社会公平，保障公共利益。在市场经济体制下，凡是能建成的居住开发项目，开发强度基本已满足经济效益，但在维护社会公平、保障公共利益方面往往存在缺失，特别是对和开发强度密切相关，对开发强度有最实质、最直接、最大影响的物质规划层面的公共利益因子，如住宅建筑日照、公园绿地、住宅配建停车位、公共服务设施等的规范要求不一定能得到满足。

一方面，在大多地区的城市，往往存在居住开发项目的容积率过高，开发强度指标突破相关规范所限定的最大人口规模，致使公共利益因子突破规范要求，配套设施因此"超负荷"运转的现象。如《城市居住区规划设计规范》（GB 50180—93）（2002 版）❼（以下

❶ 夏南凯，田宝江，王耀武. 控制性详细规划 [M]. 第 2 版. 上海：同济大学出版社，2005。

❷ 中国城市科学研究会，中国城市规划协会，中国城市规划学会，中国城市规划设计研究院. 中国城市规划发展报告 2010—2011 [M]. 北京：中国建筑工业出版社，2011。

❸ 陈睿. 都市圈空间结构的经济绩效研究 [D]. 北京：北京大学，2007。

❹ 中华人民共和国建设部. 城市规划编制办法 [S]. 北京：中国法制出版社，2006。

❺ 王晓东. 政策视角下对控制性详细规划的几点认识 [J]. 城市规划，2011（12）：13-15。

❻ 宁骚. 公共政策学 [M]. 北京：高等教育出版社，2003。

❼ 中华人民共和国建设部. 城市居住区规划设计规范（2002 版）GB 50180—93 [S]. 北京：中国建筑工业出版社，2002。

简称"居住区规范")的第 5.0.2.1 条要求：大城市的住宅建筑标准日照在大寒日≥2h，中小城市在大寒日≥3h，冬至日≥1h，但是部分已建成住宅建筑的标准日照时间并不达标。即使大多住宅建筑已满足"日照审查规定"要求的住宅建筑日照，现状也基本不考虑有些地区存在的日照"东西晒"问题，即《城市规划资料集——第七分册 城市居住区规划》❶（以下简称"居住区资料集"）2.8.3 节强调的住宅建筑"朝向"问题。同时，根据近年来北京、南京、西安等城市相继出台的"日照审核管理规定"，部分现状居住用地中的住宅建筑还存在大寒日、冬至日累计标准日照时间分别超过 2 个、3 个连续时间段，以及住宅建筑内满足建筑日照标准的户数比例不合理等问题。再如居住区规范第 7.0.4、7.0.5 条规定：居住区内的公园绿地包括中心绿地和其他的块状、带状公园绿地等，中心绿地应以居住区公园、小区小游园、组团绿地三级设置，且各级的用地规模分别不小于 $1hm^2$、$0.4hm^2$、$0.04hm^2$，其他公园绿地宽度不小于 8m，面积不小于 $0.04hm^2$；居住区内公园绿地的总指标，应根据居住人口规模分别达到组团、小区、居住区各层级均不少于 $0.5m^2$/人。同时，《城市绿地分类标准》（CFF/T 85—2002）规定：居住区公园服务半径为 0.5～1.0km，小区小游园服务半径为 0.3～0.5km。但是，许多已建成居住用地的公园绿地指标并不符合规范要求中最具有实质意义的人均指标要求；各类中心绿地服务半径也经常不达标，部分中心绿地被置于居住用地的出入口区域，成了"形象工程"；组团绿地也不满足"有不少于 1/3 的绿地面积在标准的建筑日照阴影线范围之外"的规范要求。居住用地中的住宅配建停车位同样存在总量指标不够，地面、地下停车位配比不合理，停车场服务半径不适宜等问题。公共服务设施则存在项目设置不全面，营利性公共服务设施过多，教育设施、医疗卫生设施等公益性公共服务设施和文化体育设施、市政公用设施等准公益性公共服务设施不足的问题……

另一方面，在某些地区的城市，往往还存在居住开发项目的容积率过低，开发强度指标不能保证相关规范确定的城市发展建设的基础人口规模，致使配套设施"低效率"运转的隐性"囤地"损害公共利益的现象。居住区规范条文说明第 1.0.3 条在阐述"居住区根据居住人口规模进行分级配套是居住区规划的基本原则"时强调："分级的主要目的是配置满足不同层次居民基本的物质与文化生活所需的相关设施，配置水平的主要依据是人口（户）规模。现行的分级规模符合配套设施的经营和管理的经济合理性。"因此，如果居住开发项目的开发强度过低，就会导致支撑配套设施的人口规模不足，配套设施不经济运转。1998～2008 年，我国房地产市场共投入土地约 31 万 hm^2，其中有近 40% 的被投入土地至 2008 年末仍处于闲置状态（戴德梁行 DTZ，2008）。为此，国务院于 2008 年出台了《国务院关于促进节约集约用地的通知》（国发［2008］3 号），国土资源部于 2012 年出台了《闲置土地处理办法》（2012 国土部 53 号令），但这些措施对于隐性"囤地"问题的处理见效甚微。隐性"囤地"在依靠大规模征地来"拉大"城市骨架的欠发达地区的城市，如西北地区的多数城市显得尤为突出。这类地区的城市正处于建设起步与快速发展的过渡阶段，既具有欠发达地区的特征，又隐含了发达地区快速发展的可能。因此，隐性"囤地"，待价而沽，致使配套设施"低效率"运转的现象更为普遍。

---

❶ 同济大学建筑城规学院. 城市规划资料集 第七分册 城市居住区规划［M］. 北京：中国建筑工业出版社，2004。

开发强度绩效针对上述两方面问题提出，具体指以开发强度指标为核心，以保障公共利益为目标，开发强度控制的结果和成效。居住用地开发强度绩效的"绩"具体指以容积率为核心的开发强度指标，这里所述容积率等开发强度指标为居住用地中与公共利益因子密切相关的"纯住宅"，即居住用地中除公寓（不考虑建筑日照的住宅）、住宅建筑的底层商铺等以外的住宅对应的开发强度指标；"效"具体指居住用地开发强度控制的效果，以容积率与住宅建筑日照、公园绿地、住宅配建停车位、公共服务设施等公共利益因子规范要求的合理配建程度作为评判。已建成的居住开发项目的现状容积率指标，及其与公共利益因子的当前配建状况是居住用地开发强度的"当前绩效"。当在一定的容积率指标下，公共利益因子完全能满足各类规范要求时，居住开发项目的开发强度就达到了"期望绩效"。

简言之，现状日益凸现的居住用地公共利益缺失问题的核心就是开发强度绩效的问题。这一问题主要出在控规编制层面。一方面，这源于指标的确定过多考虑政府角度土地开发对城市经济发展、招商引资的促进作用，过分关注开发商角度具体项目的开发利润率❶，而却欠缺考虑市民角度和公共利益密切相关的土地开发的"负外部性"与"公共产品"提供不足的"市场失灵"❷；另一方面，尽管相关规范对各涉及公共利益的因子有明确要求，但这些规范要求与开发强度之间的关系在控规阶段却难以直接被关联，往往只有在修规阶段才会发现两者之间，以及容积率、建筑面积、建筑密度、绿地率、建筑高度等开发强度指标内部之间存在着矛盾。形象地说，修规方案无法既符合控规要求的各项开发强度指标，又同时满足公共利益因子的规范要求。因此，在市场经济的作用下，达到控规容积率等开发强度指标要求经常成为居住用地修规编制中的首要目标，公共利益成为各方博弈中的牺牲品。本研究试图围绕这一问题，以保障居民公共利益为目标，以居住地块开发强度为对象，调查案例城市中现状已建成居住地块当前的开发控制状况，分析其中影响开发强度指标与各公共利益因子合理配建关系的因素及相关情况，重点在地块自身和地块所在片区两个层面构建开发强度指标与公共利益因子配建关系的数学模型，以此量化分析已建居住地块开发强度的"当前绩效"，探讨开发强度"期望绩效"下，与案例城市现实状况密切结合的开发强度指标和公共利益因子的合理配建关系，进而为控规居住地块开发强度的科学控制打下基础。研究对象具体聚焦于陕西省西安市。西安市是《西部大开发"十二五"规划》确定率先发展的重点经济区"关中—天水经济区"的核心城市，其城市的合理开发对该区域乃至西北地区的经济社会发展有着重要影响；同时，西安市位于西北地区东部，居住开发项目的开发强度过高导致配套设施"超负荷"运转的现象，与开发强度过低导致隐性"囤地"、配套设施"低效率"运转的现象并存，研究成果具有一定典型性。研究的用地类型为面向市场投放，具有商业开发性的居住用地（R），具体关注控规中居住用地的最小规划单元——居住地块，即居住组团，主要选择 2000 年以后，经过市场投放、商业性开发建设，并且不受高度控制制约的新建居住地块。这类居住地块大多集中在控规的主要使用区域——城市的新区（包括大规模新建区域），研究成果可直接指导城市新区的控规开发强度指标编制。

---

❶ 何子张. 控规与土地出让条件的"硬捆绑"与"软捆绑"——兼评厦门土地"招拍挂"规划咨询［J］. 规划师，2009（11）：76-81.

❷ 汪坚强. 溯本逐源：控制性详细规划基本问题探讨——转型期控规改革的前提性思考［J］. 城市规划学刊，2012（6）：58-65。

本研究是国家自然科学基金"绩效视角下的西北地区大中城市新区开发强度'值域化'控制方法研究"的子课题。开发强度"值域化"针对当前开发强度指标确定价值取向片面、依据性不强、适应性欠缺的问题而提出，旨在探讨开发强度的"弹性范围或区间"，即"值域化"。希冀通过对已建区域地块开发绩效的调查，确定地块开发强度指标影响因子体系，构建反映地块自身和片区对地块影响的因子与开发强度指标的数理关系模型，确定地块开发强度值域范围，最终实现土地开发强度的科学制定和控制。❶ 目前，开发强度"值域化"研究已形成阶段性成果，既有与居住用地相关的研究成果主要是在理想状态下，即假设居住地块独立存在、不考虑外部因素的影响等情况下，构建反映地块自身对地块影响的公共利益因子（如：日照间距系数、绿化指标与人均公园绿地面积、停车率与停车位等）与以容积率为核心的开发强度指标的数理关系模型，确定地块容积率值域范围。❷❸本研究旨在通过调查、分析已建居住地块当前的开发控制状况，重点在地块自身和地块所在片区两个层面建立数学模型，以此量化分析已建居住地块开发强度的"当前绩效"，探讨更符合现实状况的开发强度指标与公共利益因子数理关系，完善开发强度"值域化"研究成果。其中，地块自身层面建立的数学模型在局部修正与完善的基础上，基本继承开发强度"值域化"既有与居住用地相关的研究成果。

　　综上所述，现今表象上的居住地块开发强度指标规划不合理导致的居住用地公共利益无法满足的问题，实质上核心问题为控规编制层面居住地块容积率等开发强度指标与涉及公共利益的因子之间难以预知关联性，致使开发强度指标自身内部及其与公共利益因子之间关系相互掣肘的问题。因此，以西安市现状已建成居住地块的开发强度为对象，在地块自身和地块所在片区两个层面建立数学模型，以此量化分析开发强度的"当前绩效"，探讨开发强度"期望绩效"下，符合现实状况的居住地块开发强度指标和公共利益因子的合理配建关系是开发强度绩效研究的核心内容。希冀本研究，对于探寻西安市城市居住地块以容积率为核心的开发强度指标与公共利益因子之间的关系，发展完善居住地块开发强度控制方法，充实以开发强度为核心的控规理论，有效引导和控制城市开发建设，具有一定的理论意义和学术价值；对于实践城市规划与社会发展公平、公正的公共政策，促进关中乃至西北地区城市居住用地整体环境品质的提升具有一定的现实意义。

1.2　题目及相关概念释义

　　"城市研究的第一科学问题是基本概念的正确性，没有正确和统一的城市基本概念，就谈不上城市研究，就没有城市科学，就弄不清城市和乡村的基本国情，就不会有正确的决策"。❹ 标准与规范的基本概念是城市规划术语正确使用的前提，是影响城市规划法定性和严肃性的关键。❺ 因为规划中绩效的既有研究处于起步阶段，所以在相关规范和既有研

❶ 黄明华，王阳. 值域化：绩效视角下的城市新建区开发强度控制思考［J］. 城市规划学刊，2013（4）：54-59。
❷ 郑晓伟. 基于公共利益的城市新建居住用地容积率"值域化"控制方法研究［D］. 西安：西安建筑科技大学，2012。
❸ 宋玲. 独立居住地块容积率"值域化"研究［D］. 西安：西安建筑科技大学，2013。
❹ 周一星. 城市研究的第一科学问题是基本概念的正确性［J］. 城市规划学刊，2006（1）：1-5。
❺ 黄明华，程妍，张祎然. 不以规矩，不成方圆——对城市规划术语标准化与规范化的思考［J］. 规划师，2011（8）：107-111。

究中并没有开发强度绩效的标准性或规范性概念。但是,"要定义一个概念,就需将其根本的意义弄清楚,知道它的来龙去脉,要完整揭示它的内涵和外延"(孙施文,1997)。本研究从绩效的角度认识、分析、解决控规层面居住地块开发强度控制中公共利益缺失的问题,首先就必须明确开发强度绩效研究的相关概念,阐明这些概念提出的必要性,解析这些概念的来源、内涵、与相关概念的关系等。

1.2.1 公共利益与公共利益因子

城市规划是协调社会不同利益的一种工具,城市规划的目标就在于实现公共利益的最大化。[1] 维护公共利益是城市规划本质属性的回归[2]。城市规划本质的回归,既体现在认识论与方法论上,也体现在价值论和实践论中,这也许是城市规划哲学的要义[3]。但城市规划经常面对的却是约翰·M. 利维描述的情况:"规划师是绝对的理想主义者,经常为公共利益服务。一旦陷入一些公众争论,规划师会怀疑这是公共利益的事么?因为如果是的话,公众应该在关于它是什么的问题上达成一个一般性的意见。但是,一个在规划界待了很长时间的规划师,也始终没有看到关于这个意见的、哪怕是简单的实例。"[4] 由此可见,公共利益是一个歧义丛生的概念,具有很强的抽象性和不确定性。[5] 公共利益概念在《辞海》和各类字典、词典中均无明确的解释,有关争论在许多学科中也存在已久,仅在政治学与经济学中,关于公共利益的概念就有:近代启蒙思想家的"自然法则、正义的价值标准、价值规范就是公共利益"的"正义说"[6],西方经济学奠基者亚当·斯密(Adam Smith)的"公共利益的形成方式是来源于经济理性人对个人利益的追求"的"自动利益说"[7],杰里米·边沁(Jeremy Bentham)的"公共利益是个人利益的总和"的"个人利益总和说"[8],知名法学家高家伟的"公共利益是指一定范围内不特定多数人的共同利益"的"共同利益说"[9] 等等。尽管大家对公共利益概念的看法如此不同,但是并不影响人们频繁地使用这个词汇,甚至国家法律法规中(如《宪法》、《行政许可法》、《物权法》等)在没有具体定义的条件下也多次采用了这种提法。在城市规划领域,我们所关心的其实并不在于理论上如何定义公共利益,而是在城市规划中如何对待这一问题,以及由此引起的对于城市规划学科性质的思考。[10]

20世纪60年代以前,城市规划领域的主导思想为"物质空间决定论"(Physical Determinism),这一思想认为,通过对物质空间环境的规划,我们就能获得一个良好的城市环境,就可以以此达到所期望的社会目标;但自20世纪60年代以来,"社会文化论"(Socio-culturalism)成为重要的思想,这一思想认为,物质空间依赖于他们的文化、社会

---

❶ 石楠. 试论城市规划中的公共利益 [J]. 城市规划,2004 (6):20-31。
❷ 李东泉,蓝志勇. 论公共政策导向的城市规划与管理 [J]. 中国行政管理,2008 (5):36-39。
❸ 马武定. 城市规划本质的回归 [J]. 城市规划学刊,2005 (1):16-20。
❹ [美] 约翰·M. 利维. 现代城市规划 [M]. 孙景秋等,译. 北京:中国人民大学出版社,2003。
❺ 沈桥林. 公共利益的界定与识别 [J]. 行政与法,2006 (1):87-90。
❻ [法] 卢梭. 社会契约论 [M]. 何兆武,译. 北京:商务印书馆,1980。
❼ [英] 亚当·斯密. 国富论 [M]. 杨敬年,译. 西安:陕西人民出版社,2011。
❽ 任立民,纪高峰. 论我国现行法律中的公共利益条款 [J]. 南华大学学报(社会科学版),2005 (1):76-78。
❾ 高家伟. 论市场经济体制下政府职能的界限 [J]. 法学家,1997 (6):11-18。
❿ 石楠. 试论城市规划中的公共利益 [J]. 城市规划,2004 (6):20-31。

关系和社会组织，同时真正对城市空间、城市土地使用产生决定性作用的是城市社会中人与人的相互作用关系。然而，城市规划能否发挥作用及其作用的程度如何，并不仅仅由城市规划本身所能决定，关键则在于城市规划能否与城市发展的机制相匹配，使之成为城市发展的必然结果。❶ 我国正处在快速城镇化阶段，物质空间规划是城市规划的核心。就规划学科而言，21世纪以来，我国的城市规划正面临着从借鉴相关学科理论（规划中的理论）为主导，进入以人居空间为核心研究对象、建构具有中国特色的"规划本体理论"为主线的历史性时期。❷ 因此，城市规划中的公共利益虽然难以定义，表现的内容包括维护法律秩序、倡导社会公平、追求美好环境、促进全面发展、提供公共服务等多方面（石楠，2004；谢华卫，2006；谢明艳，2007；等），但是核心应立足于"人居空间"的物质规划层面。换言之，城市规划必须体现公共利益，这要求规划在编制与实施过程中要不断地协调不同利益主体在"空间利益"上的冲突和矛盾，以实现城市规划的根本属性。❸

控规作为我国城乡规划体系中具有法定效力的一个重要层次，作为一种具有约束力的公共政策工具，需牢牢围绕"保护公共利益"而展开。❹ 在控规中，公共利益问题集中体现在开发强度控制方面。开发强度控制是控规的核心内容，源于以美国为代表的西方区划条例。区划条例以"保护公众的卫生、健康和福利"作为编制、实施的出发点❺，它存在的合法性基础正是法规"规制权"所保护的公共健康、安全、道德和公共福祉等公共利益❻。保障公共利益虽然是区划条例的法律根源，但当市民、开发商等质疑区划条例、上诉法院时，美国的各级法院并未在有关区划的判决中对"公共利益"这个不明确的法律概念作定义和解释，关于区划的判决均以开发控制的基本情况（住宅户型、公寓、独户住宅、配建商业等情况）和开发强度指标（建筑高度、建筑密度、建筑层数等）对"人居空间"的物质规划因素（交通、卫生、防火、流通的空气和阳光、安静和开阔的户外活动）的影响判断区划条例的限制是否保障了公共利益。❼ 具体到居住用地方面，约翰·M. 利维强调："居住用地的规划主要在于选择有吸引力的土地利用模式。它意味着既要避免过度密集开发或过度分散开发，又要避免局部开发；意味着鼓励一种使居民易于接近娱乐、文化、学校、购物和其他辅助设施的开发模式；意味着有一个便于使用的街道模式，当交通高峰出现时不会过于拥挤"。❽ 日本在其"居住环境基础标准"中也强制性规定，居住用地"在冬至日确保主要居室有适当的日照时间、有适当宽度的道路与外界相连、留有适当的开放空地"❾。上述的"人居空间"物质规划因素所包含的各项内容，与居住用地规划中

❶ 孙施文. 城市规划哲学［M］. 北京：中国建筑工业出版社，1997。

❷ 吴志强，于泓. 城市规划学科的发展方向［J］. 城市规划学刊，2005（06）：2-10。

❸ 蔡克光. 城市规划的公共政策属性及其在编制中的体现［J］. 城市问题，2010（12）：18-22，80。

❹ 汪坚强. 溯本逐源：控制性详细规划基本问题探讨——转型期控规改革的前提性思考［J］. 城市规划学刊，2012（6）：58-65。

❺ 孙晖，梁江. 控制性详细规划应当控制什么——美国地方规划珐规的启示［J］. 城市规划，2000（5）：19-21。

❻ 李泠烨. 城市规划合法性基础研究——以美国区划制度初期的公共利益判断为对象［J］. 环球法律评论，2010（3）：59-71。

❼ 李泠烨. 城市规划合法性基础研究——以美国区划制度初期的公共利益判断为对象［J］. 环球法律评论，2010（3）：59-71；田莉. 城市规划的"公共利益"之辩——《物权法》实施的影响与启示［J］. 城市规划，2010（1）：29-32，47。

❽ ［美］约翰·M. 利维. 现代城市规划［M］. 孙景秋等，译. 北京：中国人民大学出版社，2003。

❾ 马庆林. 日本住宅建设计划及其借鉴意义［J］. 国际城市规划，2012（4）：95-101。

所强调的娱乐、文化、学校、购物和其他辅助设施、交通状况等，以及"居住环境基础标准"中的部分内容其实就是与开发强度控制密切相关的"公共利益因子"。开发强度控制保证公共利益因子基本要求的情况就是开发强度保障公共利益的具体体现。

控规是在借鉴区划原理的基础上，对城市建设项目具体的定位、定性、定量和定环境的引导和控制（江苏省城市规划设计研究院，2002）。在控规的定量控制上，需要将开发项目对周边的日照影响、视线遮挡、交通影响等控制在合理范围之内，对学校、医院、变电所等配套设施进行量化控制，这些都是为了使开发的"外部效应内部化"或有效保障"公共产品"的提供，以保障公共利益。❶所以，保障城市公共设施、公共卫生和公共安全也是控规关注的公共利益的最低标准。具体到开发强度控制方面，需要深入研究满足城市公共卫生和公共安全需要的相关要素，如日照、采光、通风、消防等，加强对这些要素的控制。❷在既有研究中，还有学者列举了文化、体育、社区服务等公益性公共设施、停车场、公园绿地、广场等因素。❸同时，上述因素也多是居住区规范、居住区资料集、《城市住宅区规划原理》❹、省市的城市规划管理技术规定中强制性条文规定的在居住区设计时必须关注的因素。总之，日照、交通、通风、停车场、公园绿地、学校、医院等上述因素均是与控规开发强度密切相关的公共利益因子。

综上，本研究所指的控规中居住地块的开发强度"公共利益"主要体现在：开发强度指标不与和居住地块开发强度密切相关的物质规划层面的公共利益因子的规范配置要求相矛盾。本研究所选择的居住地块公共利益因子，主要总结相关规范和既有研究成果，指和开发强度密切相关，对居住地块开发强度有最实质、最直接、最大影响的物质规划层面的因子。具体包括：地块自身层面的住宅建筑日照、组团绿地、停车位等，地块所在片区层面的小学、中学、医院等公益性公共服务设施的配置等。

1.2.2 居住地块

地块是控规最小的规划单元，通常与宗地相对应。本研究所述居住地块为组团规模。依据居住区规范，居住区划分为居住区、小区、组团三级规模，组团是构成居住区的基本单元，具体指"由若干栋住宅组合而成，并不被小区道路穿越的地块"（居住区资料集1.2.3节）。居住区规范对居住组团的人口规模进行了限定，但未对用地规模作出明确规定。本研究结合目前城市开发建设的实际，对居住组团的规模限定考虑采用《城市住宅区规划原理》中对居住组团限定的 $4\sim6hm^2$ 为范围，这一范围在实践中也最为常用。在《城市用地分类与规划建设用地标准》（GB 50137—2011）中，组团完全为居住用地，包括住宅用地和服务设施用地。住宅用地指"住宅建筑用地及其附属道路、停车场、小游园等用地"，服务设施用地指"小区级以下的幼托、文化、体育、商业、卫生服务、养老助残设施等用地，不包括中小学用地"。正如居住区资料集2.10.1节"住宅组群规划的节地措

---

❶ 汪坚强. 溯本逐源：控制性详细规划基本问题探讨——转型期控规改革的前提性思考［J］. 城市规划学刊，2012（6）：58-65。

❷ 张玉钦. 控制性详细规划指标体系研究［D］. 广州：广州大学，2009。

❸ 伍敏. 公共利益及市场经济规律对我国规划控制要素的影响研究——以曹妃甸新建空港工业区控制性详细规划为例［D］. 北京：中国城市规划设计研究院，2008.

❹ 周俭. 城市住宅区规划原理［M］. 上海：同济大学出版社，1999。

施"——"住宅底层布置公共建筑"中所述，单一地块内综合布局住宅建筑与服务设施类公共建筑（一般为临街）有利于空间综合利用、节约用地，所以在实际建设中，居住组团通常为单一地块，其中的住宅用地和服务设施用地不分地块布局。因此，本研究采用"居住地块"而非"住宅地块"的称呼，旨在强调本研究所述是更为贴近实际开发建设的组团规模的单一居住地块。

选择组团规模的居住地块为研究对象，主要考虑以下两方面。一方面，本研究选择的研究对象主要位于城市的新区。新区既是控规最主要的使用区域，也是各类规范最适用的区域。如居住区规范条文说明 1.0.2 条的论述，"居住区规范的适用范围，是城市的居住区规划设计工作，并主要适用于新建区"，究其缘由是"城市新建区的规划具有基本统一的规划前提条件，可按统一的口径与要求进行本规范的编制工作，可制定适用性强、覆盖面大的规划原则和基本要求，定性及定量的有关标准，可比、可行又易于掌握"。因此，新区中的居住地块更多是按照各类规范由控规规划的居住组团。另一方面，组团规模的地块内部功能较为单纯，易于开发强度"绩"和"效"的分析；同时，组团作为居住区的基本单元，有各类规范作为支撑，可明确区分地块自身层面和片区层面（小区层面）的公共利益因子，利于开发强度绩效中影响开发强度与公共利益因子的相关因素分析研究。

选择 2000 年作为选择研究对象的时间节点，主要有以下几方面考虑。一方面，我国居住区（小区）的实践虽然始于 20 世纪 50 年代后期，但直至 1994 年第一部正式的《城市居住区规划设计规范》颁布实施，公共利益因子的规划要求才有了直接的规范依据，而目前使用的居住区规范为 2002 年修订；另一方面，1998 年 7 月 3 日国务院发布《关于进一步深化住房制度改革加快住房建设的通知》（国发［1998］23 号文），标志着我国住房制度改革的重大突破，住房于当年下半年停止实物分配，正式走向商品化；第三，本研究选择的研究对象主要位于城市新区，而我国城市新区的快速建设则主要集中在 2001 年以来的全国城市建设用地第三次高速增长期。❶

本研究所述居住地块的用地类型为面向市场投放，具有商业开发性的居住用地，主要为除保障性住宅用地以外的二类居住用地。早在 2003 年，国家相关政府部门已规定住宅用地容积率不得小于 0.3，以此杜绝极为高档的别墅类住宅项目的建设。2006 年，国土资源部、国家发展和改革委员会发布了《关于发布实施〈限制用地项目目录（2006 年本）〉和〈禁止用地项目目录（2006 年本）〉的通知》（国土资发［2006］296 号），其中《禁止用地项目目录（2006 年本）》第十五项第 1 条明令禁止"别墅类房地产开发项目"。2012年，《禁止用地项目目录（2012 年本）》第十七项第 1 条再次重申禁止"别墅类房地产开发项目"。关于"禁止用地项目目录"中"别墅"的定义，2006 年时任国土资源部土地利用司副司长李海洋、地籍司长樊志全分别予以过解释，具体指独门独户独院，2～3 层楼形式，占地面积相当大，容积率又非常低的住宅。国土资源部于 2010 年出台新规，即《国土资源部关于严格落实房地产用地调控政策促进土地市场健康发展有关问题的通知》（国土资发［2010］204 号），规定新出让的住宅用地容积率不应小于 1.0。但是，关于"大、中、小所有类型城市新出让的全部住宅用地的容积率不得低于 1.0 的可行性"一直

---

❶ 陆大道. 我国的城镇化进程与空间扩张［J］. 城市规划学刊，2007（4）：47-52。

备受社会各界争议❶，所以"住宅项目容积率不得低于1.0（包括1.0）"的规定后续仅被纳入了《限制用地项目目录（2012年本）》，并未如"别墅类房地产开发项目"一样完全被禁止。因此，本研究中的居住地块不以容积率指标作为选择标准，具体选择非"别墅类"的居住地块，即选择的居住地块不包括三层及三层以下、独门独户独院的别墅项目。同时，考虑到各地关于保障性住房的住宅建筑日照、配建停车位等公共利益因子的要求与一般商品住宅的规范要求存在较大差异，所以本研究中的居住地块也不包含保障性住宅项目。

1.2.3 开发强度绩效

开发强度绩效指以开发强度指标为核心，以保障公共利益为目标，开发强度控制的结果和成效。开发强度绩效的"绩"具体指以容积率为核心的开发强度指标；"效"具体指开发强度控制的效果，以容积率与公共利益因子的合理配建程度作为评判。对于居住地块而言，开发强度绩效的"绩"主要指居住地块中与公共利益因子密切相关的"纯住宅"，即居住地块中除公寓（不考虑建筑日照的住宅）、住宅建筑的底层商铺等以外的住宅对应的容积率等开发强度指标；开发强度绩效的"效"则以"纯住宅"对应的容积率与住宅建筑日照、组团绿地、住宅配建停车位、公共服务设施等公共利益因子的规范要求的合理配建程度进行评判。已建成的居住地块的现状容积率指标及其与公共利益因子的当前配建状况是居住地块开发强度的"当前绩效"。当在一定的容积率指标下，公共利益因子完全能满足各类规范要求时，居住地块的开发强度就达到了"期望绩效"。

开发强度绩效的概念与既有的开发强度评价、评估等概念相似，但存在本质区别。在管理学中，"绩效"概念的核心在于通过对个人、组织之前工作的分析、评价，鼓励、引导、指导组织和个人在后续工作中更好地完成工作任务，达成工作目标。而单纯的"评价"、"评估"概念则旨在强调对过去工作进行总结，对既有工作成果"下结论"，或以此改进、修正既有工作成果。因此，开发强度若与评价、评估概念相结合，重点则是强调对已建地块开发强度合理程度的判断，并期望通过对这一判断，分析开发强度的现状问题，达到改善已建地块开发强度的目标。而根据官方数据，我国目前的规划新区中，仅"开发区"规模就已超过城市现状建成区规模（石楠，2004），新区已成为控规开发强度控制的主要区域；同时，本研究是"绩效视角下的西北地区大中城市新区开发强度'值域化'控制方法研究"的子课题。因此，对已建地块开发强度研究的重点是通过对已建地块开发强度现状的分析，支持后续新区控规编制更为合理的开发强度指标，这一要求更适用"绩效"概念。

开发强度绩效以开发强度指标为核心。在各项指标中，容积率、建筑密度、建筑高度是绩效的主要研究对象。一方面，上述三个指标之间有着最密切的关联，任何一个指标的变化都会直接影响另外两个指标的联动变化；另一方面，上述3个指标对公共利益因子的配建影响最为直接，其他指标，如绿地率可以通过人均公园绿地面积要求和公园绿地日照要求与容积率、建筑密度相关联。就居住用地而言，住宅建筑高度由于住宅经济性和住宅

---

❶ 住宅用地容积率新规存疑点，不得低于1难实现［EB/OL］. 2011-1-2. 凤凰网，http：//365jia. cn/news/2011-01-02/F842A6A7C35BC670. html.

建筑设计规范要求的限制，存在一般的极限范围，这时容积率与建筑密度是绩效的主要研究对象。但就容积率、建筑密度与各公共利益因子的关系而言，容积率由于与住宅规模关系直接，其对于以人均指标为主要规范要求的公共利益因子的影响较建筑密度更为直接。因此，开发强度绩效在兼顾考虑建筑高度、建筑密度的情况下，以容积率为核心研究对象。

开发强度绩效以保障公共利益为目标。在张兵提出的 6 项城市规划"实效评价的有关问题"中，第二项便指出："城市规划师也许更倾向于用某个时期法定的规划成果（plans）作为衡量实效的标尺。"这种以规划方案作为标准，衡量城市建设能在多大程度上按"图"行事的评价，仅适用于那些以解决某个具体问题为目标的规划评价，因此从根本上讲，"评价规划实效的标准应当是城市规划的目标"❶。保障公共利益是城市规划的根本目标❷，因此开发强度绩效也以此为目标。具体而言，在开发强度控制中，公共利益的保障体现在开发强度指标不与公共利益因子的规范要求相矛盾。选择规范要求而非调研结果作为公共利益因子的衡量标准，将避免因公共利益因子隐含着的范围和层次概念❸，造成地块内部居民与外部居民对公共利益因子从不同角度强加"个人利益"。虽然现今有部分研究对既有规范也提出质疑和修正❹，但这并非本研究探讨的内容，其对开发强度绩效的研究也无太大影响。

就开发强度控制的成果和成效而言，隐含了以下三方面含义。

1）开发强度绩效的重点并不在于对已建地块开发强度合理性的评价，而是为了分析"当前绩效"中影响开发强度指标与公共利益因子配建关系的因素，探讨期望绩效下的开发强度指标与公共利益因子的合理配建关系，以期支持后续控规开发强度的合理编制。同时，通过探讨开发强度指标与公共利益因子的合理配建关系，绿地率可通过人均公园绿地面积要求和公园绿地日照要求与容积率、建筑密度相关联，建筑密度可通过住宅建筑日照和建筑后退距离与容积率相关联，这也将解决现今控规开发强度指标编制时存在的难以把握容积率、建筑密度、建筑高度、绿地率等指标内部合理关系的问题。

2）开发强度绩效的成果和成效应为地块所在片区土地使用布局影响下的控规层面的"理论达到"，而非修规层面的"方案达到"或实际建设中的"实际达到"。"规划逻辑的最大特征是其现时的不可直接检测，对于这类检测，我们不掌握任何现成的工具和方法，而只是社会实践才能提供特定时期中的具体评价。"❺ 这也就是说，控规层面开发强度绩效中开发强度与公共利益因子的配建关系是基于地块所在片区土地使用布局状况的"理论"的合理，是给予修规保障公共利益的可能，但最终建设出的居住地块是否能不存在公共利益缺失的问题，还要取决于修规层面的"方案"和后续的具体建设。另外，如某居住地块中的住宅建筑因控规开发强度过高存在"西晒"问题，但在修规方案设计中却通过加设防西晒建筑构件避免了"西晒"，最终实现了公共利益的"方案达到"，这样的开发强度已超出了控规"理论达到"的开发强度，也不属于本研究的内容。

❶ 张兵. 城市规划实效论——城市规划实践的分析理论 [M]. 北京：中国人民大学出版社，1998。

❷ 蔡克光，陈烈. 基于公共政策视角的城市规划绩效偏差分析 [J]. 热带地理，2010（6）：633-637。

❸ 陈俊. 城市规划中公共利益的分析 [D]. 武汉：华中科技大学，2006。

❹ 李飞. 对《城市居住区规划设计规范》（2002）中居住小区理论概念的再审视与调整 [J]. 城市规划学刊，2011（3）：96-102。

❺ 孙施文. 城市规划哲学 [M]. 北京：中国建筑工业出版社，1997。

3）开发强度绩效研究的成果，即开发强度指标与公共利益因子规范要求的合理配建数理关系应是"弹性范围或区间"，即"值域化"。首先，在理论层面，正如埃德蒙·N.培根（Edmund N. Bacon）所说："你不能制造一个规划（make a plan），你只能培植一个规划（grow a plan）。"❶ 控规作为修规的依据，必须在保证开发强度不损害公共利益的基础上给修规的编制留有空间，这就要求控规阶段编制的开发强度给修规"培植规划"的可能。其次，在实践层面，在现今居住地块的开发强度指标与公共利益因子的配建情况中，开发强度过高导致配套设施"超负荷"运转的现象，与开发强度过低导致隐性"圈地"、配套设施"低效率"运转的现象并存，开发强度指标与公共利益因子规范要求的合理配建数理关系，必须既保障开发强度不能过高，也要保证开发强度不能过低。换言之，就是要保证开发强度在一个合理的值域范围。再次，本研究中的居住地块，即居住组团的规模本身就是一个值域范围；同时，在各规范中，公共利益因子的规范要求也多是值域范围。因此，开发强度指标与各公共利益因子的规范要求的合理配建数理关系必然也应是一个值域区间。

1.3 研究目的

1991 年，英国学者希利（Healey）在对城市规划研究进行概括的时候，将有关城市规划的研究目的划分为 4 类：第一类为规划过程中所运用的具体内容的研究，如预测评价、市场分析、交通模型；第二类研究是评价研究，这类研究主要是使规划师及其主顾知道规划、政策和行动是否起作用或已经起作用；第三类研究是对规划实践的社会科学研究，是对规划实践本身进行研究；第四类研究是为帮助实践者来改进他们的实践而进行的研究。❷ 如果以上述方式进行划分，本研究的研究目的在表象上为第二类研究，实则为第四类研究，即通过开发强度绩效的分析与评价，解决现状开发强度绩效的问题，支持后续控规开发强度指标的科学编制。

（1）明确开发强度绩效的目标，规范公共利益因子的类型，实现公共利益保障目标的量化测度

目前，开发强度绩效的主要问题为：①开发强度控制缺少保障公共利益的目标；②开发强度控制与公共利益维护的合理关系难以测度。本研究针对上述问题，首先明确开发强度绩效的目标应为保障公共利益。其次，从与开发强度关系最为密切的指标入手，结合相关规范的强制性条文要求选取公共利益因子，构建细化公共利益目标的指标体系，实现绩效目标的指标化。并根据公共利益因子对居住地块开发强度影响层面的区别，对公共利益因子予以地块自身和片区两个层面的划分。最终，通过构建不同层面公共利益因子与开发强度指标的数学模型，综合确定保证公共利益的开发强度值域区间，以此实现居住地块开发强度控制中公共利益保障目标的简易量化测度。

（2）构建数学模型，量化分析开发强度绩效，支持后续控规开发强度指标的科学编制

本研究分别对与居住地块开发强度绩效有关的公共利益因子进行地块层面、片区层面分析，阐明影响公共利益因子配建情况的因素，借鉴数学模型的方法，构建开发强度指标

---

❶ ［美］埃德蒙·N. 培根. 城市设计［M］. 黄富厢，朱琪，译. 北京：中国建筑工业出版社，2003。

❷ P. Healey. Researching Planning［J］. Practical TPR，1991（4）：447-459。

和公共利益因子的"单因子—综合模型",在开发强度绩效的方法上,实现技术手段的重点突破。然后,基于数学模型,将公共利益因子的规范要求与开发强度指标相挂钩,以具体数据量化分析居住地块开发强度的当前绩效,实现公共利益保障情况从初步感性测度向绩效科学测量的转变。最终,以"单因子—综合模型"为支撑,以当前绩效的分析结果为基础,探讨期望绩效下居住地块的开发强度指标和公共利益因子的合理数理关系,为后续控规开发强度指标的科学编制打下基础。

总之,开发强度绩效研究的核心目的,并不是为单纯评价案例城市已建成居住地块开发强度和各公共利益因子配建关系的合理性,而旨在通过对当前绩效的分析发现影响各公共利益因子与开发强度指标配建关系的现实因素,重点分析这些因素影响下各公共利益因子与开发强度指标的配建情况,以此探讨期望绩效下,居住地块开发强度指标和公共利益因子的合理配建关系,支持控规开发强度指标的合理编制。

1.4 研究意义

(1) 开发强度绩效有利于完善规划评估的类型与方法,彰显规划的公共政策属性

现有的规划理论和方法中,并非没有类似于"绩效"的内容,最为接近的便是"规划评估"。随着《中华人民共和国城乡规划法》(以下简称"规划法")的不断深入实施,我国的城市规划工作已逐步走上了一条"编制—实施—评估—修改完善"的道路,城市规划的评估已成为政府的职能。规划法第四十六条规定:"省域城镇体系规划、城市总体规划、镇总体规划的组织编制机关,应当组织有关部门和专家定期对规划实施情况进行评估,并采取论证会、听证会或者其他方式征求公众意见。组织编制机关应当向本级人民代表大会常务委员会、镇人民代表大会和原审批机关提出评估报告并附具征求意见的情况。"2009年,住房和城乡建设部颁布《城市总体规划实施评估办法(试行)》,总规评估得到了细化。随着规划评估法规的完善,近年来规划界对于规划评估的关注不断加强,2011年城市规划年会就专题设置了"聚焦规划评估"的自由论坛。但是,目前规划法对于需要评估的规划类型覆盖并不合理,并且没有提出具体的评估操作办法,致使规划评估仍存在许多问题,开发强度绩效将对这些问题予以完善。

1) 开发强度绩效有利于完善法定规划评估与实践中评估的类型。我国的法定城市规划包括总规和详规,详规还包括控规和修规,但法定的评估规划类型仅有省域城镇体系规划和城市、镇总规。同时,我国现阶段的规划评估实践也多集中在三个领域:一是关于城市土地使用总体规划方案和实施的宏观战略性评估,二是关于城市详细修建项目方案和建设的微观操作评估,三是关于城市交通、环境、经济等方面的专项影响评估。❶ 而对城市建设最具直接指导意义的控规的评估问题被忽视。开发强度绩效是针对控规核心内容的研究,一定程度上弥补了法定规划评估、规划评估实践中忽视控规评估的问题,使开发强度的优劣有了较为合理可行的衡量手段。

2) 开发强度绩效有利于提高规划评估依据、目标、手段的科学性。我国现已进行的规划评估多是对规划实施结果与规划编制蓝图之间的比对,这无疑是在强调规划决策的最

---

❶ 欧阳鹏. 公共政策视角下城市规划评估模式与方法初探 [J]. 城市规划, 2008 (12): 22-28。

优性和科学性，认为之前所编制的规划是一种客观的判断标准，可以用来评价规划的价值。这与 20 世纪 70 年代西方规划界强调规划的"理性"、"系统性"观念如出一辙，但在 20 世纪 80 年代，西方规划界便已普遍出现了反对的声音，也开始相信"事实上规划的确不存在一种绝对的最优方案"。既然如此，单纯地对规划编制蓝图与规划实施结果进行比照评估的方式及其价值就不得不被质疑。与既有的规划评估重点在于对规划"下结论"存在明显不同，开发强度绩效重在探讨规划及其实施结果是否满足公共利益要求，强调开发强度指标的适时合理性，不以某个已有控规作为分析、评估标准，改善了传统规划评估方法对公共利益把控的不足，将有效提高规划评估依据、目标、手段的科学性。

3) 开发强度绩效有利于彰显规划的公共政策属性。城市规划的公共政策属性已毋庸置疑，在规划中主要体现在两方面，一为把控公共利益，二为强调公众参与。目前的规划评估多是在"宏观"层面，虽然规划法强调了规划评估的公共参与，但被评估的规划多与群众生活存在"距离"，公众参与规划仅仅是把公众请来"谈谈规划"，公众参与的积极性并不高（刘奇志，2011）。而在与人民群众利益直接相关的控规层面，虽然现存一定的"预估"（如专家评审、公示等），但控规一般是先编制后公示，公众的意见对于规划结果难以产生太大影响。开发强度绩效以保障公共利益为目标，重点在于通过对已建地块开发强度的研究和分析，构建开发强度指标与公共利益因子数理关系的模型以把控公共利益，支持后续控规编制更为合理的开发强度指标，并为修规阶段开发强度的公众参与和市场运作创造可能。

总之，现行的规划评估并未关注到控规层面的开发强度控制，即使运用现有的规划评估方法对开发强度进行评估，也只能是对开发强度的规划与实施情况进行比照，并不能解决开发强度控制现存的主要问题，也无法支持后续控规开发强度的科学合理编制。而开发强度绩效研究对于弥补开发强度评估的缺失，对于完善规划评估体系具有较强的现实意义。

（2）开发强度绩效有利于保障公共利益，增强控规开发强度指标编制的科学性

自《城乡规划法》颁布与实施以来，控规的法定性得到增强，但这并未减少市民、政府、专家学者对控规科学性的质疑。近几年的城市规划年会，就控规分别开展了"控制性详细规划：问题与应对"、"何去何从话控规"等自由论坛讨论，讨论内容主要是围绕控规的科学编制问题展开，其中探讨影响控规科学性的核心问题便是开发强度指标的科学编制问题。控规是一种针对城市开发的政策工具或手段，与城市建设密切关联，决定了土地开发的规模和强度，但控规更是一种保障公共利益，界定和规范市场开发、土地使用权利的规则（吴维佳，2010）。合理的开发强度指标不能忽视对公共利益的保障，如何将开发强度指标与公共利益保障相挂钩，成为影响开发强度指标科学性的关键。因此，通过开发强度绩效研究，调查、分析公共利益因子实际建成指标和规范指标的差异及差异存在的原因，探寻公共利益因子和开发强度之间的关系，对于控规开发强度指标的科学编制具有重要的理论和实践意义。

本研究以居住地块为研究对象，居住地块的现存开发强度绩效问题已经直接危害了公共利益、影响了居住地块的环境品质，但既有的解决方式只是对已建成居住地块的某个公共利益因子缺失的"弥补"（如缺少停车位就单独规划弥补现状停车位的不足），而这种"弥补"对后续规划建设的居住地块缺少借鉴意义，新建设的居住地块的公共利益因子仍会存在因开发强度指标规划不合理导致的不能满足规范要求的问题。因此，本研究对于从法定规划角度标本兼治地解决居住地块的现存开发强度绩效问题，对于维护居民公共利益，促进城市

居住用地由"人均住宅建筑面积"的提高到"环境品质"的提升具有重要的现实意义。

1.5 研究方法

（1）文献综合和辩证评述

文献综合的方法是指搜集、整理、分析国内外相关学术论文、理论著作、研究报告等文献成果的方法。既有文献研究中，与居住地块开发强度绩效相关的文献研究包括国内外的住房建设状况、开发强度控制方法、规划评估、开发强度评估、规划绩效等方面的研究。为了避免对既有国内外相关文献剥离"语境"、"时态"的片面解读，本研究围绕开发强度绩效，采用"发展"、"联系"、"矛盾与统一"的辩证方法评述既有文献。具体而言，本研究对既有文献以"历程评述"的历史发展眼光予以认知，以与各国的开发强度控制方法密切联系结合的思路进行分析，最终对文献研究的成果既要吸收"他山之石"中"统一"的方面，又要借鉴"西为中用"中"矛盾"的方面。

（2）资料调研和实地调查

开发强度绩效研究需要以案例城市的大量已建居住地块的开发强度控制的基本状况作为研究基础。文中在说明开发强度当前绩效的问题阶段，调研资料不需要过多限定居住地块用地规模，可以普适性的资料调研结果为主，资料来源为规划局审批资料、网络公示资料、Google Earth 等，资料调研内容包括已建居住地块的用地面积、住宅户数、容积率、建筑面积、建筑密度、绿地率、配建停车位等；在分析影响开发强度指标和公共利益因子配建关系的因素阶段，因为公共利益因子的配建要求需要与居住规模相对应，所以选取适宜规模的典型居住地块为分析对象，并将资料调研与实地调查相结合，调查内容需细化到居住地块自身的地下车库范围与层数，组团绿地建设形式与规模等，居住地块周边相邻地块建设状况、周边道路等级以及居住地块所在片区的中学、小学、医院情况。在实地调查中，本研究还将根据研究需要进行住户访谈。

（3）绩效目标和绩效分析

"绩效"主要应用于管理学，管理绩效一般通过绩效分析和绩效评价来实现绩效目标。绩效的目标重要的是要把握本质，一般需要以指标的形式具体化，但是绩效的目标并不是要将所有的东西全部加以量化才够客观，而是要避免分析与评价时的主观臆断、怀疑与测量的偏差。[1] 因此，本研究以维护居住地块的公共利益为绩效的目标，具体以公共利益因子的规范要求为绩效分析、绩效评价的标准。公共利益因子以规范要求予以衡量，这将一定程度上避免公共利益因子的要求被主观臆断。绩效分析是人类绩效技术模型的第一步，若没有明确和澄清问题及绩效差距，就不可能找出原因，也不可能设计或选择一种解决方案。绩效分析包括三个阶段：组织分析、环境分析和差距分析。组织分析是对组成战略计划的成分的深入考察，包括对组织愿景、使命、价值、目标和策略的深入考察；环境分析是确定支持真实绩效的现实因素并找出其中主要因素的过程；差距分析可以用来确定当前的结果以及期望的结果。本研究的重点内容为在地块自身和地块所在片区两个层面分析

---

[1] C. E. Schneier, R. W. Beatly, C. S. Baired. The performance management sourcebook [M]. Amherst, Massachusetts: Human Resource Development Press, Inc, 1987.

"当前绩效"中开发强度指标与各公共利益因子配建关系的情况，以此探讨开发强度"期望绩效"下，与案例城市现实状况密切结合的居住地块开发强度指标和公共利益因子的合理配建关系。其中，对于案例城市居住地块"当前绩效"下开发强度公共利益缺失问题的探讨即为"组织分析"，对于开发强度指标与各公共利益因子配建情况的分析即为"环境分析"，"当前绩效"与"期望绩效"的对比即为"差距分析"。

　　（4）数学模型和值域计算

　　本研究探讨的更符合现实开发状况的开发强度指标与公共利益因子的配建关系为数理关系，可采用建立数学模型的方法予以研究。数学模型（Mathematical Model）是近些年发展起来的数学理论与实际问题相结合的一门新学科。它将现实问题归结为相应的数学问题，并在此基础上利用数学的概念、方法和理论进行深入的分析和研究，从而从定性或定量的角度来刻画实际问题，并为解决现实问题提供精确的数据或可靠的指导。开发强度绩效通过数学建模，表达成果为"值域化"。值域的上限值以满足公共利益因子的国家规范和技术标准的最低限度为原则进行规划求解，通过定量计算的方式分别计算开发强度的最大值；下限值重点在于确保在居住组团层面有一定的人口规模和建筑总量来支撑相应的公共服务设施，同时在理论上通过"限低"行为保障城市宏观层面的公共利益，避免开发商的隐性"囤地"行为。

1.6　研究内容与框架

　　本研究针对居住地块缺乏停车位、公园绿地、公共服务设施等问题，从开发强度控制与公共利益维护的合理关系难以测度的问题出发，以保障公共利益为绩效目标，以居住地块的开发强度为对象，调查西安市新区中现状已建成居住地块的开发控制状况，重点在地块自身和地块所在片区两个层面分析"当前绩效"中开发强度指标与各公共利益因子合理配建关系的情况，以此为基础探讨符合西安市城市开发需求的期望绩效下新区居住地块开发强度指标和公共利益因子指标之间合理的配建关系，以期为后续控规开发强度指标的合理确定提供一种借鉴。

　　本研究的重点是对居住地块开发强度绩效进行分析。开发强度绩效的分析和规划评估的要素具有一定共通性。第一个是数据库，没有数据库研究无从谈起；第二个是模型，这是最重要的技术手段（徐忠平，2011）。本研究的研究内容基于此可分为"数据库"和"模型"两部分。"数据库"包括理论数据库和实际调查数据库。理论数据库是总结国内外与开发强度绩效密切相关的理论、方法，为后续研究作理论与技术方法的支撑。实际调查数据库是对西安市新区中已建成居住地块的普适性调查和典型性调查。通过对西安市新区中已建成居住地块开发强度的普适性调查，旨在指出居住地块公共利益缺失的普遍现象，再次明确居住地块开发强度绩效的问题，对地块的规模无要求；选取典型居住地块，旨在选取符合组团规模的地块，以利于后续对其公共利益因子进行地块自身和片区不同层面的分类探讨与筛选。"模型"主要指数学模型，本研究构建的数学模型为"单因子—综合模型"，即根据开发强度当前绩效调查，将公共利益因子分为"地块"和"片区"两个层面，对每个层面中影响单个公共利益因子与开发强度指标数理关系的因素进行分析，并构建单个公共利益因子与开发强度指标"单因子数学模型"，最后综合单因子模型所得结果取交集得"综合模型"。考虑在开发强度绩效中，每个公共利益因子的规范要求都必须得到满足，不存在"主"与"次"等权重问题，因此不选用卡普兰和诺顿的平衡记分卡法（BCS）、熵模型、层次分析法（AHP）、主成分分析法（PCA）等既有管理绩效的方法，以简单的取交集方法构建"单因子—综合模型"。

本研究的研究框架如图 1-1 所示。

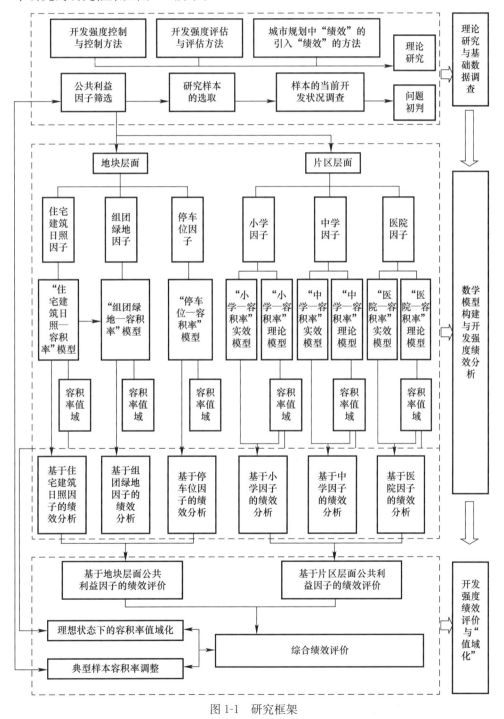

图 1-1 研究框架

2 相关理论基础与研究现状评述

2.1 开发强度控制与控制方法

2.1.1 西方住宅建设发展历程与开发强度控制

现代城市规划起源于西方国家对于城市公共卫生、公共安全等公共利益问题的关注。在 19 世纪末，城市公共利益的保障主要通过城市结构层面问题的解决来实现（如污染型工业与居住混杂布局），最著名的研究成果即为"田园城市"。但随着现代建筑，特别是高层建筑的发展，住宅采光、通风、绿地、交通等城市公共利益的保障已不局限于城市结构与布局层面。"光明城市"理念便是基于高层住宅模式，试图通过降低建筑密度，提高容积率，从开发强度层面解决当时城市公共利益缺失的问题。由此可见，住宅形式等住宅建设状况在很大程度上会影响城市公共利益问题的解决。

西方各国的城镇化历程、土地资源情况、土地产权状况等并不相同，所以各国的住宅建设状况也存在一些差别，这直接表现在各个国家主导的住宅形式与对应的开发强度控制方法方面。住宅形式的不同将直接影响居住用地的开发强度控制方法，以至影响开发强度指标与公共利益因子的配建关系，最终影响开发强度绩效。西方"住宅"的概念不仅包括单个的住宅，而且包括住宅的整个室外环境和配套设施以及整个社区的服务。[1] 其中，单个住宅的形式包括高层住宅、中高层住宅、联立式多层住宅、联立式低层住宅、户式独栋低层住宅等。

美国以"区划条例"控制开发强度。美国土地所有权和开发权多为私有（美国私人土地占国土面积的 58%），所有土地的开发强度指标起初就根据用地性质在区划条例中以法律条文的形式明确下来，而最终的容积率指标可"根据市场供求状况谈判"和"借鉴已有经验"两种方式修正确定。修正开发强度的根本依据就在于现有的开发强度指标是否影响了公共卫生、公共安全等公共利益。在美国，户式独栋低层住宅占有主导地位。时至 21 世纪初，户式独栋低层住宅占所有住宅的 76.8%，7 层及 7 层以上的住宅只占到 1.8%。这一方面缘于美国人少地多，为户式独栋低层住宅的大量存在提供了条件；另一方面缘于美国私人土地为主的产权模式，使集合式住宅建造的交易成本较高，在经济杠杆的规则下，各家各户自成体系的独栋住宅成为主流。[2] 2006～2007 年，随着美国油价大涨，人们开始认识到"面积大致相当的房子，在远郊的生活费反而更大"，他们开始纷纷向市区和近郊搬迁。[3] 同时，近年随着"低碳"理念逐步深入人心，美国住宅发展中开始出现形式

---

[1] Ko Ching Shih. American housing, a macro view [M]. K C S & Assoc 1990.

[2] 刘美霞. 中美住宅形式对比研究 [J]. 中国建设信息，2004（10）：41-44。

[3] 薛涌. 国远郊居住模式面临转折点 [J]. 共产党员：下半月，2012（2）：44。

类似于居住组团（Housing Cluster），以达到永久保留一定比例的原生态自然景观为目的的"簇团开发模式"（Cluster Development）。簇团开发改变了过去美国郊区独立式别墅加大花园的规划方式，提出通过区划调整，建设不低于一定密度的住宅组团。❶ 这种新型的开发模式对区划提出了新的要求，开发强度现今多以"个案"的方式予以"谈判"解决。总之，对于居住用地而言，美国大部分地区的住宅仍多为低层，在区划条例限定下，开发强度过高致使公共利益受损的情况并不多见。而即使在一些居住区容积率较高的大城市、特大城市（如华盛顿居住区平均容积率为 6，纽约为 10），出现开发强度影响公共利益的情况，法院也能够满足为数不多的"区划条例"修正需求，以"个案"的"谈判"保障公共利益。

在欧洲，自产业革命以来，城镇化进程加速，城市建设用地的紧张成为日益突出的问题。尤其在二战以后，百废待兴，许多欧洲国家坚持粮食自给政策，严控建设用地，保护农田，这对城市住宅有效使用土地提出了严格要求。因此，高层住宅以其基地面积小，容积率高，便于集中布置室外绿地，节地效果显著的优点，成为 20 世纪五六十年代欧洲各国在住宅建设中大量采用的形式。然而，随着大量建设和使用，高层住宅所存在的问题开始凸显：①高层住宅的造价较多层或低层住宅呈几何级增加；②高层住宅使用面积有限，公摊面积较大；③20 世纪 70 年代，欧洲建筑界开始意识到高层住宅不利于室外活动和邻里交往，对城市传统风貌也有一定程度的破坏；④高层建筑逐步走向工业化的建造方式，这使建筑商变本加厉地追求大型、廉价、快速的标准化建设，工程质量随之不断下滑。1968 年，英国罗兰·波音特的一栋 22 层住宅因煤气管道爆炸而使许多阳台坍塌的事件，直接导致了高层住宅在英国的终结。20 世纪 70 年代开始，欧洲国家高层住宅的建设量大大减少，多数仅用于向单身者提供公寓。❷ 20 世纪 90 年代以后，随着建筑科技的进步，欧洲各国开始在住宅建设方面大力创新，荷兰阿姆斯特丹的"沃佐科住宅"（Wozoco Apartments）便是在高容积率要求与高度限制下，出于为住户提供足够多阳光的考虑，将 87 套住宅建于传统的建筑体块内，将 13 套住宅悬挂在建筑外面；荷兰的"仙人掌公寓"也是以类似"仙人掌"的建筑形态力求将每户单元房的户外空间以及室内采光最大化。❸ 因此，就建造普通形式的住宅而言，源于"区划"的德国建造规划（B-Plan）、法国土地利用规划（POS）对开发强度的刚性控制足以防止容积率指标过高影响居住用地公共利益的问题；而英国原来的地方规划（L-Plan）和 2001 年以后的"地方发展框架"在开发强度方面的"个案审批制"是以具体的方案审查方式保障公共利益。开发强度"个案"的控制为先锋住宅建筑的建设提供了机会，通过住宅建筑方案的创新实现住宅公共利益的最大化，这在一定程度上也起到了调节开发强度和公共利益配建关系的作用。

日本住宅建设的国情与我国类似，开发强度以"区划"和"街区规划"分类控制。日本土地所有权和开发权虽然多为私有，但国家可以根据公共利益需求征收私人土地，集中开发公益性项目。日本私有土地上的住宅，多为独户低层住宅，以"区划"控制开发强度，保障公共利益。多层、高层住宅一般为公营住宅（公营住宅是日本政府保障公民基本

❶ 吴浩军. 簇团开发理论和实践［J］. 国际城市规划，2009（6）：53-65。
❷ 肖诚. 欧美对居住密度与住宅形式关系的探讨［J］. 南方建筑，1998（3）：81-84。
❸ 盘点世界十大最奇怪的住宅［EB/OL］. 新华网，2012-06-05. http：//news. xinhuanet. com/tech/2012-06-05/c-123168585. html。

住房权利的主要手段，由地方公共团体建设、收购或者租借，以低廉的租金供低收入者租住）、住宅公团建造的住宅（住宅公团由国家出资成立，在大城市及其周边修建住宅，面向中等收入者出售或租赁）、住宅金融公库资金支持的住宅（住宅金融公库直接隶属于政府，为居民提供长期低息住房贷款，向住房建设提供充足必要的资金支持及一般金融机构所不能提供的融资服务）。❶ 这类住宅都是集中开发的公益性项目，因此开发强度一般不过多受区划限制，具体以"街区规划"编制类似于我国修规的方案，以具体的方案避免"区划"规定的开发强度对居住用地公共利益的损害。

韩国是世界上人口密度最大的地区之一，如今高层住宅占到所有住宅的近50％，住宅建设的状况与我国十分相似。韩国土地所有权和开发权多为私有，但住宅开发以公营为主导。在1960～1990年间的快速城市化时期，政府对住房市场进行了广泛的干预，于1978年成立韩国土地开发公司（KLDC），以公营方式征收住宅开发用地，特别在1976～1978年、1988～1992年的两个时期内，韩国公营征用居住用地达到高潮，公营征用居住用地的比重分别达82.96％、36.68％。❷ 韩国以源于日本"区划"的"城市管理规划"和1980年开始纳入法定城市规划体系的"城市设计"控制开发强度。❸ "城市管理规划"主要用于维护旧城区住宅或控制2～4层的私有独户住宅建设，对公共利益的把控较为"刚性"，足以保障居住用地的公共利益。高层住宅集中的大规模"居住小区"多为公营征用居住用地或大型企业居住用地，其多选址在对周边地块开发影响较小的山丘间，并以"城市设计"指导建筑设计维护居住用地的公共利益。具体看来，韩国的住宅建筑多为15层左右的北侧单廊式结构，主流套型为$80～100m^2$，每户套型的面宽较宽，进深很窄，确保了住宅良好的采光和通风。❹ 同时，韩国家庭汽车的拥有率很高，为保证居住区的绿化景观，高层住宅大多把一层架空，实现人车分流，为庭院绿化争取更多的空间。❺

综上，欧美国家的城镇化历程都在百年以上，加之住宅形式多为低层、多层，住宅建设中开发强度对公共利益的影响并不突出，美、德、法等国的"区划"，英国的"个案审批"足以解决因开发强度过高损害公共利益的"个案"。日本和韩国虽然城镇化历程较短，住宅建设状况与我国类似，但因为我国住宅建设的总体规模较日、韩要大很多，"街区规划"、"城市设计"这类修规的做法并不能满足我国的大规模城市建设需求。因此，西方各国的住宅开发强度控制虽然都能较大程度地维护居住用地的公共利益，但是其方法并不适用于解决我国控规中的开发强度绩效问题。住宅形式与一个国家的政治、经济、社会、技术、人文等的变迁密切相关。我国现代住宅寻求自身发展道路不过50余年，而今与快速城镇化相伴的城市人口增长、土地控制、地区发展差异等问题，更是引发了有关住宅形式的众多争议。❻ 总之，我国在宏观层面各城市的地区差异很大，在微观层面同一居住用地内的住宅形式也较西方各国复杂，这给控规把控开发强度、保障公共利益提出了更高要

❶ 马庆林. 日本住宅建设计划及其借鉴意义 [J]. 国际城市规划，2012 (4)：95-101。

❷ 李恩平，李奇. 韩国快速城市化时期的住房政策演变及其启示 [J]. 发展研究，2011 (7)：37-40。

❸ Man-Hyung Lee, Chan-Ho Kim. 韩国城市与区域规划体系发展过程与特点 [J]. 高毅存译. 北京规划建设，2005 (5)：62-64。

❹ 王光裕. 韩国城市建设启示 [J]. 上海房地，2002 (11)：46-48。

❺ 韩林飞，周岳，薛飞. 北京VS首尔——住宅形式、社区布局和住房政策的提升空间 [J]. 北京规划建设，2009 (5)：130-133。

❻ 吕俊华，彼得·罗，张杰，主编. 中国现代城市住宅（1840-2000）[M]. 北京：清华大学出版社，2003。

求。一方面，控规既要把控开发强度的上限，防止开发强度过高损害公共利益；另一方面，控规又要考虑我国各地区的较大差异，防止欠发达地区城市隐性"圈地"损害公共利益的问题。如何从科学角度，在控规层面把控开发强度指标与公共利益因子规范要求的关系便成为提高开发强度绩效的根本途径。

2.1.2 控规中与开发强度绩效相关的开发强度控制方法

（1）与保障公共利益相关的方法

与开发强度绩效相关的控规开发强度控制方法，在研究内容方面主要为与保障公共利益相关的方法。早在1988年，林茂基于系统综合平衡原则，通过数学建模的方式，对板式住宅（包括直线形行列式布局、直线形交错式布局）、点式住宅、板点结合等不同建筑组合形态和低层、多层、高层不同建筑层数的居住地块，进行了基于建筑日照标准下日照间距系数和不同人均绿地指标的最大容积率求解。[1] 随后的研究则主要基于单个公共利益因子确定开发强度，具体包括基于住宅建筑日照、交通条件的研究。基于住宅建筑日照的研究多采用计算机对日照间距、开发强度进行数学计算。早期，韩晓晖利用计算机技术抽象出了5种典型的居住组团布局，通过日照、朝向和层数的限制条件计算出居住密度，绘制密度与层数、朝向及日照之间的关系图，初步探索了在满足日照的情况下提高容积率的可能性。[2] 后来，宋小冬等针对一般的"居住建筑容积率和基地周边建筑日照标准的矛盾"提出"基于仿生学人工智能计算方法产生最大包络体的日照标准约束下的建筑容积率估算方法"[3]，针对"大地块、北侧地块尚未建设条件下的建筑间距控制"提出"空隙率控制方法"[4]，针对"高层、高密度、小地块条件下的建筑日照间距控制"提出"方位通道、高度通道二级通道控制方法"[5]；近来，宋小冬等对原有的最大包络体计算方法进行了改进，将基于经验的人工建筑布局和计算机自动优化结合起来，在大约 $0.5\sim5hm^2$ 的基地内开展计算机模拟实验，计算容积率上限。[6] 基于交通条件的研究主要采用数学模型的方法，强调应该根据城市道路规划状况确定道路出行承载力极限，由此确定与之直接相关用地的开发强度，并提出了交通条件约束下的土地使用强度"以供定需"控制方法。[7]

与保障公共利益相关的控规开发强度控制方法还隐含于城市密度分区法及针对单个公共利益因子的相关研究中。城市密度分区法是对城市开发总量进行"片区—街区—地块"不同层级分配的方法，其已是现今较为成熟的开发强度控制方法。在这一方法的总量确定中，"基于人均公共服务设施的预测"一定程度上考虑了人均公共服务设施指标与开发强度的配比关系，相关计算思路可为本研究借鉴。[8] 针对单个公共利益因子的相关研究中，

❶ 林茂. 住宅建筑合理高密度的系统化研究——容积率与绿地量的综合平衡 [J]. 新建筑，1988（4）：38-43。
❷ 韩晓晖，张晔. 居住组团模式日照与密度的研究 [J]. 住宅科技，1999（9）：6-9。
❸ 宋小冬，孙澄宇. 日照标准约束下的建筑容积率估算方法探讨 [J]. 城市规划汇刊，2004（6）：70-73。
❹ 宋小冬，田峰. 现行日照标准下高层建筑宽度和侧向间距的控制与协调 [J]. 城市规划学刊，2009（4）：82-85。
❺ 宋小冬，田峰. 高层、高密度、小地块条件下建筑日照二级间距的控制与协调 [J]. 城市规划学刊，2009（5）：96-100。
❻ 宋小冬，庞磊，孙澄宇. 住宅地块容积率估算方法再探 [J]. 城市规划学刊，2010（2）：57-63。
❼ 王献香. 交通条件约素下的土地开发强度研究 [J]. 交通与运输，2008（12）：7-10。
❽ 王阳. 城市总体规划层面上土地使用强度控制体系研究 [D]. 西安：西安建筑科技大学，2011。

郭妮用假设标准化模型的方式详细论证了小区土地可以容纳的停车数量，在此基础上推算了不同开发强度和不同户型面积下小区可能的停车率，这一数学模型对于本研究探索停车位—开发强度之间的数理关系具有较大借鉴意义。❶

总之，与保障公共利益相关的控规开发强度控制方法在研究思路上可以概括为两类：①基于住宅建筑日照的研究，为"自下而上"控制；②城市密度分区法中的相关研究，为"自上而下"控制。本研究在探讨开发强度绩效的方法时，旨在探索"自下而上"与"自上而下"方法的融合。其中，"自下而上"主要通过住宅建筑日照、停车位、公园绿地等因子的规范要求与开发强度的数理关系研究，探索居住地块自身层面所能承受的合理开发强度；"自上而下"主要通过片区层面的公共服务设施用地的人均面积规范要求与开发强度的数理关系的研究，探索公共服务设施服务半径内居住用地的开发建设总量与该区域人口规模的匹配关系，以此确保该区域内各居住地块的合理开发强度，并避免公共设施因人口规模不足或过量造成的不合理配比。

（2）弹性控制思路与"值域化"的方法

开发强度绩效研究的成果，即开发强度指标与公共利益因子规范要求的合理配建数理关系应是"弹性范围或区间"，即"值域化"。因此，开发强度绩效研究作为"值域化"研究的子课题，在一定程度上借鉴了开发强度的弹性控制思路与"值域化"既有研究成果。实质上，在"容积率"一词出现的早期就有学者曾指出，容积率是一个"相对指标"，因此应有一定的"弹性"。❷ 这里的"弹性"旨在探讨容积率的"值域化"。既有相关研究，包括综合考虑经济与非经济的交互作用，以经济因素确定容积率下限，以环境因素确定容积率上限的研究❸；整体考虑内部及外部经济、环境因素，通过对建筑面积的限制界定容积率上、下限的研究❹；符合经济、政策等需求的合理容积率（区间值）和标准容积率（单一值）的容积率调控研究❺；以"投入产出分析"、"地块所能承受的环境容量"分别确定容积率下限、上限的研究❻；以及基于微观经济学模型的城市密度分区确定容积率上、下限的研究。❼

居住地块开发强度绩效研究基于既有居住地块开发强度"值域化"研究成果展开。在既有研究中，郑晓伟针对一定假设条件下的 $4\sim6hm^2$ 独立居住地块，在地块自身层面构建"日照间距系数—容积率"、"绿化指标—容积率"、"停车率—容积率"三个公共利益因子与开发强度的数学模型，得出居住地块的值域区间为 $1.33\sim6.56$❽；宋玲与郑晓伟的研究类似，但在上述 3 个模型构建的方法上有所不同，并增加了"人口密度—容积率"模型，

❶ 郭妮. 居住小区机动车停车问题的量化分析 [D]. 杭州：浙江大学，2005。
❷ 邹德慈. 容积率研究 [J]. 城市规划，1994 (1)：19-23。
❸ 朱晓光. 控制性详细规划的指标确定 [J]. 城市规划汇刊，1992 (1)：31-33，23。
❹ 何强为. 容积率的内涵及其指标体系 [J]. 城市规划，1996 (1)：25-27。
❺ 咸宝林，陈晓键. 合理容积率确定方法探讨 [J]. 规划师，2008 (11)：60-65。
❻ 黄明华，黄汝钦. 控制性详细规划中商业性开发项目容积率"值域化"研究 [J]. 规划师，2010 (10)：28-33。
❼ 王京元，郑贤，莫一魁. 轨道交通 TOD 开发密度分区构建及容积率确定——以深圳市轨道交通 3 号线为例 [J]. 城市规划，2011 (4)：30-35。
❽ 郑晓伟. 基于公共利益的城市新建居住用地容积率"值域化"控制方法研究 [D]. 西安：西安建筑科技大学，2012。

最终得出居住地块的值域区间为：在设置地下停车库的情况下为 0.5～6.4，在设置地面机械停车库的情况下为 0.5～8.3。❶

总之，开发强度绩效研究将以符合绩效目标的值域区间来衡量开发强度。在值域区间计算方面，地块层面的模型构建主要借鉴既有研究成果，但在具体借鉴时，将对既有模型通过当前绩效的调查予以相关修正，而片区层面的数学模型构建则将是本研究的重点与难点。

2.2 开发强度评估与评估方法

2.2.1 西方规划评估发展历程与评估方法

意大利的哲学家格罗秋指出："所有的历史在某种意义上都可以说是'现代史'，我们对历史的认识是希望以现代的目光，现在存在的问题去对照过去的历史，这就是历史的存在价值。"西方发达国家早已进入城镇化后期，城市空间布局已定型，以容积率为核心的开发强度控制只是一种旧城区日常建设管理的手段，因此它们现阶段的规划并不关注开发强度绩效的问题。但西方国家对规划评估却一直较为重视，它们走过的规划评估历程和采用的规划评估方法对于解决控规的开发强度绩效问题具有参考价值。

（1）西方规划评估历程

20 世纪 60 年代，随着规划所涵盖的领域的增加以及系统性的建立，西方城市规划开始由"蓝图规划"向"公共政策"转型，关于如何建立一个科学的方法，并用以判断规划质量的要求也越来越强烈，评估便成为城市规划不可缺少的一部分，并逐渐成为核心内容之一。❷ 20 世纪 70 年代，由于规划理论普遍强调规划决策的最优性和科学性，认为存在一种客观的判断标准，可以用来评价规划的价值。❸ 但是到了 20 世纪 80 年代，规划学界开始相信事实上的确不存在一种绝对最优的方案，任何方案都会在不同的情况下产生不同的结果。在此基础上，一种利用假设、分析的方式对方案进行反证的方式被提了出来。❹ 这种理论认为对每一个方案都可以进行反证，以此来论证其可行性，而这种对方案论证的思想，也是现代规划评估的根源之一。同时，随着对规划绝对理性的放弃，学术界也开始从追求规划的最优化转变为追求相对优化，或者是较满意的规划。而判断规划是否满意存在一系列的判断标准，这也需要引入测试的机制。当然，这种测试主要是针对还未实施的项目方案进行的检验，因此可以认为是属于设计好的测试。查德威克（Chadwick）将这种设计好的测试定义为评估的一种，叫作"预估"，也被称为"实施前评估"（Ex-ante Evaluation）。❺ 而与此相对的，在实施结束后进行的项目回顾

❶ 宋玲. 独立居住地块容积率"值域化"研究 [D]. 西安：西安建筑科技大学，2013.

❷ 汪军，陈曦. 西方规划评估机制的概述——基本概念、内容、方法演变以及对中国的启示 [J]. 国际城市规划，2011（6）：78-83.

❸ M. Breheny and A. Hooper The Return of Rationality [M] //Rationality in Planning：Critical Essays on the Role of Rationality in Urban and RegionalPlanning. London：Pion Limited，1985。

❹ A. Faludi. A Decision-centred View of Environmental Planning [M]. Oxford：Pergamon Press Ltd，1987.

❺ G. Chadwick. A System View of Planning [M]. Oxford：Pergamon Press Ltd，1978.

（Review），也被称为"实施后评估"（Ex-post Evaluation）。"实施前评估"和"实施后评估"构成了许多公共项目的特点，也是城市和区域规划的重要组成部分。而在实施的过程中，评估机制也同样存在，被称为"监测"（Monitoring）。❶ 这样就构成了最基本的系统评估框架：实施前评估（Ex-ante Evaluation）—监测（Monitoring）—实施后评估（Ex-post Evaluation）。以此为基础，西方出现了众多适应各国国情的规划评估方法，如美国主要使用的"成本收益分析法"（Cost Benefit Analysis），英国主要使用的经济性（Economy）、高效性（Efficiency）、有效性（Effectiveness）的3E规划评估标准等，但总体而言，这些评估方法还是以纯理性规划为主导，过多关注经济效益，对公共利益的保障考虑较少。在上述这些规划评估方法使用的同时，交互规划（Communicative Planning）逐步得到发展。交互规划指的是在规划过程中引入不同利益主体的协调和合作，使规划成为一个互动的过程。由此，规划评估的价值被削弱，规划主要通过前期的"博弈"达到各方利益的平衡（不一定使各个利益都得到最大化满足），其中包括公共利益。因此，之后的规划评估最重要的便是要评估规划中各方利益"博弈"的程度。西方发达国家的开发强度控制对于公共利益的保障由各方博弈决定，博弈的结果并不一定能确保公共利益最大化地得到满足，但却能保证主流民意对开发强度中公共利益的缺失予以接受。英国规划的"个案审批制"，美国的区划条例中的法庭"谈判"都是上述"博弈"过程。对于规划"博弈"的强调，正是西方发达国家规划评估逐渐转向，开发强度无需绩效研究的主要原因。

我国的开发强度控制主要在控规层面。因为控规一般是先编制后公示，公共参与程度十分有限，所以开发强度的"博弈"不在控规层面，而是在修规中。如果控规开发强度控制指标编制不尽科学，修规中的开发强度"博弈"又被开发商主导，那么必然导致公共利益难保。因此，开发强度绩效研究试图通过居民调查、现状问题分析、规划经验总结，分析已建地块现状开发强度的当前绩效，从而在控规编制层面为合理协调开发强度控制指标与公共利益因子之间的关系打下基础，为开发强度控制指标的科学编制创造条件，以期弥补控规"博弈"的不足，保障公共利益，同时为开发强度控制指标满足经济效益留足自由空间。

（2）规划评估方法

从西方规划评估发展的历程看，西方城市规划评估的内容已从最初"绝对理性"的简单方案评估扩展到"相对理性"的对规划价值标准、规划方案、政策落实、规划实施过程、实施效果等各方面的全面评估，近年正向强调规划编制、实施全过程公众参与的"交互规划"转变。西方评估方法的发展与规划评估历程相对应，也可分为"绝对理性"的第一代评估方法、"相对理性"的第二代评估方法、"交互规划"为主的第三代评估方法。

最早的第一代评估方法为"成本收益分析法"。这一方法最早在美国1936年的《洪水防治法案》中得到应用，主要用来分析对城市大坝及其他防洪工程的投入是否值得。从20世纪60年代开始，"成本收益分析法"在美国的一系列城市投资项目中开始大量应用。第

---

❶ P. H. Rossi, H. E. Freeman. Evaluation：A systematic Approach（5th ed）［M］. Newbury Park，CA：Sage，1993。

一代评估方法还包括：利希菲尔德（Lichfield）提出的规划平衡表（Planning BalanceShe-et）衍生的一系列基于规划过程的分析方法❶、1978年奥尔特曼（Alterman）等提出的空间叠加技术❷、1979年卡尔金（Calkin）提出的规划监控体系❸等。

第二代评估方法始于20世纪80年代。1989年，亚历山大（Alexander）等提出PPIP评估模型（policy-plan/programme-implem-entation process），这一评估模型否定了城市规划实施评估领域中结果决定一切的评估方式，强调更为科学合理的城市规划过程的评估。❹1992年，麦克洛克林（McLoughlin）通过对澳大利亚墨尔本市城市发展和城市规划在发展过程中的作用研究，认为如果要对城市规划实施进行全面的评估，只是依赖于建立在技术体系上的专业技术手段远远不够，还需要建立城市运作的知识体系。❺爱德华·凯泽（Edward J. Kais）针对规划方案，提出从简单到复杂的评价方法，包括视觉比较、数值指示、目标实现、单一功能模型和关联模型。❻第二代评估方法还包括众多的数学模型法，如英特里盖托（lntriligator）等的"最优化模型"❼、塔伦（Talen）的"双变量分析与回归分析模型"❽、卡纳普（Knaap）等的"博弈理论模型"❾等。

交互规划评估（Communicative Planning Evaluation）被描述成为规划评估的第三代方法，因为它集合了多种不同的具体操作办法。这些办法包括"自然反馈法"（Naturalis-ticresponsive Approach)❿、"多元模型法"（Multiplist Model）⓫以及"设计法"（Design Approach）⓬，它们构成了对以前理性规划评估的挑战。在理性规划下，知识是通过知识分子和专家生产和传播，民众通过启蒙教育了解世界。能够获得和创造知识的人处于高端，对民众讲授知识，教育他们做正确的事情。与之相反，交互规划过程是一个邀请广泛的相关利益方进入规划程序，共同体验、学习、变化和建立公共分享意义的过程（Forest-er，2001；Healey，1997），规划成果是在通过交流，建立在共同认可的理性基础上的协

❶ E. G. Guba，Y. S. Lincoln. Fourth Generation Evaluation [M]. Newburry Park，CA：Sage，1989.

❷ Rachelle Alterman，Morris Hiu. Implementation of urban land use plans [J]. AIP Journal，1978，44（3）：274-285.

❸ H. W. Calkins. The planning monitonan accountability theory of plan evaluation [J]. Environment and Planning A. 1979（7）：745-758.

❹ E. R. Alexander，A. Faludi. Planning and Plan lmplementation：Notes on evaluation on criteria [J]. Environment and planning B：Planning and Design，1989（16）：127-140.

❺ J. B. McLoughlin. Political Economy Center or Periphery? [J]. Town Planning and Spatial Enviionment and Planning A，1994，26（T）.

❻ 爱德华·J. 凯泽，大卫·R. 戈德沙尔克，F. 斯图亚特·沙潘·Jr. 影响评价及其减轻对策 [J]. 王磊译. 国际城市规划，2009（6）：15-25。

❼ M. D. Intriligator，E. Sheshinski. Toward a Theory of Plann'mg [C] //W. Heller R. Starr'D Starrett （Eds.）. Social Choice and Public Decision MaKmg UK：Cambridge University Press，1986.

❽ E. Talen Do plans get implemented? A review of evaluation in planning [J]. Journal of Planning Literature，1996，10（3）：248-259.

❾ G. J. Knaap，L. D. Hopkins' K. P. Donaghy. Do Plans Matter? A Framework for Examining the Logic and Effects of Land Use Planning [J]. Journal of Planning Education and Research，1998（18）：25-34.

❿ E. G. Guba and Y. S. Lincoln Fourth Generation Evaluation [M]. Newburry Park，CA：Sage，1989.

⓫ T. P. Cook Postpositivist Critical Multiplism，in R L Shortland and M MMark（eds），Social Science and Social Policy [J]. Newbury Park，CA，Sage，1985：129-146.

⓬ D. B. Bobrow，J. S. Dryzek. Policy Analysis by Design [M]. Pittsburgh，PA：University of Pittsburgh Press，1987.

议和共识。❶

由于城市发展水平不同，西方发达国家城市已经进入建设维护和规划回顾阶段，对城市规划评估的研究开展得较为广泛而深入。即便如此，时至今日，关于"交互规划"是否完全取代了"理性规划"的争论还是没有结束。许多学者认为理性规划的时代已经结束❷，但是同时也有很多学者认为理性的模型至少在规划评估的领域还是最实用的工具之一❸。大卫·哈维（David Harvey）认为，城市空间问题是 20 世纪 60～70 年代初西方经济危机的根源，城市的空间布局不合理不是自然和市场经济力量造成的，而是大企业为了追求自身的目标造成的结果。通过对大卫·哈维的全球化背景下地理空间不平衡思想的解读，中国的城市空间存在"辩证乌托邦"（乌托邦在英文中的本意为褒义，指理论层面的最优状态）的机遇。中国 1980 年之后的经济巨大转型，原因归结为国家公共政策的强大支撑，更加受益于全球化范围内大规模的资本积累和投资。因此，在中国城市建设过程中，应该用源于集体理念的公共选择规范资本运营，用精确的保障制度控制空间分配不公，用"合目的性"的价值理性引导城市空间消费，以此缩小物质空间的差距，优化社会性空间的内容。❹ 中国城市空间的"辩证乌托邦"证明了控规层面的开发强度控制的存在必要性和合理性，更强调了控规开发强度控制是物质空间角度维护公共利益的必要手段。基于此，"理性规划"评估方法，特别是数学模型的方法在控规开发强度绩效中具有更为明显的方法优势。所以，与西方国家不同，控规开发强度绩效以"理性规划评估"的方法作为主导是必要的、可行的。但同时，控规开发强度绩效也应吸取"交互规划评估"的优点，在保障公共利益的前提下，给予修规层面开发强度的实现以更大的"交互"和"谈判"空间。

2.2.2 国内的开发强度评估与评估方法

（1）控规中关于开发强度评估的研究

开发强度评估是控规评估的核心内容，但既有研究并不多。目前，控规开发强度评估多是在探讨开发强度控制指标实施与规划的一致程度。如吕惠芬等在评价分析东、西部 2 个城市 13 个控规案例的实效性时提出的"建设容积率/规划容积率"对比分析❺，陈卫杰等在对上海市浦东新区金桥集镇控规实施评价中提出的"环境容量一致率"❻，施治国在长沙市开福

❶ 刘刚，王兰. 协作式规划评价指标及芝加哥大都市区框架规划评析 [J]. 国际城市规划，2009（6）：34-39。

❷ P. Healey. The Communicative Turn in planning. Theory and its Implicationfor Spatial Strategy Formation [M] //F. Fischer and J. Forester（eds），TheArgumentative Turn in Policy Analysis and Planning Durham [C]，NC：Duke University Press，1993：233-253.

❸ E. R. Alexander. Rationality Revisited：Planning Paradigms in a PostPostmodernist Perspective [J]. Journal of Planning Education & Research，2000（19）：242-256；D. Lichfield. Community Impact Assessment and Planning. The Role of Objectives in Evaluation Design [M] //H. Voogd（ed）. Recent Developments in Evaluation. Groningen Geo Press，2001：153-74.

❹ 王金岩，吴殿廷. 城市空间重构：从"乌托邦"到"辨证乌托邦"——大卫·哈维《希望的空间》的中国化解读 [J]. 城市发展研究，2007（6）：1-7.

❺ 吕慧芬，黄明华. 控制性详细规划实效性分析 [C] //2005 年城市规划年会论文集. 中国城市规划学会，2005：992-997.

❻ 陈卫杰，濮卫民. 控制性详细规划实施评价方法探讨——以上海市浦东新区金桥集镇为例 [J]. 规划师，2008（3）：67-70.

区控规评估中提出的"开发强度控制实施效果一致性评价"❶ 等。塔伦在 2001 年已提出改进后的"一致性"评估方法，他在分析现状公共设施的布点与规划文本和图则是否描述一致时，认为评估工作不必专注于对公共设施具体位置的判断，只要公共设施分布位置、设置的规模和服务半径符合规划的意图便可。❷ 施恩国也强调评价控规规划方案与实施结果的一致性，并不是单纯地进行规划与现实间的空间比对，只要达到应有的效果就可以。然而，因为开发强度的实施效果是否合理缺乏简易的判定标准，所以在技术手段上，既有的开发强度"一致性"研究还多停留在类似于西方第一代评估方法中奥尔特曼等提出的空间叠加技术的阶段。

2008 年，姚燕华等在对广州市控规规划导则实施评价时，提出"控规的核心目标在于保证公共利益，而不是对单个地块的开发控制；完全按照规划实施不一定就是好的，对规划方案的调整未必不好，在实施中对规划方案的调整只要与控规的核心目标一致，即可认为是对控规的完善，不影响控规的实施效果"。基于这一思路，文中对"以控规为依据进行城市规划行政许可的结果，即实施结果"中的各项开发强度指标进行了评价探讨，具体"通过一定时间段内规划管理中的规划审批案件对控规的调整情况来分析控规的实施效果"。❸ 这一研究首次在控规开发强度评估中强调了保障公共利益的核心目标，但其中的具体评价方法与核心目标的关联性并不强，特别是在技术手段方面，开发强度指标保障公共利益的情况仍以主观判断为主，缺乏科学方法的支撑。

近来，发达地区的个别城市对控规评估展开了新的探索。2009 年底，北京市建立了"新城控规实施评估和优化维护系统"，实现了控规编制、审批管理、成果维护的全程可控。❹ 虽然北京新城控规在评估程序上实现了实时化、智能化，但是开发强度的实时调控以市场需求为考虑重点，仍缺乏科学的标准。上海 2011 年 4 月 1 日起开始实施的《上海控规成果规范》，明确规定"规划研究/评估报告的内容要求"，其中对开发强度的评估摒弃了单纯的"一致性"比较，开始关注开发强度指标、建设规模（特别是住宅建筑总量）、人口规模的对应关系。❺ 这在一定程度上为开发强度评估提供了新思路，开发强度指标数值成为一个可以依照人口规模情况调整的数值。❻

2013 年，桑劲以威廉·邓恩的"公共政策评价理论"❼ 为指引与参照，结合上海某社区为例，提出包含 3 个层次的控规实施结果评价框架。❽ 即，第一层次的"空间方案的一致性评价"，第二层次的"规划目标的符合性评价"，第三层次的"政策问题的回应性评价"。

❶ 施治国. 长沙市控制性详细规划实施评价初探——以长沙市开福区控制性详细规划评估为例 [J]. 中外建筑，2010 (6)：73-74。

❷ E. Talen. Do plans get implemented: A review of evaluation in planning [J]. Journal of Planning Literature, 1996, 10 (3)：248-259。

❸ 姚燕华，孙翔，王朝晖，彭冲. 广州市控制性规划导则实施评价研究 [J]. 城市规划，2008 (2)：38-44。

❹ 刘月月. 北京《新城控规实施评估和优化维护系统》达到国内领先水平 [N]. 中国建设报，2009-12-8 (3)。

❺ 徐玮. 理性评估、科学编制，提高规划的针对性和前瞻性——上海控制性详细规划实施评估方法研究 [J]. 上海城市规划，2011 (6)：80-85。

❻ 孟江平. 作为控规编制管理体系内重要环节的规划评估——以上海市安亭国际汽车城核心区控规实施评估为例 [C] //转型与重构：2011 中国城市规划年会论文集. 南京：东南大学出版社，2011。

❼ [美] 威廉·N. 邓恩. 公共政策分析导论 [M]. 第 2 版. 谢明，杜子芳，等，译. 北京：中国人民大学出版社，2010。

❽ 桑劲. 控制性详细规划实施结果评价框架探索——以上海市某社区控制性详细规划实施评价为例 [J]. 城市规划学刊，2013 (4)：73-80。

其中，"规划目标的符合性评价"旨在保障控规的两个基本作用："其一，落实总规对土地使用的战略要求；其二，保障公共利益。"这一研究再次明确了控规评估的主要目标应为保障公共利益，并提出应以"社区人均公共资源的配置水平（如人均公共绿地面积）、服务半径等"作为衡量公共利益保障目标的标准。但是，这一研究关注的内容仅集中在控规用地控制（土地使用布局）方面，未将人均公共绿地面积等指标与控规的核心内容开发强度控制相关联，并且在评价的具体技术方法方面，仍未脱离规划与实施的"一致性"对比思路。

综上所述，广州市控规规划导则实施评价的研究明确提出了以保障公共利益作为衡量控规开发强度控制成果的标准，但具体评价的技术手段仍有待提高；上海控规开发强度评估提出参考人口规模的标准，但是在这一标准下的开发强度指标并不能避免开发强度绩效的问题，控规阶段的开发强度指标与公共利益因子规范要求的合理配建关系仍待关注。总之，既有研究已经一定程度上意识到，开发强度评估应以保障公共利益为核心目标，而具体指标只要达到应有的控制效果即可。换言之，一方面，开发强度指标只要不损害公共利益便是合理的、符合控规目标的；另一方面，开发强度指标数值不应该是一个简单的定值，可以是在满足一定标准下的任意数值。

（2）与居住地块直接有关的居住区或社区中开发强度评估的研究

关于居住区（社区）评估的研究在我国开始得较早，但是有关居住区（社区）开发强度的评估并不多。早在1982年，沈继仁就新中国建立后北京居住小区规划情况进行了研究，其中有部分内容与现今所说的开发强度评估有关，特别是探讨了与本研究的研究内容类似的居住小区人口密度、建筑日照、公园绿地指标等内容，提出用日照标准控制住宅间距以提高居住人口密度的方法。❶ 而后随着规划领域关注重点从居住区（住区）规划向社区规划的转型❷，关于居住区的评估逐步开始转化为"社区"评估。"社区"是一个从德国"舶来"的社会学概念，指"一种与现实世界相对的理想类型，强调情感意志的归属，而不是地域界限的划归"（Fer-dinand Tonnies，1887），这与规划中的居住区概念明显不同，因此后续社区评估的内容多以社会学领域内容为主。2000年，张玉枝试图从规划角度提出居住社区规划评价体系，其中第一类评价指标包括对绿地、广场、车库等居住社区硬件设施规划的评价，但由于社区的配建设施没有规范可依，评价也只能停留在定性层面。❸ 社区评估近来主要围绕三方面展开，一是"和谐社区"的评估❹，二是"生态社区"的评估❺，三是"宜居社区"的评估❻。这些评估基本都设置社区公园绿地、公共服务设施等

❶ 沈继仁. 北京近年居住小区规划评析 [J]. 建筑学报，1983（2）：9-17。

❷ 赵万良，顾军. 上海市社区规划建设研究 [J]. 城市规划汇刊，1999（6）：1-13；胡伟. 城市规划与社区规划之辨析 [J]. 城市规划汇刊，2001（1）：60-63；孙施文，邓永成. 开展具有中国特色的社区规划——以上海市为例 [J]. 城市规划汇刊，2001（6）：16-18；徐一大，吴明伟. 从住区规划到社区规划 [J]. 城市规划汇刊，2002（4）：54-55，59；王颖. 上海城市社区实证研究——社区类型、区位结构及变化趋势 [J]. 城市规划汇刊，2002（6）：33-40。

❸ 张玉枝. 居住社区评价体系 [J]. 上海城市规划，2000（3）：16-20。

❹ 五地区和谐社会（社区）评价体系比较 [J]. 领导决策信息，2006（12）：26-27；周常春，杜庆. 我国和谐社区评价指标体系研究综述 [J]. 生产力研究，2011（8）：210-214。

❺ 张静，艾彬，徐建华. 基于主因子分析的生态社区评价方法研究——以上海外环以内区域为例 [J]. 生态科学，2005（4）：339-343；宁艳杰. 城市生态住区基本理论构建及评价指标体系研究 [D]. 北京：北京林业大学，2006；田美荣，高吉喜，张彪，乔青. 生态社区评价指标体系构建研究 [J]. 环境科学研究，2007（3）：87-92；周传斌，戴欣，王如松，黄锦楼. 生态社区评价指标体系研究进展 [J]. 生态学报，2011（16）：4749-4759。

❻ 郑童，吕斌，张纯. 基于模糊评价法的宜居社区评价研究 [J]. 城市发展研究，2011（9）：118-124。

与公共利益有关的指标，但对这些指标的评定仍以定性为主；同时，这些与公共利益有关的指标往往与开发强度指标被列为"平行"指标，开发强度与公共利益因子之间的相互关联未得到关注。

近些年，规划角度的居住区评估不断涌现。2006 年，简逢敏等基于上海市"住宅区规划实施后评价"研究课题的成果，提出住宅区规划实施后评估的内涵与方法。其确定的两大类五个方面的评估内容中，"定量类—指标性"便包括各开发强度指标、日照分析、建筑间距、建筑物退让红线、居住人口或住宅套数、机动车和非机动车停车泊位等；评估方法以"问卷调查评估方法"为主导，通过百分制打分进行评价。❶ 2008 年，冯晶艳提出居住区规划使用后评估体系。评价指标包括以各开发强度指标为主的 6 项定量指标和 3 个层级 7 类 35 个定性指标；在评价方法方面，定量指标以相关规范要求的数值与实际建成数值进行对比评价，定性分析则基于层次分析法确定指标权重，通过问卷调查进行统计评价。❷ 这些规划角度的居住区评估，在评估内容方面，开发强度指标和公共利益因子仍被视为无关联的平行指标，开发强度与公共利益因子之间的相互关联未得到关注；在评估方法方面，由于缺乏保障公共利益的目标，开发强度指标只能通过"问卷打分法"或"规范对照法"进行评价，公共利益因子则被忽视规范要求，仅以问卷统计受访者的主观感受进行评价。

规划角度的居住区评估还主要包括居住区内的子系统评估，特别是与公共利益有关的子系统如服务设施、公共空间等的评估内容已开始出现❸，由此可见居住区的公共利益缺失问题已逐步受到专家学者关注。2006 年，杨光杰等以"对于小学和托幼、商业服务设施、公园绿地与体育场地等的距离"，"对于中学、高等院校、医院的距离"，"环境污染源距离"，"对于包含有噪声等因素的因子"，"对于总体规划对该用地的许可性"等几方面因子评价居住区的开发建设情况❹，这一研究对于本研究有较大借鉴价值。与居住区公共利益有关的子系统评估，还多隐含于城市层面的绿地系统评价❺、停车场规划评价❻等之中。这类评价旨在探讨公共服务设施、公园绿地、停车场的规模指标，服务半径是否合理，合理数值是多少。从研究成果上来说，这与现今大量出现的居住区（居住小区）公共设施配套指标研究❼、配建停车位指标研究❽如出一辙。这类研究中，关于居

❶ 简逢敏，伍江. "住宅区规划实施后评估"的内涵与方法研究 [J]. 上海城市规划，2006（3）：46-51。

❷ 冯晶艳. 居住区规划使用后评估方法研究 [D]. 上海：华东师范大学，2008。

❸ 李伟国，朱坚鹏. 建立住宅区公共服务设施评价体系 [J]. 城乡建设，2005（5）：44-46；袁也. 公共空间视角下的社区规划实施评价——基于上海曹杨新村的实证研究 [J]. 城市规划学刊，2013（2）：87-94。

❹ 杨光杰，白梅. 居住区的评价与空间分异研究——以淄博市中心城区为例 [J]. 山东理工大学学报（自然科学版），2006，20（6）：59-65。

❺ 杨肖，胡婧，李鑫. 十堰市绿地系统规划的评价与思考 [J]. 农业科技与装备，2009（12）：27-30；陈国平，赵运林. 城市绿地系统规划评价及其体系 [J]. 湖南城市学院学报（自然科学版），2009（2）：32-35。

❻ 张毅，邢占文，郭晓汾. 城市公共停车场规划评价指标体系解析 [J]. 城市问题，2007（7）：40-42。

❼ 胡纹，王玲玲. 居住区公共服务设施配套标准新思考——以《重庆市居住区公共服务设施配套标准》制订工作为例 [J]. 重庆建筑，2007（4）：25-26。

❽ 陈坚. 探讨小康住宅示范小区的停车指标和合理规模——以北京市居住区停车调研为基础 [J]. 规划师，1998（02）：70-77。

住区（居住小区）公共设施、停车位配置的理论研究❶与调查研究❷对于本研究具有一定借鉴价值。

综上所述，既有的居住区（社区）评估基本都将开发强度指标和公共利益因子视为两个独立的系统进行评价。相关研究中虽然已较为关注居住地块的公共利益缺失问题，但缺乏明确的公共利益保障目标，缺少从开发强度角度对公共利益因子现状建成指标和规范指标之间差异情况的分析与探讨，而这些内容正是开发强度绩效研究关注的重点。

2.3 城市规划中"绩效"的引入与"绩效"的方法

2.3.1 城市规划中"绩效"的引入与发展

2003年，程道品进行了生态旅游区绩效评价的研究，这一研究首次将"绩效"引入到规划领域，打破了规划领域传统的"评价"思维。❸ 2004年，杜立钊、师守祥在进行"欠发达地区城镇化的驱动机制及其绩效分析"时，提出"城镇化绩效"。❹ 2005年，魏立华等在关注"珠江三角洲各级市（镇）以'零地价'竞相吸引投资所造成的廉价劳动力与建设用地的过度消耗"时，提出"城市规划绩效"。❺ 但在这一时期，"绩效"并未引起规划界的较多关注。2006年，贾干荣在"城市生产者服务业空间分布及其绩效研究"中，首次将"绩效"与"城市空间"相关联。❻ 同年，韦亚平、赵民开始关注都市区空间结构与绩效，提出了"空间结构的绩效。"❼ 2007年，赵莹以新加坡和上海为研究对象，进行了大城市空间结构层次与绩效的研究❽。陈睿则进行了都市圈空间结构的经济绩效研究❾。同年，赵民针对"城市空间"问题，如城市的松散发展，大小规模城市空间结构的同一化等问题，明确提出"空间绩效"概念，以此探讨城市建设用地的完整性、边际替代、空间距离和空间分割与垄断等内在机理。❿ 至此，城市规划领域开始较为广泛地关注"绩效"问题。"空间绩效"是城市规划核心研究对象"人居空间"与"绩效"的融合，"它既是一个很抽象的问题，同时也是一个很现实的问题，如可达性、区位红利、空间的边际替代性

❶ 唐子来. 居住小区服务设施的需求形态：趋势推断和实证检验 [J]. 城市规划, 1999 (5)：31-35；杨震, 赵民. 论市场经济下居住区公共服务设施的建设方式 [J]. 城市规划, 2002 (5)：14-19；晋璟瑶, 林坚, 杨春志, 高志强, 周琴丹. 城市居住区公共服务设施有效供给机制研究——以北京市为例 [J]. 城市发展研究, 2007 (6)：95-100；刘洪营. 城市居住停车理论与方法研究 [D]. 长安大学, 2009。

❷ 尹若冰. 居住空间隔离视角下城市居民日常生活设施使用调查研究——以上海中心城区提篮桥街道为例 [C] //转型与重构：2011中国城市规划年会论文集. 南京：东南大学出版社, 2011；陈晓健. 公众诉求与城市规划决策：基于城市设施使用情况调研的分析和思考 [J]. 国际城市规划, 2013 (1)：31-35。

❸ 程道品. 生态旅游区绩效评价及模型构件——龙胜生态旅游区案例研究 [D]. 长沙：中南林学院, 2003。

❹ 杜立钊. 欠发达地区城市化的驱动机制及其绩效分析——中国的经验研究 [D]. 兰州：西北师范大学, 2004。

❺ 魏立华, 丛艳国. 从"零地价"看珠江三角洲的城市化及其城市规划绩效 [J]. 规划师, 2005 (04)：8-13。

❻ 贾干荣. 生产者服务业空间分布及其绩效研究——对上海市的实证分析 [D]. 南京：东南大学, 2006。

❼ 韦亚平, 赵民. 都市区空间结构与绩效——多中心网络结构的解释与应用分析 [J]. 城市规划, 2006 (4)：9-16。

❽ 赵莹. 大城市空间结构层次与绩效——新加坡和上海的经验研究 [D]. 上海：同济大学, 2007。

❾ 陈睿. 都市圈空间结构的经济绩效研究 [D]. 北京：北京大学, 2007。

❿ 赵民：城市空间绩效分析 [EB/OL]. 焦点西安房地产网, 2007-7-6. http：//house. focus. cn/news/2007-07-06/333288. html。

等，均是可感知或可测度的"。❶ 一直以来，"空间绩效"虽未有明确定义，但主要研究内容基本是在评估城市空间效率的高低，是对城市总规等宏观层面问题的研究。这在一定程度上打破了传统的单纯化总规城市结构与规划比照式的评估，开始以绩效的视角研究一些城市问题的内在空间绩效原因。

"空间绩效"自提出以来即被引入城市住房问题的探讨。2008 年，彭坤焘对提升城市住房市场宏观调控的绩效从空间视角进行了分析，指出"中央住房调控政策以稳定房价为目标，着重金融税收等非空间政策工具；而对房地产市场的块状经济和空间黏性等特征的关注较少，在改善住房供求关系和市场预期方面的效果并不理想，需要从空间视角重新审视房地产业发展"。❷ 2011 年，李峰清、赵民通过重庆市实例的研究，分析城市空间组织与房价空间分布的内在规律，对城市发展的"空间红利"与"低房价"的关联性及其作用机制作出了解释。❸ 2012 年，申明锐等在对英国的保障性住房的发展研究时，强调"城市规划应该积极地吸收保障性住房的空间因素，通过公共设施的引导积极地调整城市空间结构，切实地增加保障性住房的有效供给，确保空间绩效"。❹ 张京祥等则通过对南京市典型的老旧住区、保障性住区的深入调研和对比研究，阐明了保障性住区的社会空间绩效。❺

近几年，城市规划中有关"绩效"的研究成果出现激增，研究方向除原本的城市空间结构外，开始向城镇体系、区域规划等宏观层面拓展，同时向城市各系统规划、修规等微观层面延伸。在城市空间结构绩效方面，研究成果以兰州、包头等案例城市空间结构的绩效评价为主❻；同时，还有城市空间结构的经济绩效评价❼，以及城市空间形态的环境绩效评价❽等；另外，还有基于城市空间的遥感解译、景观指数、规划控制效果指数和规划制定逻辑等分析方法的城市规划控制绩效的时空演化及其机理探析研究❾。在宏观层面，一方面，研究成果集中在城镇化绩效的特征与形成机制的研究❿，以及促进城镇化从"数量增长型"向"质量提升型"转变的城镇化空间绩效的研究⓫等方面；另一方面，研究成

❶ 彭坤焘，赵民. 关于"城市空间绩效"及城市规划的作为 [J]. 城市规划，2010 (8)：9-17。
❷ 彭坤焘. 提升城市住房市场宏观调控的绩效——空间视角的分析 [J]. 城市规划，2008 (9)：21-27。
❸ 李峰清，赵民. 关于多中心大城市住房发展的空间绩效——对重庆市的研究与延伸讨论 [J]. 城市规划学刊，2011 (3)：6-19。
❹ 申明锐，罗震东. 英格兰保障性住房的发展及其对中国的启示 [J]. 国际城市规划，2012 (4)：28-35。
❺ 张京祥，陈浩. 南京市典型保障性住区的社会空间绩效研究——基于空间生产的视角 [J]. 现代城市研究，2012，(6)：66-71。
❻ 马彦强. 兰州城市空间结构演变分析及绩效评价 [D]. 兰州：兰州大学，2012；车志晖，张沛. 城市空间结构发展绩效的模糊综合评价——以包头中心城市为例 [J]. 现代城市研究，2012 (6)：50-58。
❼ 李雅青. 城市空间经济绩效评估与优化研究 [D]. 武汉：华中科技大学，2009；王旭辉，孙斌栋. 特大城市多中心空间结构的经济绩效——基于城市经济模型的理论探讨 [J]. 城市规划，2011 (6)：20-27。
❽ 吕斌，曹娜. 中国城市空间形态的环境绩效评价 [J]. 城市发展研究，2011 (7)：38-46。
❾ 吴一洲，吴次芳，李波，罗文斌. 城市规划控制绩效的时空演化及其机理探析——以北京1958～2004年间五次总体规划为例 [J]. 城市规划，2013 (7)：33-41。
❿ 何邕健，袁大昌，冯时. 基于城镇化绩效的资源型城市转型战略 [J]. 河北工程大学学报（自然科学版），2009 (1)：58-62。
⓫ 吴一洲，王琳. 我国城镇化的空间绩效：分析框架、现实困境与优化路径 [J]. 规划师，2012 (9)：65-70。

果集中在城市群空间结构绩效研究❶、城市群空间网络结构的绩效分析❷、城市群空间结构特征的经济绩效❸等方面。在微观层面，一方面，研究成果集中在城市各系统规划方面，如沈奕、韦亚平在以巢湖为例研究城市基础教育设施的空间服务特征时，对城市基础教育设施的空间服务绩效评价❹；孙斌栋等以上海为案例，进行的特大城市多中心空间结构的交通绩效检验❺等。另一方面，研究成果集中在修规或城市设计方面，如阮梅洪等在"新城中村对城市空间绩效的影响研究"中，提出通过"经济价值的追求，提高城市空间绩效"❻；刘晓星等在对上海"陆家嘴中心区城市空间演变趋势的若干思考"中，从"国家视角"和"日常生活视角"分别探讨陆家嘴中心区城市空间的空间绩效❼；吕斌等以广州、天津、太原为例，对我国公共文化设施集中建设的空间绩效进行分析❽；张鑫对城市基础设施项目的绩效评价研究❾；杨陈润对城市交通综合体空间结构绩效的研究❿等。有关规划中"绩效"的研究，还被引入到了城市规划的其他领域。如省域旅游业的空间结构及其绩效分析研究⓫，物流园区布局与绩效评价研究⓬，空间绩效视角下的产业区发展研究⓭，城市旅游业绩效空间格局的演化过程研究⓮等。

综上所述，国内目前关于规划方面的"绩效"研究仍处于起步阶段，但通过既有研究成果的论述，可以总结出以下两个要点：①规划中"绩效"的探讨需要围绕城市空间问题展开，在规划领域，经济、生态等其他角度的绩效最终仍需落脚于城市空间；②"绩效"已被广泛引入城市规划的各个研究领域，已成为解决城市住房问题的关键和有效途径。同时，也不难发现，目前规划中的"绩效"多是在宏观的城市结构等"平面空间"角度展开的研究或对具体修规方案的城市空间绩效解读，在"立体空间"角度控规层面开发强度绩效方面的研究仍处于空白状态。具体到城市住房方面，城市住房问题不仅是规划宏观层面的空间绩效问题和微观层面的方案设计问题，更是中观层面控规开发强度绩效的问题。因

❶ 李红锦，李胜会. 城市群空间结构绩效研究——基于珠三角城市群的实证研究 [J]. 商业时代，2012（5）：134-135。

❷ 刘耀彬，杨文. 基于 DEA 模型的环鄱阳湖区城市群空间网络结构绩效分析 [J]. 长江流域资源与环境，2012（9）：1052-1057。

❸ 张浩然，衣保中. 城市群空间结构特征与经济绩效——来自中国的经验证据 [J]. 经济评论，2012（1）：42-47，115。

❹ 沈奕，韦亚平. 城市基础教育设施的空间服务绩效评价——以巢湖为例 [C] //中国城市规划学会. 规划创新——2010 中国城市规划年会论文集. 重庆：重庆出版社，2010。

❺ 孙斌栋，涂婷，石巍，郭研苓. 特大城市多中心空间结构的交通绩效检验——上海案例研究 [J]. 城市规划学刊，2013（2）：63-69。

❻ 阮梅洪，楼倩，牛建弄. 新城中村对城市空间绩效的影响研究——以义乌市宅基地安置的新城中村建设为例 [J]. 华中建筑，2011（12）：110-115。

❼ 刘晓星，陈易. 对陆家嘴中心区城市空间演变趋势的若干思考 [J]. 城市规划学刊，2012（3）：102-110。

❽ 吕斌，张玮璐，王璐，高晓雪. 城市公共文化设施集中建设的空间绩效分析——以广州、天津、太原为例 [J]. 建筑学报，2012（7）：1-7。

❾ 张鑫. 城市基础设施项目绩效评价研究 [D]. 西安：西安工业大学，2012。

❿ 杨陈润. 城市交通综合题空间结构绩效研究 [D]. 成都：西南交通大学，2012。

⓫ 李楠. 山东省旅游业的空间结构及其优化研究——以市场绩效分析为中心 [D]. 青岛：青岛大学，2010。

⓬ 段龙松. 物流园区布局与绩效评价建模 [D]. 南昌：南昌大学，2010。

⓭ 高世超. 产业政策空间绩效视角下上海临港重装备产业区发展研究 [D]. 上海：华东师范大学，2010。

⓮ 曹芳东，黄震方，吴江，徐敏. 转型期城市旅游业绩效评价及空间格局演化机理——以泛长江三角洲地区为例 [J]. 自然资源学报，2013（1）：148-160。

此，本研究试图通过开发强度绩效的研究在控规层面探寻城市住房问题的解决方法，并以此完善规划中"立体空间"绩效的研究。

2.3.2 "绩效"的方法

（1）管理绩效中绩效分析和绩效评价的概念

管理绩效是绩效的方法应用最广泛的领域。管理绩效中，绩效的方法主要分为绩效分析和绩效评价两大类。根据戴瑞斯（Devris）等人的考证，中国人至少在公元 3 世纪已开始应用正式的绩效的方法，19 世纪初绩效的方法由罗伯特·欧文斯（Robert Owens）引入苏格兰。❶ 绩效分析和绩效评价虽然产生于中国，但却发展在欧、美、澳。❷ 美国军方于 1813 年开始采用绩效分析与评价，美国联邦政府则于 1842 年开始对政府公务员进行绩效分析与评价。❸ 现今，绩效分析和绩效评价已经成为国际性通用的绩效方法，并被广泛地应用于各国的政府机构管理、企业管理，以及军事和教育等领域。

绩效分析是人类绩效技术模型的第一步，若没有明确和澄清问题及绩效差距，就不可能找出原因，也不可能设计或选择一种解决方案。绩效分析是整个绩效改进系统的重要一环，绩效分析的目的在于确定和测量期望绩效与当前绩效之间的差距。绩效不是发生在真空中的，组织与环境对于绩效和员工都有重大的影响。组织的方向在很大程度上影响着决定期望绩效的绩效标准；环境的驱动因素很大地影响着当前绩效。绩效分析包括 3 个阶段：组织分析、环境分析和差距分析。组织分析是对组成战略计划的成分的深入考察，包括对组织愿景、使命、价值、目标和策略的深入考察；环境分析是确定支持真实绩效的现实因素并找出其中主要因素的过程；差距分析可以用来确定当前的结果以及期望的结果。绩效评价是依照预先确定的标准和一定的评价程序，运用科学的评价方法，按照评价的内容和标准对评价对象的工作能力、工作业绩进行定期和不定期的考核和评价。绩效评价包括评价环境和绩效评价系统两部分。评价环境是绩效评价系统存在的社会、经济、政治和文化等背景，对绩效评价起着重大影响；绩效评价系统则包括：主体、客体、目标、原则、指标、标准、方法、成果。❹

总之，绩效分析是"绩效"的第一步，只有经过绩效分析，才能"拨开云雾"，抓住"绩效"面对的真实问题，并呈现于后续的研究。本研究的重点内容为在地块自身和地块所在片区两个层面分析"当前绩效"中影响开发强度指标与各公共利益因子合理配建关系的因素及其相关情况。在现实状态下，已建居住地块当前绩效的高与低，虽然很大程度上是控规层面开发强度控制的问题，但也无法避免修规方案或实施对其的影响。因此，若要对开发强度的当前绩效进行评价和差距分析或论述期望绩效，必须以绩效分析的组织分析和环境分析为基础。同时，绩效分析与绩效评价的主要不同在于，绩效分析是分析过去的工作以指导后续工作，绩效评价则是评定过去工作的成败以奖励或培训的方式影响后续工

---

❶ D. L. Devris，A. M. Morrison，S. L. Shullman，M. Gerlaeh. Performance appraisal on the line [J]. Greensboro，NC：Center for creative leadership，Technical Report，1980（16）：48-61.

❷ 张民选. 绩效指标体系为何盛行欧美澳 [J]. 高等教育研究，1986（3）：86-91.

❸ Raymond J. Corsini. Concise Encyclopedia of Psychology [M]. New York City：John & Wiley and Sons，Inc，1987.

❹ 本段根据百度百科中的相关内容总结。

作。本研究并不是为了评价已建地块开发强度绩效的优劣，其最终旨在探讨符合现实状况的开发强度"期望绩效"下，与案例城市现实开发状况密切结合的居住地块开发强度指标和公共利益因子的合理配建关系，以支持后续控规开发强度的合理编制。因此，绩效分析的方法更便于指导控规开发强度的后续编制。综上，本研究在绩效的方法选择方面，将以绩效分析为主，绩效评价为辅。

（2）管理绩效中绩效分析和绩效评价的实现途径

在管理绩效中，绩效分析与绩效评价围绕一定的目标进行，尽管绩效的方法是衡量员工业绩以及培训和激励员工的有用工具，但如果绩效的方法中的不确定性和模糊性得不到澄清，它也可能会使管理者和员工产生严重的焦虑与挫折感。[1] 因此，管理绩效的方法运用的基础便在于设定绩效分析、绩效评价的指标，通过指标将"组织"的目标具体化、细分化、可视化、可量化。绩效中的指标是用以测量某一难以定量之物的数值（经济合作与发展组织，1988）。为了确保指标的科学性，绩效的指标必须依照一定的标准进行选择与设定。凯恩（J. S. Kane）与劳勒（E. E. Lawler）从可测度的角度提出了6条选择评价指标的标准，即不准确性原则（Uncertainty）、可能性原则（Likelihood）、可观察性原则（Observability）、非污染性原则（Noncontamination）、排他性原则（Exclusiveness）和可验证性原则（Verifiability）。[2] 帕特里夏·史密斯（Patricia C. Smith）提出确定标准时必须考虑的3个方面：需要覆盖的时间范围（the time-span to be covered），所需要的确定性水平（the specificity desired），与个人和组织需达成目标的吻合度（the closeness to organizational goals to be approached）。[3] 具体而言，绩效方法的指标应满足以下3方面条件：①它应与个体、组织需要达成的重要目标密切相关，既要能充分独立的体现个体和组织欲实现的重要目标，又要能无偏差地测量目标；②它应具有可靠性，在不同时期采用不同方法所作出的绩效成果应具有一致性；③它应具有实用性，具体指标应是现实的、合乎情理的和可接受的。[4]

本研究以保障居民公共利益作为开发强度绩效的目标，以公共利益因子作为将目标具体化的指标。在指标的具体选择方面，主要考虑与居住地块密切相关的法律法规的要求，选择居住区规范等相关规范中与居住地块开发强度密切相关的指标，这些指标基本都存在于上述规范的强制性条文中。依据法律法规的要求选择指标将确保公共利益因子与绩效目标密切相关，同时具有相当的可靠性，这为绩效分析和绩效评价方法的使用奠定了良好的基础。

（3）管理绩效中绩效分析和绩效评价的技术方法

管理绩效中进行全面的绩效分析一般运用以下5种方法：现存数据分析、需求分析、知识工作分析、程序工作分析、系统工作分析。现存数据分析是对公司记录数据的文件分析绩效结果，分析数据能反映当前真实的绩效状态；需求分析是从绩效问题的不同方面收

[1] William P. Anthony. Strategic Human Resource Management [M]. 2nd edition. Florida：The Dryden Press，1996.

[2] J. S. Kane，E. E. Lawler. Performance distribution assessment：A new framework for conceiving and appraising job performance [Z]. 1980.

[3] Marvin D. Dunnette. Handbook of Industrial and Organizational Psychology [M]. New York City：John & Wiley and Sons，Inc，1983.

[4] 杨杰，方俐洛，凌文辁. 对绩效评价的若干基本问题的思考 [J]. 中国管理科学，2000，8（4）：74-80。

集工人、资金管理者、顾客、管理方法、专家的意见与建议，寻求什么是应该发生的，发生了什么，原因是什么等；知识工作分析是指分析者将研究若要成功地完成一项特殊的任务或工作，工人必须知道哪些相关详细信息；程序工作分析针对期望绩效的细节，根据人们需要知道些什么及能够做些什么任务，来记录工人与绩效目标之间的相互作用的专家意见，程序工作分析通常考虑的任务来自于正常的情况下，不考虑在非正常情况下期望绩效的需求；系统工作分析能提供总的绩效系统，包括：系统概况、过程分析、疑难分析，它能帮助人们对选择系统有一个更详细的理解。这些分析方法应用于绩效分析的不同阶段，具体以统计学中的数学方法，如回归分析、数据横纵向对比分析作为绩效分析的技术手段。

绩效评价方法则较多，具体有传统业绩评价法、业绩金字塔法（Performance Pyramid，PP）、平衡记分卡法（Balanced Score Card，BSC）、经济增加值法（Economic Value Added，EVA）、熵模型法、层次分析法（Analytic Hierarchy Process，AHP）、主成分分析法（Principal Components Analysis，PCA）等。目前，上述管理绩效评价的方法已广泛应用到其他学科，如在国土规划领域就已经应用极为广泛。随着"绩效"与其他学科的融合，绩效评价方法也越来越丰富，新近的绩效评价方法有灰色关联度分析法[1]、贝叶斯网络法[2]、RBF 神经网络科研绩效法[3]、模糊多目标多层次格序决策方法[4]、改进的 GA 遗传算法[5]等。

总之，绩效分析和绩效评价的方法往往综合使用。本研究以绩效分析为主探讨影响开发强度指标与公共利益因子配建关系的因素及其影响状况，在具体单个公共利益因子与开发强度指标的配建关系分析中，也需要采用不同的绩效评价方法，以此确定各个因素对开发强度指标与公共利益因子配建情况的影响程度。

（4）城市规划中绩效的方法

管理绩效一般通过绩效分析和绩效评价来实现绩效目标。在城市规划领域，绩效的理论框架较管理绩效没有本质区别，总体而言仍是设定"目标"，通过"指标"的"分析或评价"以实现"目标"的方法。"目标"集中体现了绩效的基本价值取向，"指标"是"目标"的具体化，"分析与评价"是"目标"与"指标"的实现途径。既有规划中绩效的"目标"以强调"公平"为核心。如，"对于空间结构的绩效，'可持续'是一个普适性的理念，其中的核心内涵就是在生态环境的可持续下，实现经济的可持续增长，并且这些经济增长能够被社会公平地分享。但是，仅从这个理念出发我们并不能得到什么明确的目标，理念本身的目标指向往往是含糊的，它必须和现实的空间约束条件结合起来，才能形成一套指导行动的方案与指标"。基于此，"绩效密度、绩效舒展度、绩效人口梯度、绩效OD 比"4 个方面的空间结构的绩效测度指标被提了出来。[6] 巢湖城市基础教育设施的空间

[1] 杨长峰，宋月丽. 基于灰色系统理论的快餐企业营销绩效评价方法 [J]. 中国商贸，2010（25）：50-51。
[2] 王广彦，王薇，董继国. 基于贝叶斯网络的高校教师绩效评价方法 [J]. 统计与决策，2010（18）：160-162。
[3] 张蕾. 基于 RBF 神经网络的中医药科研绩效评价方法分析 [J]. 无线互联科技，2010（4）：41-43。
[4] 吴先聪，刘星. 基于格序理论的管理者绩效评价方法 [J]. 系统工程理伦与实践，2011（2）：239-246。
[5] 陈晓利. 基于改进遗传算法的物流绩效评价方法 [J]. 物流科技，2011（2）：67-70。
[6] 韦亚平，赵民. 都市区空间结构与绩效——多中心网络结构的解释与应用分析 [J]. 城市规划，2006（04）：9-16。

服务绩效评价，从"空间服务覆盖度、实际服务范围、空间服务选择性、空间服务公平性、服务质量满意度"等5个方面进行评估。❶ 张京祥等在揭示保障性住区的社会空间绩效时，通过"已安置住户住房、住区的物质条件、住户的就业环境、就业通勤的时间与成本、保障性住区的公共服务能力、保障性住区居民对社区的归属感与场所认同感"，共5方面指标进行测度。❷ 吕斌等对我国公共文化设施集中建设的空间绩效进行分析时，设定了"设施建设是否顺应城市文化发展的需求，空间上的集中是否对城市肌理与周边交通产生影响，规划设计是否考虑到了城市活力的营造以及后期运营是否能与大规模建设投入相平衡"4方面指标。❸ 总之，城市规划中绩效的方法也均基于指标体系展开。

　　绩效分析和评价方法最直接的引入研究在规划管理绩效方面。如在和谐社区评价中采用的平衡记分卡法❹，在城市规划管理绩效评价中采用的可拓评价方法❺等。在城市规划编制方面，既有绩效的方法引入研究并不多。赵莹在研究新加坡和上海的城市空间结构层次与绩效时，分别以"可达性"、"完整性"对城市的交通、结构进行了绩效分析。❻ 吕斌、曹娜在进行城市空间形态的环境绩效评价时，提出了通过计算城市服务设施的平均服务半径反映城市交通的理论发生量的"城市功能空间紧凑度模型"，并从"城市规模、城市外部形态、城市内部结构"几方面进行了绩效分析。❼ 李红锦、李胜会在进行珠三角城市群空间结构绩效研究时，分别构建了以GDP为被解释变量和以城市化水平为被解释变量的空间结构绩效模型。❽ 车志晖、张沛在包头市城市空间结构发展绩效评价时，采用了模糊综合评价法。❾ 刘耀彬、杨文文在对环鄱阳湖区城市群的城市空间网络联系效率进行分析时，在构建城市群网络空间绩效分析框架基础上，采用了DEA的BCC模型和Malmquist指数模型。❿ 总之，城市规划领域既有的绩效的方法多是基于3S技术，通过数学模型结合回归分析、对比分析、空间句法等方法进行的绩效分析与绩效评价。

　　"目标—指标—分析与评价"的方法是管理绩效方法的简述。城市规划中绩效的方法以"公平"为"目标"，以物质空间因素为衡量"指标"，是对管理绩效方法的规划演绎。本研究以保障公共利益为"目标"，以公共利益因子为"指标"。公共利益因子是对公共利益目标的"空间"具体化，是开发强度指标保障公共利益的可视化、可量化的途径。在具

　　❶ 沈奕，韦亚平. 城市基础教育设施的空间服务绩效评价——以巢湖为例［C］//中国城市规划学会. 规划创新——2010中国城市规划年会论文集. 重庆：重庆出版集团，重庆出版社，2010。

　　❷ 张京祥，陈浩. 南京市典型保障性住区的社会空间绩效研究——基于空间生产的视角［J］. 现代城市研究，2012（06）：66-71。

　　❸ 吕斌，张玮璐，王璐，高晓雪. 城市公共文化设施集中建设的空间绩效分析——以广州、天津、太原为例［J］. 建筑学报，2012，(7)：1-7。

　　❹ 吴笑晶. 基于平衡计分卡的和谐社区实施及评价体系研究——长宁区和谐社区建设实证研究［D］. 上海：上海大学，2007。

　　❺ 叶贵，汪红霞. 可拓评价方法在城市规划管理绩效评价中的应用［J］. 统计与决策，2010 (2)：167-169。

　　❻ 赵莹. 大城市空间结构层次与绩效——新加坡和上海的经验研究［D］. 上海：同济大学，2007。

　　❼ 吕斌，曹娜. 中国城市空间形态的环境绩效评价［J］. 城市发展研究，2011 (7)：38-46。

　　❽ 李红锦，李胜会. 城市群空间结构绩效研究——基于珠三角城市群的实证研究［J］. 商业时代，2012 (5)：134-135。

　　❾ 车志晖，张沛. 城市空间结构发展绩效的模糊综合评价——以包头中心城市为例［J］. 现代城市研究，2012 (6)：50-58。

　　❿ 刘耀彬，杨文文. 基于DEA模型的环鄱阳湖区城市群空间网络结构绩效分析［J］. 长江流域资源与环境，2012 (9)：1052-1057。

体研究中，本研究以绩效分析为主要绩效的方法，通过开发强度现存数据分析、居民需求分析、开发强度指标与公共利益因子关联性的"知识分析"与"系统分析"，最终以开发强度指标"值域化"在控规阶段实现开发强度保障公共利益的目标。

2.4 本章小结

现阶段，西方已进入城镇化后期，城市规划已不需要关注开发强度绩效的问题。回溯西方城市发展历程，基于城镇化时间较长，住宅形式以低层和多层为主两方面的原因，西方各国以"区划"为主导的开发强度控制方法足以避免开发强度中公共利益的缺失。即便如此，西方仍以"谈判"、"个案审批"、"个案编制修规"等方法解决为数不多的开发强度绩效的问题，这足以说明他们对于维护住宅公共利益的重视。因此，与"绩效"近似的西方规划评估一直以来并不注重对住宅开发强度保障公共利益情况的评价，他们评估的重点在于开发强度编制，以及实施过程中各方利益"博弈"的程度。

我国正处在快速城镇化阶段，城市建设规模之大史无前例，国情选择了以控规为主导的开发强度控制方法，也促生了控规层面开发强度绩效的问题。开发强度的控制在控规层面，各方利益的"博弈"则主要在修规层面，开发强度更需弥补控规层面各方利益"博弈"的缺失，以避免修规层面"博弈"的不可控。开发强度绩效为开发强度中各方利益的公平"博弈"创造了可能，它是在控规层面从"立体空间"角度对合理高效使用城市空间的测度，它将突破开发强度评估对开发强度指标与公共利益因子无关联的既有评价思路，避免开发强度规划指标与实施指标无价值的比照方法，以保障公共利益为"目标"，以公共利益因子为"指标"，通过"绩效分析与绩效评价"的方法探讨开发强度绩效的问题，以支持后续控规开发强度的科学、合理编制。

3 居住地块公共利益缺失现象初判

3.1 公共利益因子筛选

3.1.1 公共利益因子的选取标准与方法

（1）选取的标准

公共利益因子是开发强度绩效的指标，在因子选取方面与一般绩效指标选取的标准相一致。绩效指标的一般选取标准为：①指标应与个体、组织需要达成的重要目标密切相关；②指标应具有可靠性；③指标应具有实用性（详见前文2.3.1节之（2））。具体而言，第一条包括两方面含义：①指标被认为是重要目标的效度，即对具体指标的测量既不应受到无关方差的污染，也不应不能充分揭示组织和个体欲实现的重要目标；②指标是指目标实现测量的效度，即测量不应是有偏差的或微不足道的。第二条可靠性则指在不同时期采用不同的（或可能明显类似的）测量方法所作出的绩效成果应具有一致性。第三条实用性指将要使用绩效指标作决策的人必须认为具体指标是现实的、合乎情理的和可接受的。❶

本研究依据绩效指标的一般选取标准，基于开发强度绩效的研究重点与研究阶段的考虑，主要通过以下两个方面选取公共利益因子：

1）选取与居住地块公共利益密切相关的规划规范中有强制性条文要求的因子。

城市规划规范中的强制性条文指直接涉及人民生命财产安全、人身健康、环境保护和其他公共利益的，必须严格执行的强制性规定。❷ 所以，基于相关规划规范强制性条文选取的公共利益因子都应是保障居住地块公共利益的必需且基础性的因子。首先，从相关的规划规范中选取公共利益因子，被选的因子必然都与物质规划密切相关，是物质规划层面的因子。其次，从强制性条文中选取的公共利益因子是探讨居住地块公共利益问题时不可回避且必须首要考虑的因子，其必然与居住地块公共利益的保障密切相关，能充分揭示绩效的目标，体现目标的效度；同时，依据强制性条文选择的公共利益因子一般都有数据性的指标要求，便于量化测度，易于体现目标测量的效度。再次，相关规范提出的强制性条文都是当前规划界广泛认可的关于相关问题基础性要求的集合，其可靠性与实用性毋庸置疑。总之，从规划规范强制性条文中选择的公共利益因子必然是物质规划层面的因子，其有相关规范作为支撑，指标具有较高的可靠性；同时，本研究作为开发强度绩效的起步性研究，重在探讨开发强度绩效的方法，从相关规范强制性条文中选择公共利益因子，便于

---

❶ 杨杰，方俐洛，凌文辁. 对绩效评价的若干基本问题的思考 [J]. 中国管理科学，2008（4）：74-80。

❷ 中华人民共和国建设部. 工程建设标准强制性条文（城乡规划部分）[S]. 北京：中国建筑工业出版社，2000。

突破研究重点、实现研究的主要目标。

2）选取与居住地块开发强度有最实质、最直接、最大影响的因子。

所谓"有最实质、最直接、最大影响的因子"就是"与开发强度密切相关"的因子，这是对绩效指标选择标准核心条款第一条的具体体现。根据绩效指标选择标准第一条所含的两方面含义，"与开发强度密切相关"的指标不应受到无关方差的污染，应充分揭示绩效的目标，同时对具体指标的测量不应是有偏差的、微不足道的。具体而言，首先，与开发强度密切相关的绩效指标和开发强度的关系应是最实质的。所谓"实质"，《辞海》释义为："事物、问题等的实际内容或关键所在。"因此，对开发强度最实质的影响指：一方面，指标必须呈现最实际的内容，细分到独立与开发强度有关的状态，无概念的交叉；另一方面，与开发强度密切相关的因子对于开发强度的影响应该是关键性的。其次，与开发强度密切相关的绩效指标必须是纯粹的、无偏差的，不应混杂城乡规划中其他绩效的问题。规划中的绩效，依据定义，既包含土地使用方面的绩效，又包含开发强度方面的绩效。地块自身层面的公共利益因子对开发强度一般具有直接的影响，但片区层面的公共利益因子，只有在其用地布局的规模、服务半径相对合理的情况下，即其土地使用方面的绩效相对合理时，才能对开发强度产生较为直接的影响。所以，在片区层面选择的公共利益因子，必须是对开发强度有最直接影响的因子，应避免因子的使用受土地使用规划方面绩效的影响。换言之，绩效研究必须选择土地使用布局基本合理的因子，如果不存在合理的土地使用布局，这一因子即使被选择，也无法以此进行开发强度绩效的研究。如文化活动站、幼儿园等公共服务设施，如果用地布局、规模、服务半径不合理，则基于此类公共服务设施因子的开发强度绩效的研究就无法进行，这一公共服务设施也就不能纳入现阶段开发强度绩效的指标。再次，与开发强度密切相关的绩效指标对于开发强度的影响不应是微不足道的。与开发强度相关的因子不一定都和开发强度绩效密切相关，其相关程度还取决于因子对于开发强度的作用程度。唯物辩证法认为，矛盾具有不平衡性，主要矛盾决定事物的发展进程。所以，与开发强度密切相关的公共利益因子对于开发强度的影响必须是显而易见的、最大的。总之，选取与居住地块开发强度密切相关的因子，即是选择与居住地块开发强度有"最实质"、"最直接"、"最大"影响的因子。

综上所述，公共利益因子依据以上两方面条件选取。同时，城市规划作为公共政策属性，绩效指标的选择标准"实用性"中"作决策的人"不应只是规划师，指标选择的是否合理还应一定程度上通过现状调查采纳公众意见予以验证。本研究受研究目标和研究阶段的限制，在这一方面主要采纳既有研究成果。

（2）选取的方法

绩效的指标一般都分为"类"、"个或项"两个层级，即所谓的"多少类多少个（项）"指标。因为相关规范中并无公共利益因子的概念，所以规范强制性条文中所含的公共利益因子往往概念杂糅，多停留在"类"的层级，仍需细分探讨。本研究为了便于研究，对公共利益因子采取分层筛选的方法：首先，考虑对公共利益因子的基本类型进行选取，以此圈定公共利益因子中需要细分探讨的基本类型；然后，阐释、细分公共利益因子基本类型至"个或项"的层级，在此基础上再基于公共利益因子的选取标准进行公共利益因子"个或项"层级的筛选；最后，依据每个公共利益因子对地块开发强度绩效作用层面的不同，将公共利益因子进行地块自身和片区两个层面的划分，以此便于后续开发强度"值域化"

模型的构建和开发强度绩效的分析与评价。

3.1.2 公共利益因子的基本类型

（1）相关规划规范的强制性条文要求

2000年，《工程建设标准强制性条文（城乡规划部分）》发布实施，这一条文是对当时各类既有规范中强制性条文的综合总结，其中的居住区规划部分是对《城市居住区规划设计规范》（GB 50180—93）中强制性条文的原文汇总。但随后，2002版居住区规范颁布实施，其中的强制性条文与原有1993年版规范相比有所不同。所以，本研究在依据强制性条文要求选取公共利益因子时，仅将《工程建设标准强制性条文（城乡规划部分）》作为参考，而主要通过现行相关规范中强制性条文的梳理总结开展研究。

目前，与居住区规划有较为密切关系的规范包括：《城市居住区规划设计规范》（GB 50180—93）（2002版）、《民用建筑设计通则》（GB 50352—2005）❶、《住宅建筑规范》（GB 50386—2005）❷、《住宅设计规范》（GB 50096—2011）❸等。其中，居住区规范是直接针对居住区规划的规范，而上述其他规范与居住区有关的部分，基本都是依据居住区规范制定。如2006年开始实施的《住宅建筑规范》，按照条文说明所述，其中的"4 外部环境"一节基本是依据居住区规范制定。近些年出版的与居住区规划密切相关的资料集、书籍，如居住区资料集、《城市住宅区规划原理》等，同样也都是依照居住区规范编著。因此，本研究在选取与居住地块公共利益相关的公共利益因子时，主要考虑居住区规范中的强制性条文要求，在此基础上补充考虑其他规范中较居住区规范新增的相关强制性条文要求。

根据建设部2002年发布的"关于国家标准《城市居住区规划设计规范》局部修订的公告"，居住区规范中共有"必须严格执行"的强制性条文14条。这些强制性条文关注的与居住地块公共利益相关的因子包括"住宅建筑日照"、"住宅建筑净密度"、"配套公建"、"绿地率"、"公园绿地"等几大类（表3-1）。2005年开始实施的《民用建筑设计通则》虽然没有强制性条文，但其中5.1.3条再次强调了住宅建筑日照的要求，同时3.6.1条较居住区规范新增了对"住宅建筑配建停车（机动车和非机动车）场（库）"的要求。同年随后实施的《住宅建筑规范》的规定为对住宅建筑的强制性要求（详见《住宅建筑规范》条文说明1.0.4中的论述），其中的所有条文均是强制性条文。该规范"4 外部环境"一节的15项条文中12项依据居住区规范制定，关注的因子除包括居住区规范强制性条文规定的"住宅建筑日照"、"配套公建"、"绿地率"、"公园绿地"以外，新增了"住宅建筑控制线"、"市政管线"、"道路交通"、"住宅配建停车场（库）"、"防噪"、"防护工程"等（表3-2）。2011年新修订的《住宅设计规范》是针对住宅建筑设计层面的规范，其中7.1、7.3的强制性条文再次强调了"日照"和"防噪"的重要性，同时在7.2的强制性条文中新增了"自然通风"的强制性要求。

---

❶ 中华人民共和国建设部. 民用建筑设计通则 GB 50352—2005 [S]. 北京：中国建筑工业出版社，2005。

❷ 中华人民共和国建设部. 住宅建筑规范 GB 50386—2005 [S]. 北京：中国建筑工业出版社，2005。

❸ 中华人民共和国住房和城乡建设部，中华人民共和国国家质量监督检验检疫总局. 住宅设计规范 GB 50096—2011 [S]. 北京：中国建筑工业出版社，2012。

居住区规范强制性条文及其关注的因子类型汇总表　　表 3-1

条文编号	主要内容	关注的因子	条文编号	主要内容	关注的因子
1.0.3 条	居住区结构的划分	其他	6.0.1 条	居住区配套公建的类型	配套公建
3.0.1 条	居住区用地的划分		6.0.3 条	居住区配套公建的项目与配建指标	
3.0.2 条	居住区用地平衡控制指标		6.0.5 条	公建配建停车场（库）	其他
3.0.3 条	人均居住区用地控制指标		7.0.1 条	居住区内绿地的类型	绿地率
5.0.2 条第 1 款	住宅建筑日照标准	住宅建筑日照	7.0.2 条第 3 款	绿地率的最低控制要求	
5.0.5 条第 2 款	层数与电梯设置要求	其他	7.0.4 条第 1款的第 5 项	组团绿地的日照与设置要求	公园绿地
5.0.6 条第 1 款	住宅建筑净密度最大值的限定	住宅建筑净密度	7.0.5 条	人均公园绿地指标要求	

《住宅建筑规范》中与居住区规划相关的强制性条文及其关注的因子类型汇总表　　表 3-2

条文编号	条文来源	主要内容	关注的因子
4.1.1 条	居住区规范 5.0.2 条	住宅建筑日照标准	住宅建筑日照
4.1.2 条	居住区规范 8.0.5 条	住宅建筑退周边道路红线要求	住宅建筑控制线
4.1.3 条	居住区规范 10.0.2 条	管线综合的要求	市政管线
4.2.1 条	居住区规范 6.0.1 条	居住区配套公建的项目	配套公建
4.2.2 条	居住区规范 6.0.2 条	配套公建规模必须与人口规模相对应	
4.3.1 条	对居住区规范 8.0.1 条深化	增加"每个住宅单元至少应有一个出入口可以通达机动车"的要求	道路交通
4.3.2 条	居住区规范第 8 章的相关规定	各级道路宽度设计要求	
4.3.3 条	《城市道路和建筑物无障碍设计规范 JGJ 50—2001》的相关规定	无障碍坡道设计要求	
4.3.4 条	对居住区规范 8.0.6 条深化	增加了自行车、机动车停车场地或停车库的要求	住宅配建停车场（库）
4.4.1 条	居住区规范 7.0.1 条	绿地率要求	绿地率
4.4.2 条	居住区规范 7.0.5 条	人均公园绿地指标要求	公园绿地
4.4.3 条	新增	水景设计要求	
4.4.4 条	新增	噪声防治要求	防噪
4.5.1 条	居住区规范 9.0.4 条	地面排水坡度要求	道路交通
4.5.2 条	居住区规范 9.0.3 条	住宅用地的防护工程要求	防护工程

注：1. "条文来源"摘自《住宅建筑规范 GB 50386—2005》条文说明 4；
　　2. 灰色部分表示较居住区规范新增的强制性条文。

　　总之，上述"住宅建筑日照"、"住宅建筑净密度"、"配套公建"、"绿地率"、"公园绿地"、"住宅建筑控制线"、"市政管线"、"道路交通"、"住宅配建停车场（库）"、"防噪"、"防护工程"、"自然通风"都是与居住地块公共利益相关的物质规划层面的几类因子，但上述几类因子并非都是本研究探讨的与开发强度密切相关的公共利益因子类型，因此上述几类因子仍需基于其与开发强度的关联性进行筛选。

（2）与居住地块开发强度密切相关

早在 1945 年，在梁思成发表的我国最早关于现代城市规划的论文《市镇的体系秩序》中，开篇便提出城市规划的最高目的"在于使居民得到最高度的舒适，在使居民工作达到最高效率，这就是古谚所谓的使民'安居乐业'四个字"。"安居乐业"以保障公共利益为基础，文中提出了 6 项通过"住宅区"规划实现上述目标的基本原则，其中第三项便是"规定人或建筑面积之比例，以保障充分的阳光与空气"。❶ 现今，居住区规范条文说明 1.03 条、1.0.3a 条、1.0.4 条也强调，"居住区规划的基本原则是居住区根据居住人口规模进行分级配套，在满足与人口规模相对应的配建设施总要求的前提下，其规划布局形式可多种多样，因而，配套设施的配建水平与指标必须与居住人口规模相对应，这是对不同规模居住区规划设计的共同要求"。由此可见，"人口规模"在任何时代背景下都对居住区规划有着实质的影响，而开发强度指标是人口规模在物质空间层面的量化反映。因此，公共利益因子与开发强度关系的密切程度，最实质的表现之一便在于其与人口规模之间的关联性。

公共利益因子与人口规模的关联，一般主要体现在人均指标、户均指标等方面。前节所列的与居住地块公共利益相关的因子中，"住宅建筑净密度"、"绿地率"本身就是开发强度指标；而"住宅建筑控制线"、"市政管线"、"道路交通"、"防噪"、"防护工程"、"自然通风"等都与人口规模无直接关联，在相关规范中也没有人均指标或户均指标的要求，所以这几类因子都不是与开发强度密切相关的因子；而在相关规范中，"住宅建筑日照"有保证每套住宅一个居住空间满足标准日照的要求，"公园绿地"有人均公园绿地指标要求，"住宅配建停车场（库）"有户均停车位（停车率）或每百平方米住宅建筑面积所配停车位数量的要求，"配套公建"有每千人的配建指标要求，所以这几个类型的因子都是与居住地块开发强度密切相关的公共利益因子的基本类型。简言之，与居住地块开发强度密切相关的公共利益因子包括"住宅建筑日照"、"公园绿地"、"住宅配建停车场（库）"、"配套公建"四类。

（3）既有居民调查研究成果的佐证

上述选择出的规范强制性条文要求的与居住地块开发强度密切相关的几类公共利益因子，与既有基于居民调查的研究结果具有高度吻合性，这在一定程度上佐证了本研究基于上述方法选择出的公共利益因子基本类型的现实研究价值。2011 年，郑童，吕斌等在对北京"宜居社区"的评估研究中，提出了住房条件良好度、自然环境优美度、日常生活便利度、社会人文资源丰富度、邻里亲情和睦度、地方文化独特度和社会治安安全度共 7 类指标，20 个评价因子，其通过 1000 余份的居民问卷调查，基于居民主观感受的模糊评价法，最终得出居民现状"高关注—低满意"的因子，这些因子含纳了本研究提出的所有类型的因子（图 3-1）。❷ 2009 年，裴艳飞对本研究的案例城市——西安市的住宅消费市场调查的结果显示："住宅消费满意不仅仅指消费者对住房产品的满意程度，同时更强调与住宅产品相关联的区域基础环境和小区环境"，这些环境指标，如"公园绿地"、"中小学"正是与开发强度密切相关的居民极为关切的几类公共利益因子。❸ 这说明，规范中强制性

---

❶ 梁思成. 建筑文萃 [M]. 北京：生活·读书·新知三联书店，2006。

❷ 郑童，吕斌，张纯. 基于模糊评价法的宜居社区评价研究 [J]. 城市发展研究，2011（9）：118-124。

❸ 裴艳飞. 西安市住宅市场消费者满意度研究 [D]. 西安：陕西师范大学，2009。

条文要求的与居住地块开发强度密切相关的几类公共利益因子现今正是居民关注度高，满意度低，亟待规划关注的几类因子。总之，依据规范的要求选择因子将确保公共利益因子与绩效目标密切相关，同时具有相当的可靠性；既有研究中居民的需求调查则再次佐证了这几类因子的现实研究价值。

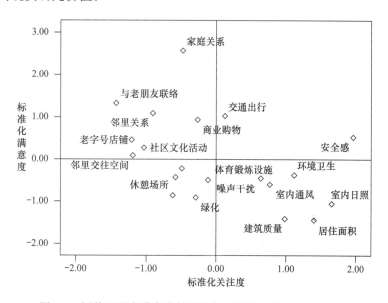

图 3-1 评价因子在满意度与关注度二维度坐标系中的分布图

来源：郑童，吕斌，张纯. 基于模糊评价法的宜居社区评价研究 ［J］. 城市发展研究，2011 (9)：118-124

综上，规范强制性条文要求的与居住地块开发强度密切相关的公共利益因子的基本类型为："住宅建筑日照"、"公园绿地"、"住宅配建停车场（库）"、"配套公建"。但上述几类因子仍可细分，因此按照公共利益因子选取的标准与方法，上述因子仍需基于其内涵进行细分与筛选。

3.1.3 公共利益因子的细分与分层

（1）住宅建筑日照

居住区规范 5.0.2 条规定了住宅建筑日照的标准要求，对于居住地块而言，其内的住宅建筑若要满足相关要求，既受地块内部其他建筑的影响，也受地块以外周边建筑的影响。所以，住宅建筑日照包括地块自身内部的住宅建筑日照，和居住地块受周边地块影响下的住宅建筑日照，即地块间的住宅建筑日照两部分。地块间的住宅建筑日照还存在直接相邻的地块间的住宅建筑日照和隔道路相邻的地块间的住宅建筑日照两种情况。一般情况下，城市的旧城区，由于宗地用地规模、用地界线、建筑退线等情况复杂，地块间的住宅建筑日照相互影响的情况较多，特别是直接相邻的地块间的住宅建筑日照的相互影响较大；而城市的新区，由于其多依照相关"城市规划管理技术规定"统一规划建设，各地块周边需要保留的现状住宅类建筑较少，住宅建筑日照的问题则主要集中在地块自身内部。如，根据《西安市城市规划管理技术规定》第二十四条规定，"当规划建筑为住宅建筑时，退北界距离不小于 12m，且满足北侧 12m 线处日照要求"，同时"规划建筑应满足东、西界线外侧 4.5m 处日照要求，并满足周边现状住宅类建筑的日照要求"。依据这一规定，

43

结合《西安市城市规划管理技术规定》第六章"建筑退让"中的其他规定的要求，可以分析出：在统一规划建设的情况下，即使在地块间的住宅建筑日照相互影响最大时，即居住地块至少与一条小区级道路相邻（根据居住区规范，小区级道路路面宽度 6～9m，建筑控制线宽度 14m），东侧为小区级道路，南侧、西侧、北侧直接与其他地块相接时（图 3-2），住宅建筑日照问题也仅集中在居住地块自身内部。本研究的研究对象主要集中在城市新区，所以住宅建筑日照作为公共利益因子的基本类型，所含因子主要为地块自身的住宅建筑日照因子，简称"住宅建筑日照因子"。这一因子为地块自身层面的公共利益因子。

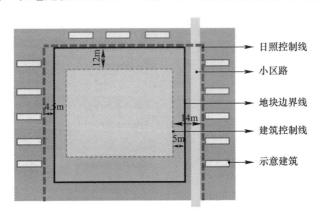

图 3-2　地块间的住宅建筑日照相互影响最大情况下的地块条件限定示意图

（2）公园绿地

根据居住区规范 2.0.12 条，居住区中的公园绿地指满足规定的日照要求，适合于安排游憩活动设施的，供居民共享的集中绿地，应包括居住区公园、小游园和组团绿地及其他块状、带状绿地等。居住区规范 7.0.5 条规定，居住区内公园绿地的总指标，应根据居住人口规模分别达到：组团不少于 0.5m²/人，小区（含组团）不少于 1m²/人，居住区（含小区与组团）不少于 1.5m²/人；同时，7.0.4.1（5）条规定：组团绿地的设置应满足有不少于 1/3 的绿地面积在标准的建筑日照阴影线范围之外的要求。居住区公园、小游园和组团绿地都有人均指标要求，所以它们都是对居住地块开发强度有最实质影响的因子。但是从对居住地块开发强度最直接、最大影响的方面考虑，组团绿地可以替代居住区公园、小游园，成为与开发强度密切相关的因子。一方面，居住区公园、小游园和组团绿地的人均指标要求相同，即居住区级、小区级、组团级公园绿地的人均指标要求均为不少于 0.5m²/人，所以上述 3 种公园绿地对于居住地块开发强度影响在仅考虑人均指标要求的情况下应是近似的。而组团绿地在人均指标要求基础上，还有日照要求，它对于居住地块开发强度的综合影响在包含了居住区公园、小游园对开发强度影响的基础上，较其他公园绿地对居住地块开发强度的影响大，所以就对于居住地块开发强度的影响大、小程度而言，组团绿地是可以替代居住区公园、小游园影响的公共利益因子。另一方面，居住区公园、小游园的作用层面在地块所在的片区层面，它们需要在土地使用布局合理的情况下，才能对居住地块的开发强度产生最直接的影响。然而，根据笔者对西安市高新技术产业开发区的调研发现，现状建成区内居住区公园、小游园在用地规模、服务半径方面均存在较为严重的布局不合理现象。所以，从对开发强度的最直接影响方面考虑，居住区公园、小游园当前也不能作为本研究探讨的开发强度绩效的因子。因此，公园绿地中的公共利益因子主要指"组团绿地因子"，它是地块自身层面的公共利益因子。

（3）住宅配建停车场（库）

根据居住区规范 6.0.5 条的规定，住宅配建停车场（库）应包括机动车停车场（库）和自行车（非机动车）停车场（库）2 类。2012 年，住建部、国家发改委、财政部曾联合发文，要求新建住宅小区必须配建永久性自行车停车场（库），并以地面停车位为主。❶ 居住区规范"附录 A.0.2 公共服务设施各项目的设置规定"要求：居住区内的自行车停车场（库）按 1~2 辆/户，地上 0.8~1.2m² /辆设置。据此按自行车停车场（库）全部在地面设置，并将各项设置标准均按数据最大值计算，4~6hm² 的居住地块中自行车停车场（库）所占建筑密度仍不会超过 6%。由此可见，自行车停车场（库）对居住地块开发强度的影响十分有限，不是与开发强度密切相关的公共利益因子。因此，本研究所述与开发强度密切相关的住宅配建停车场（库）主要指机动车停车场（库）。机动车停车场（库）通过"停车位"与开发强度密切关联，所以本研究将住宅配建机动车停车场（库）因子简称为"停车位因子"。这一因子为地块自身层面的公共利益因子。

（4）配套公建

居住区规范 6.0.1 条规定：居住区公共服务设施（也称配套公建）应包括教育、医疗卫生、文化体育、商业服务、金融邮电、社区服务、市政公用和行政管理及其他八类设施，具体"应"分级配建的项目详见表 3-3（居住区规范 B.0.1.2 条规定："应"表示严格，在正常情况下均应这样做的正面词采用"应"）。根据公共服务设施公益性与营利性的划分，居住区公共服务设施可以分为公益性公共服务设施、准公益性公共服务设施和营利性公共服务设施 3 类。公益性公共服务设施是指居民基本生活和生产需求中，涉及居住区整体功能和公共利益，无论经济发展水平如何都应进行消费的不具备经济营利能力的公共产品，如教育设施、医疗卫生设施、行政管理及其他设施；准公益性公共服务设施指具有营利能力的公益性公共服务设施，如文化体育设施、金融邮电设施、社区服务设施、市政公用设施；营利性公共服务设施指以追求经济效益为主要目的的公共服务设施，如商业服务设施。❷

居住区公共服务设施分级配建表 表 3-3

类 别	项 目	居 住 区	小 区	组 团
教育	托儿所	—	▲	△
	幼儿园	—	▲	—
	小学	—	▲	—
	中学	▲	—	—
医疗卫生	医院（200~300 床）	▲	—	—
	门诊所	▲	—	—
	卫生站	—	▲	—

❶ 孙雪梅. 新建小区须配自行车停车场 [N]. 京华时报，2012-09-16 (003)。

❷ 黄明华，王琛，杨辉. 县城公共服务设施：城乡联动与适宜性指标 [M]. 武汉：华中科技大学出版社，2013。

类　别	项　目	居住区	小　区	组　团
文化体育	文化活动中心	▲	—	—
	文化活动站	—	▲	—
	居民健身设施	—	▲	△
商业服务	综合食品店	▲	▲	—
	综合百货店	▲	▲	—
	餐饮	▲	▲	—
	中西药店	▲	△	—
	书店	▲	△	—
	市场	▲	△	—
	便民店	—	—	▲
	其他第三产业设施	▲	▲	—
金融邮电	储蓄所	—	▲	—
	邮电所	—	▲	—
社区服务	社区服务中心	—	▲	—
	治安联防站	—	—	▲
	居委会	—	—	▲
	物业管理	—	▲	—
市政公用	变电室	—	▲	△
	开闭所	▲	—	—
	路灯配电室	—	▲	—
	公共厕所	▲	▲	△
	垃圾收集点	—	—	▲
	居民自行车存车处	—	—	▲
行政管理及其他	街道办事处	▲	—	—
	市政管理机构	▲	—	—
	派出所	▲	—	—
	其他管理用房	▲	△	—

注：▲为应配建的项目；△为宜设置的项目。
来源：摘自居住区规范附表 A.0.2

从与公共利益关系的密切程度角度来看，商业服务设施作为营利性公共服务设施，不属于本研究探讨的公共利益因子。准公益性公共服务设施现今也随着社会经济的快速发展，更趋向于市场化运营；同时，大多准公益性公共服务设施已基本不单独布局用地，多与营利性公共服务设施一体化布局。由于没有人均用地指标的控制需求或对开发强度影响较小，表 3-3 中准公益性公共服务设施的大多配建项目不是对开发强度有最实质、最大影响的指标。而个别仍需单独布局用地的准公益性公共服务设施，如文化体育设施中的居民健身设施的室外部分因为一般与公园绿地结合布置，所以可划归"公园绿地"类因子一并考虑。在公益性公共服务设施中，行政管理及其他设施所含项目对居住地块开发强度影响不大，所以它不是开发强度绩效的公共利益因子。教育设施所含项目虽然都是与居住地块开发强度有最实质、最大影响的因子，但根据表 3-3，其中的托儿所、幼儿作为地块所在片区层面配置的公共服务设施，当前并不是与居住地块开发强度有最直接影响的因子。目前，很多大城市出现的"幼儿入托难问题"，并不是开发强度层面的问题，而主要是土地使用规划不完善导致的。学前教育尚未纳入义务教育阶段，托儿所、幼儿所的建设在大多城市无专门的政府部门监管，过往控规也基本不单独规划布局托儿所、幼儿所用地，这导致托儿所、幼儿所在许多城市新区中的规划个数、规模严重不足。如在西安市高新技术产业开发区一期和二期的近 10km² 建成区内，公办且单独用地布局建设的幼儿园现状仅有 1 所，用地规模也不到 1hm²，而大多数的现状幼儿园则为私营，且仅在住宅建筑的底层结合商业服务设施布局。所以，在当前土地使用规划布局大都不合理的情况下，托儿所、幼儿所不能作为本研究探讨的开发强度绩效的公共利益因子。医疗卫生设施所含项目中，门诊所、卫生站并无床位数指标方面的要求。床位数要求是医疗卫生设施确定规模的根本标准，过大或过小的床位数都将影响医疗卫生设施的正常运转；同时，只有有床位数要求的医疗卫生设施，才可通过千人指标床位数与人口规模密切挂钩。所以医疗卫生设施所含项目中的公共利益因子主要指有床位数要求，以服务一般人群为目标的（不包括护理院），与开发强度有最实质关联的医疗卫生设施，主要包括医院或社区卫生服务中心。

总之，本研究所述公共服务设施，即配套公建类的公共利益因子主要为与开发强度密切相关的公益性公共服务设施中所含的项目，具体指教育设施中的小学和中学，医疗卫生设施中的医院或社区卫生服务中心，简称"小学因子"、"中学因子"、"医院因子"。这 3 个公共利益因子为地块所在片区层面的因子，其中，小学因子在小区层级，中学因子和医院因子在居住区层级。

综上所述，本研究所选择的居住地块公共利益因子，主要指相关规范强制性条文中，和开发强度密切相关，对居住地块开发强度有最实质、最直接、最大影响的物质规划层面的因子。具体包括：地块自身层面的住宅建筑日照、组团绿地、停车位，地块所在片区层面的小学、中学、医院。

3.2 研究样本的选取

3.2.1 案例城市基本状况

（1）西安市概况

西安古称"长安"，是举世闻名的世界四大文明古都之一，有着 3100 多年的建城史和 1200 多年的建都史，是我国历史上建都时间最长，建都朝代最多，影响力最大的古都，也是世界著名的历史文化名城，国际旅游城市。西安市是陕西省的省会，副省级城市，是我国中西部地区最大最重要的科研、高等教育、国防科技工业和高新技术产业基地，是西北部地区商贸业最发达，科技实力最强，工业门类最齐全的特大区域中心城市。

西安市位于黄河流域中部关中平原，东京 107°40′～109°49′和北纬 33°39′～34°45′之间。辖区总面积 10108km²，下辖新城区、碑林区、莲湖区、灞桥区、未央区、雁塔区、阎良区、临潼区、长安区、蓝田县、周至县、户县、高陵县共 9 区 4 县。至 2010 年末，全市常住人口达 846.78 万人。西安市中心城区位于市域东部。至 2010 年末，中心城区（主要包括新城区、碑林区、莲湖区、灞桥区、未央区、雁塔区）常住人口达 448 万人，

中心城区建成区规模近 400km²。●

（2）西安市总规沿革与实施概况

新中国成立以来，西安市已制定并实施了 4 轮总体规划，现行总体规划为《西安市城市总体规划（2008—2020 年)》。20 世纪 50 年代，西安市作为中央政府直辖市，完成了第一部城市总体规划（1953—1972 年)，规划确定中心城区人口规模 120 万人、用地规模 131km²，并初步确定了西安城区中心为商贸居住区，南郊为文教区，北郊为大遗址保护区和仓储区，东郊为纺织城，西郊为电工城的功能分区，形成了西安市现代化城市的雏形（图 3-3)。20 世纪 80 年代初，西安市编制了第二轮城市总体规划（1980—2020 年)，规划确定中心城区人口规模 180 万人、用地规模 162km²，并重点突出了历史文化名城保护工作，构筑起西安市作为西部特大城市的构架（图 3-4)。西安市第三轮城市总体规划为《西

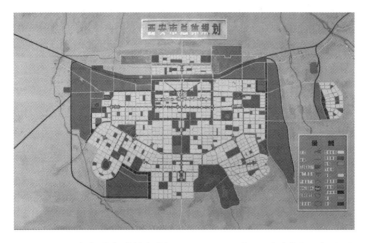

图 3-3　《西安市城市总体规划（1953—1972 年)》规划用地布局图

来源：西安市规划局，西安市城市规划设计研究院. 西安市第四次城市总体规划（2008—2020 年）[R].2012

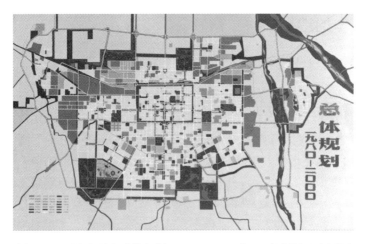

图 3-4　《西安市城市总体规划（1980—2020 年)》规划用地布局图

来源：西安市规划局，西安市城市规划设计研究院. 西安市第四次城市总体规划（2008—2020 年）[R].2012

● 人口数据为六普数据。

安市城市总体规划（1995—2010年）》，规划确定：到2010年中心城区人口规模控制在310万人，城市建设用地总规模为275km²，中心城区城市建设用地规模为175km²。该轮规划强调西安城区应"中心集团、外围组团、轴向布点、带状发展"，这为把西安市建设成为外向型的现代化城市奠定了良好基础（图3-5）。

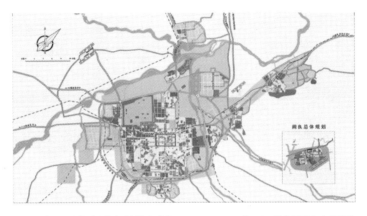

图3-5 《西安市城市总体规划（1995—2010年）》规划用地布局图

来源：西安市规划局，西安市城市规划设计研究院. 西安市第四次城市总体规划（2008—2020年）[R] .2012

西安市现行总规《西安市城市总体规划（2008—2020年）》确定的城市性质为："西安是陕西省省会，国家重要的科研、教育和工业基地，我国西部地区重要的中心城市，国家历史文化名城，并将逐步建设成为具有历史文化特色的现代城市"。规划确定：近期2010年，西安市域常住人口规模为920万人，市域城镇人口规模为655万人，城镇化水平达到71％，中心城区城镇人口规模为450万人；全市城镇建设用地规模控制在660km²以内，中心城区城市建设用地规模为403km²。远期2020年，西安市域总人口规模为1070.78万人，城镇化水平达到79.50％，中心城区人口规模为528.40万人；全市城镇建设用地规模控制在865km²以内，中心城区的城市建设用地总规模控制在490km²以内。西安市的规划结构将在市域与中心城区两个层面分别形成大小两套"九宫格"。在中心城区层面，规划结构凸显"九宫格局、棋盘路网、轴线突出、一城多心"的布局特色，以二环内区域为核心发展成商贸旅游服务区，东部依托现状发展成国防军工工业区，东南部结合曲江新城和杜陵保护区发展成旅游生态度假区，南部为文教科研区，西南部拓展成高新技术产业区，西部发展成居住和无污染产业的综合新区，西北部为汉长安城遗址保护区，北部形成装备制造业区，东北部结合浐灞河道整治建设成居住、旅游生态区（图3-6～图3-8）。

按照现行总规，西安市中心城区规划居住用地总面积174.62km²，占规划总用地的29.10％，人均居住用地29.10m²。在居住用地布局上，规划完善建成区的居住用地布局结构，在六村堡、纪阳、新筑、泾渭、高新、鱼化等地配套设施完备的居住社区，与郭杜、长安区及其周边居住片区形成交通便捷、工作便利、环境优美的格局。

3.2.2 案例城市新区基本状况

近年来，随着西部大开发战略各项政策的逐步落实，和2011年西安世界园艺博览会的成功举办，西安市的城市发展不断加快。目前，西安市已建成36个行业门类齐全的工

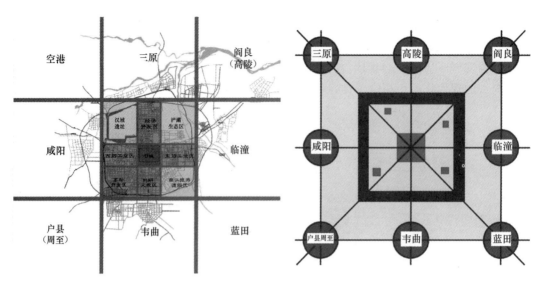

图 3-6 《西安市城市总体规划（2008—2020 年)》两个层面的"九宫格"空间结构图

来源：西安市规划局，西安市城市规划设计研究院．西安市第四次城市总体规划（2008—2020 年）[R]．2012.

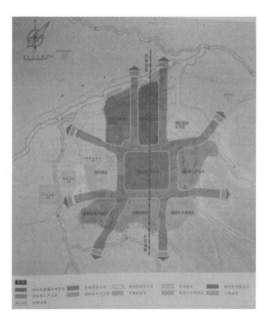

图 3-7 《西安市城市总体规划（2008—2020 年)》中心城区规划结构图

来源：西安市规划局，西安市城市规划设计研究院．西安市第四次城市总体规划（2008—2020 年）[R]．2012

业体系，培育了高新技术产业、装备制造业、旅游产业、现代服务业、文化产业共 5 大主导产业，形成了高新技术产业开发区（以下简称"高新区"）、经济技术开发区、曲江新区、浐灞生态区、阎良国家航空高新技术产业基地、西安国家民用航天产业基地的"四区二基地"和国际港务区等发展平台（图 3-9）。这些开发区（基地）是西安市主导产业的集聚地和引领城市经济发展的增长极，也正是西安市现代化城市建设的示范区和城市新近建设最为集中的区域。

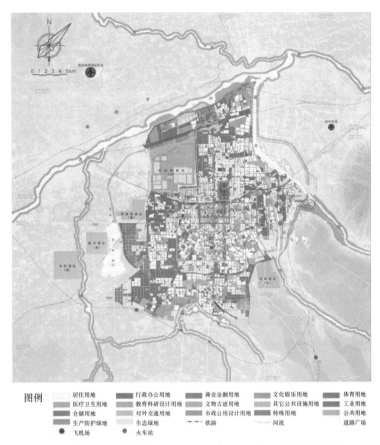

图例 居住用地   行政办公用地   商业金融用地   文化娱乐用地   体育用地
      医疗卫生用地 教育科研设计用地 文物古迹用地   其它公共设施用地 工业用地
      仓储用地   对外交通用地   市政公用设计用地 特殊用地   公共用地
      生产防护绿地 生态绿地   铁路   河流   道路广场
      ● 飞机场   ● 火车站

图 3-8 《西安市城市总体规划（2008—2020 年）》中心城区规划用地布局图

来源：西安市规划局，西安市城市规划设计研究院．西安市第四次城市总体规划（2008—2020 年）［R］．2012

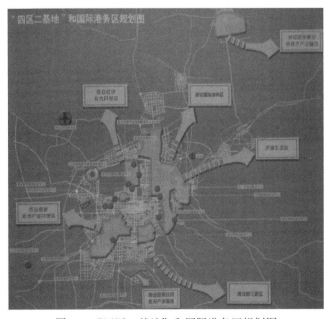

图 3-9 "四区二基地"和国际港务区规划图

来源：西安市规划局，西安市城市规划设计研究院．西安市第四次城市总体规划（2008—2020 年）［R］．2012

西安经济技术开发区成立于 1993 年，2000 年被批准为国家级开发区。西安经济技术开发区位于城区北部，规划核心区域面积约为 2.80km²，是以机械电子、轻工食品等为支柱产业和以高新技术产品为主导的城市发展新区。曲江新区是 1993 年批准设立的省级旅游度假区。曲江新区位于西安城区东南部，规划核心区域面积约为 40.97km²，是以文化产业和旅游产业为主导的城市发展新区。浐灞生态区成立于 2004 年，是国家级生态区。浐灞生态区位于西安城区东部，规划总面积约为 129.00km²，是以河流综合治理和生态建设为基础，以发展金融商贸、旅游休闲、会议会展等现代高端服务业和生态人居环境产业为主导的城市发展新区。

西安高新区是 1991 年经国务院首批批准的国家级高新区。西安高新区位于城区西南部，规划区域面积约为 308.00km²，是以高新技术产业为特色的城市发展新区。高新区经过 20 余年的发展，已成为关中—天水经济区中最大的经济增长极，中西部地区投资环境好，市场化程度高，经济发展最为活跃的区域之一，是国家确定要建设世界一流科技园区的 6 个高新区之一，是陕西、西安最强劲的经济增长极和对外开放的窗口，是我国发展高新技术产业的重要基地。与市区的其他新区相比，高新区是西安市城市新区中发展时间最长、建成区最具规模的新区，是西安中心城区中新建居住地块最为集中的区域。高新区包括一二期、电子城（电子园）、鱼化综合片区、软件新城等 24 个管理片区（图 3-10），规

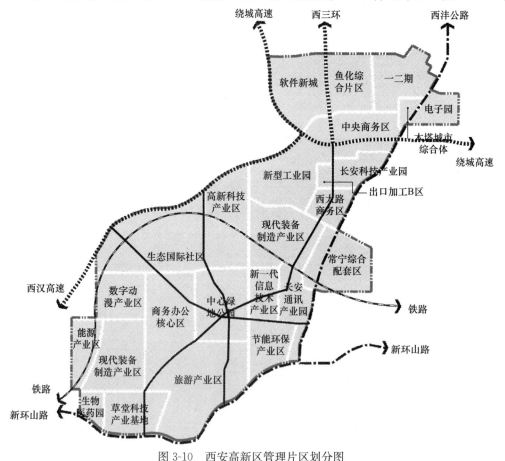

图 3-10 西安高新区管理片区划分图

来源：西安建大城市规划设计研究院. 西安高新区公共服务设施规划［R］.2012

划占地约 308km²。其中，高新区在中心城区范围内的用地规模约为 85km²，包括一二期、电子城、鱼化综合片区、软件新城、中央商务区、长安科技产业园、新型工业园、出口加工 B 区、西太路商务区共 9 个管理片区；高新新区用地规模约为 223km²，包括其他 15 个管理片区。如今，高新区在中心城区范围内的建成区已达 40 多平方公里，建成区常住人口规模约为 30 万人，主要集中在一二期、电子城、中央商务区、新型工业园、长安科技产业园、出口加工 B 区、西太路商务区等区域（图 3-11）。高新区内的现状居住地块主要分布在一二期、电子城、中央商务区 3 个现状建成区最为集中的区域。至 2012 年底，这一区域常住人口规模约为 25 万人。

图 3-11　西安高新区（中心城区范围）土地使用综合现状图

3.2.3　居住地块样本的选取

（1）备选样本的选取

本研究主要选择 2000 年以后，经过市场投放、商业性开发建设，并且不受高度控制制约的居住地块。目前，西安市中心城区这类居住地块分布的区域基本在老（明、清）城外围，主要在二环路以外的高新区、经济技术开发区、曲江新区、浐灞生态区的范围内。受公共利益因子作用层面的影响，开发强度绩效可分为地块自身和地块所在片区两个层面。在地块自身层面，备选样本的选取需要避免建筑高度控制的影响；在地块所在片区层面，选取的备选样本需要在一定区域内集中布局，同时应避免土地使用布局不合理对开发强度绩效研究的影响。因此，本研究备选样本的选取主要基于以下几方面考虑：

1）不受建筑高度控制的影响。根据《西安市城市规划管理技术规定》第三十九条规定，西安市环城路外侧 60m 以内为中心城区建筑高度控制区。因此，居住用地备选样本主要在环城路以外的区域选择。同时，《西安市城市规划管理技术规定》第四十条规定，城区其他区域的建筑高度应符合建筑、文物保护等的有关规定。根据这一规定，经济技术开发区受"汉长安城遗址"、"唐大明宫遗址"等大遗址保护区的影响，曲江新区受"大雁塔"保护的影响，其内居住用地均存在一定的高度控制要求（图3-12）。因此，居住地块的备选样本在这两个新区内选取较少。

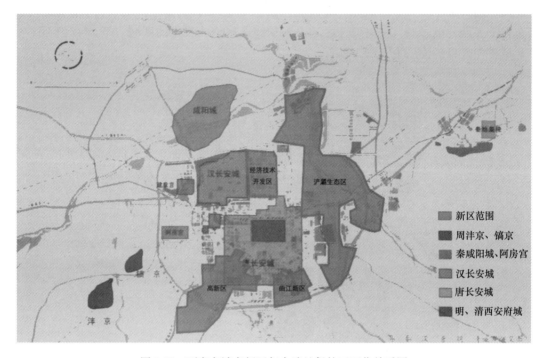

图 3-12　西安市城市新区与大遗址保护区区位关系图

2）新建的建成区已具规模。片区层面的居住地块开发强度绩效需要以一个整片的区域作为研究基础，如基于小学因子的开发强度绩效，需以小学服务半径内所有居住地块开发强度的统计作为研究基础。浐灞生态区虽无高度控制限制，但开发起步较晚，现状建成区多为"纺织城"区域的旧城区和以湿地公园、商务会议为主的新近建成区，而以居住用地为主导的新近建成区的规模仍较小。与其他几个新区相比，高新区受大遗址保护的影响也较小，同时开发起步较早，当前建成区最具规模，其内新建居住用地的总量最大，布局相对集中，有开展整片区域研究的基础。因此，从新建的建成区规模角度考虑，备选样本以高新区的居住地块为主。

3）土地使用布局较为合理。基于研究阶段和研究重点的考虑，本研究的地块所在片区层面开发强度绩效研究应在片区层面公共利益因子的土地使用布局相对合理的情况下进行，这样才能避免开发强度绩效受土地使用布局问题的影响，确保现阶段开发强度绩效研究的纯粹性与准确性。在西安市的新区中，高新区新近建设的现状建成区规模最大，它的土地使用布局相对城区其他区域更为合理。因此，从土地使用布局的合理情况角度考虑，备选样本以高新区内的居住地块为主。

总之，开发强度绩效研究的最终目标为支持后续控规开发强度的科学编制。城市的新区是控规的主要使用区域，以城市新区中的居住地块作为研究样本，研究成果将更利于直接指导城市新区的控规开发强度编制。本研究选取居住地块备选样本共计300个。其中，145个备选样本位于老城以外及高新区以外的新区（详见附录1、附录2），155个备选样本位于高新区（详见附录3、附录4）。

（2）典型样本的选取

典型样本为备选样本中用地面积在的2~10hm² 的样本（为了确保地块用地面积范围在居住组团层面保持一定的弹性，结合西安市目前的实际情况，本研究将典型样本的用地面积范围进行了适当延伸，即2~10hm² 范围内），总计128个。其中，66个典型样本位于老城以外及高新区以外的新区（详见附录5），62个典型样本位于高新区（详见附录6）。

后续基于地块层面公共利益因子的开发强度绩效研究以128个典型样本整体为研究对象。基于片区层面公共利益因子的开发强度绩效研究，以及基于地块和片区综合层面的开发强度绩效研究，则以位于高新区的一二期、电子城、中央商务区3个现状建成区最为集中的管理片区内的居住地块典型样本为研究对象，具体包括62个典型样本中的前45个，即用地编号在B1~B20之间的样本。

（3）资料来源、统计项目与深度

研究样本的相关指标通过以下几种途径获得：①收集西安市城市规划相关部门有关居住地块的开发建设审批资料获得；②结合高新区和曲江新区的地形图、高清航拍图统计获得；③收集相关城市规划编制单位的施工图获得。

居住地块样本的统计项目包括16项：序号、地块编号、项目名称、用地面积、总建筑面积、住宅建筑面积、容积率、住宅容积率（住宅建筑面积毛密度）、总建筑密度、住宅建筑密度（住宅建筑毛密度）、住宅平均层数、居住户数、居住人口、绿地率、组团绿地面积、停车位。其中，大部分统计项目与居住区规范11.0.1条"综合技术经济指标系列一览表"规定的项目相一致，序号、地块编号、项目名称、组团绿地面积为新增项目。为统计与开发强度绩效直接相关的"纯住宅"的开发强度，本研究引入居住区规范第2条中所述的"住宅建筑面积"、"住宅建筑面积毛密度"、"住宅建筑毛密度"概念，上述概念具体指"居住区用地内住宅建筑对应的地上总建筑面积、容积率与建筑密度"。为了便于研究，"住宅建筑面积毛密度"在文中简称为"住宅容积率"，"住宅建筑毛密度"在文中简称为"住宅建筑密度"。

为统计组团绿地因子的相关指标数值，本研究引入"组团绿地面积"项目。组团绿地一般为院落式，其面积统计具体根据居住区规范11.0.2.4条第（3）、（4）款"院落式组团绿地面积计算起止界"的规定（详见图4-5），依据相关地形图、航拍图计算。当所计算集中绿地的面积小于居住区规范7.0.4.1条规定的组团绿地最小规模0.04hm² 时，该绿地则不是组团绿地，其所在地块的组团绿地面积统计为"0"（鉴于西安市的实际状况，面积在350~400m² 的集中绿地按0.04hm² 统计）。另外，居住区规范2.0.12条定义公园绿地为"满足规定的日照要求，适合于安排游憩活动设施的，供居民共享的集中绿地"；居住区规范7.0.4.1条第（5）款规定：组团绿地的设置应满足有不少于1/3的绿地面积在标准的建筑日照阴影线范围之外的要求。换言之，组团层面不满足日照要求的集中绿地即使规模大于0.04hm²，仍不是组团绿地，其所在地块的组团绿地面积应统计为"0"。为确保院落式组团绿地满足日照要求，居住区规范表7.0.4-2规定了不同建筑布局情况下能满足日照要求的院落式组团绿地的最小规模（详见表4-4，最小规模为0.05~0.20hm²）。鉴于集中绿地满足日照要求的情况在实际调查中较难被准确衡量,本研究在"组团绿地面积"调查中,对集中绿地按居住区规范表 7.0.4-2 的相关规定,以不同建筑布局情况下集中绿地的最小规模初步衡量其满足日照要求的情况,即在一定的建筑布局下,规模达不到居住区规范表 7.0.4-2 相应要求的集中绿地便不满足日照要求,则其不是组团绿地。结合西安市目前的实际情况,本研究在样本的调查统计中,将组团绿地适当延伸,包括符合面积、日照要求的带状绿地,对于带状绿地满足日照的情况以其周边建筑布局状况进行判别。

居住地块样本统计项目的计量单位参照居住区规范 11.0.1 条"综合技术经济指标系列一览表"的规定设置;统计深度依据统计来源,考虑统计误差设定。"用地面积"和"组团绿地面积"的单位为"hm²","总建筑面积"、"住宅建筑面积"的单位为"万 m²",它们的统计数值精确至小数点后两位;容积率、住宅容积率的统计数值精确至小数点后一位;其他项目的统计数值精确至个位。

3.3 案例居住地块当前开发控制状况调查

3.3.1 案例基本情况分析

(1)地块内建筑的功能组成

开发强度绩效旨在探讨"纯住宅"的开发强度指标与公共利益因子的合理配建程度。居住地块内建筑功能组成的调查,根本目标便在于统计、分析与开发强度直接相关的"纯住宅"的建筑规模。依据居住区规范,居住地块由住宅用地、公建用地、道路用地、公园绿地组成。一般情况下,居住地块仅在住宅用地和公建用地上建设有计入地上建筑面积的建筑。所以,在组团层面,居住地块内影响地块开发强度的建筑一般仅为住宅建筑和公建两类。因此,与开发强度直接相关的"纯住宅"的建筑规模就是居住地块内住宅建筑的总建筑面积。居住地块内"纯住宅"的建筑规模,受两方面影响:①住宅建筑与公建建筑的建设形式;②公建建筑与住宅建筑的建筑面积比值。

在住宅建筑与公建建筑的建设形式方面,正如居住区资料集 2.10.1 节"住宅组群规划的节地措施"——"住宅底层布置公共建筑"所述,为了节约用地、提高开发强度,现今典型样本内的公建多在住宅底层布置。其中,社区服务设施公建多在地块内部的住宅底层布局,营利性公建多在沿街住宅建筑的底层布局。这种布局形式减少了公共建筑对住宅建筑规模的影响,极大地提高了居住地块内住宅建筑的规模。一方面,公建在地块内部基本不单独布局用地,为住宅建筑的建设预留了更多的用地;另一方面,由于"建筑退让边界"的距离一般随所建建筑的高度增加而增加,在住宅建筑底层布局的公建较住宅建筑退让边界的距离小,沿街建设的公建所单独布局的用地基本为居住地块内因建筑退让边界无法布局住宅建筑的用地。因此,从现今住宅建筑与公建建筑的建设形式角度来看,组团规模居住地块内"纯住宅"的建筑规模已得到较好的保障。

依据居住区规范附表 A.0.2"公共服务设施分级配建表",居住组团层级必须配建的公建主要为商业服务设施。在西安市高新区一二期,居住地块的现状配建公建数量的 92%为商业服务设施(表 3-4)。因此,在居住组团层面,公建建筑与住宅建筑的建筑面积比值可以简称为"商住比"。居住地块的"商住比"没有规范性要求。依据相关规划关于西安市新区居住区商业服务设施的研究结论，居住区商业服务设施的人均商业面积不宜超过 $2m^2$/人，居住地块"商住比"保持接近且不超过 1：20 为宜。❶ 然而，居住地块典型样本的现状"商住比"区间却多在 1：1～1：14（表 3-5）。这说明当前居住地块中的商业服务设施规模大多已超过居住组团的公建配建需求，替代了部分居住小区或居住区层级应配建商业服务设施的功能。在新区发展到一定规模与阶段前，上述居住地块的开发状况经常出现，这与居住地块周边配套建设的商业服务业设施往往较居住地块开发建设的晚有关。因此，从"商住比"角度来看，现今新建居住地块的"商住比"普遍过高，非住宅建筑规模一定程度上影响了住宅建筑的规模，掩盖了居住地块开发强度绩效的问题。但是，未来随着新区的不断发展完善，新建居住地块的"商住比"必将趋向合理化。居住地块将来若仍以现今的开发强度进行建设，住宅建筑规模将会激增，居住地块开发强度绩效的问题届时将更加凸显。

西安高新区一二期居住地块配建公共服务设施的类型统计表　　表 3-4

设施类型	数量（处）	设施类型	数量（处）	设施类型	数量（处）
零售商店	324	银行	38	房屋中介	7
餐饮店	124	SPA	10	洗衣店	6
商务会所	5	药店	3	幼儿园	2
缴费处	13	私人小诊所	3	汽车修理店	3
宠物医院	2	打印与照相馆	3	其他	2

注：其中，银行、私人小诊所、幼儿园为非商业服务设施。
来源：西安建大城市规划设计研究院.西安高新区公共服务设施规划［R］.2012

居住地块典型样本"商住比"统计表　　表 3-5

商住比	高新区典型样本个数（个）	其他典型样本个数（个）	总计（个）	比例（％）	现状特征
1：1～1：14	31	52	83	65	多为配套设施齐全，规模较大的最新建设的居住地块；或为以独栋点式高层居住形式为主的底层为大型商业设施的居住地块
1：15～1：24	9	3	12	9	多为配套设施较为齐全，规模较大的新建居住地块
1：25～1：80	11	5	16	12	多为内部配套较为齐全，对外共享设施较少的居住地块
1：80～1：300	5	3	8	7	多为内部配套较为齐全，不对外共享设施，限制对外辐射的居住地块
＜1：300	1	0	1	1	无配置或少配置公建的封闭型居住地块，多毗邻商业区，多利用周边服务设施。
≈0	5	3	8	6	封闭式小区，未配置相关服务设施，多临近大型商业区，多利用周边服务设施。

❶　西安建大城市规划设计研究院.西安曲江区公共服务设施规划［R］.2008；西安建大城市规划设计研究院.西安高新区公共服务设施规划［R］.2012。

（2）住宅形式与户均住宅建筑面积

在住宅形式方面，由于住宅设计相关规范对电梯等设施的要求，西安市居住地块目前的住宅形式以点式高层、板式小高层为主，常见为16～18、22～24或28～30层的高层住宅，10～12层的小高层住宅，6～7层的集合式多层住宅，2～3层的独栋或联排低层住宅。以曲江2011年以来的部分新建居住地块为例，其内11层以上的高层住宅比例（居住区规范2.0.21条定义"高层住宅比例"为"高层住宅总建筑面积与住宅总建筑面积的比率"）为65％，7～11层的小高层住宅比例为24％，1～3层的低层住宅比例为10％，4～6层的多层住宅比例仅为1‰（表3-6）。由此可见，从住宅形式角度来看，西安市新建居住地块已呈现出高容积率的开发态势。

曲江部分新建居住地块"住宅形式"统计表　　　　　　　　　　表3-6

项目名称 开发规模 （万 m²）	紫薇意境	千林郡	华侨城108坊	永和坊	融侨观邸	紫丁苑	金域曲江	碧林湾	海天华庭	紫都城	诸子阶	梧桐苑	总计（万 m²）
低层	—	—	17.00	5.80	—	4.56	—	—	—	—	—	—	27.36
多层	—	—	—	—	—	—	—	—	—	—	0.25	1.40	1.65
小高层	—	6.75	—	—	9.00	7.41	18.00	—	2.19	—	19.55	2.56	65.46
高层	33.00	44.00	—	7.20	4.00	—	9.00	43.00	9.45	12.00	—	17.38	179.52

来源：博思堂，龙盛——曲江玫瑰园营销策划报告［R］. 2011

在居住单元形式方面，根据典型样本的实际调研统计结果，高层住宅的一个居住单元以两梯四户、两梯六户为主，小高层住宅的一个居住单元以一梯两户、一梯三户为主。这表明早期商业开发的一梯六户甚至更多户数的密集套型居住单元在现今已不是主流，较少套数的居住单元有利于每户获得均等的采光与通风，户与户之间遮挡较少，景观效果良好，更受居民欢迎。住宅居住单元形式的改变，一定程度说明了居民对日照、通风等涉及公共利益问题的关注。未来随着社会经济的更大发展，公众必定对与居住地块公共利益密切相关的其他公共利益因子更为关注。因此，居住地块的规划建设必须加强公共利益因子规范要求的保障。

在户均住宅建筑面积方面，居住地块典型样本的户均住宅建筑面积约为108m²，人均住宅建筑面积约为34m²/人，套型以三居室为主。其中，高新区的户均住宅建筑面积约为111m²，城区其他区域的户均住宅建筑面积约为106m²。2006年，国务院发布《关于调整住房供应结构稳定住房价格的意见》（国办发［2006］37号），即"国六条"细则，其中第二条规定："自2006年6月1日起，凡新审批、新开工的商品住房建设，套型建筑面积90m²以下住房（含经济适用住房）面积所占比重，必须达到开发建设总面积的70％以上。"典型样本的现状户均住宅建筑面积虽然不能说明套型建筑面积90m²以下住房（含经济适用住房）面积所占开发建设总面积的比重，但一定程度已表明西安市现今的主流套型建筑面积仍大于90m²。相关研究曾对2011年西安市曲江新区新建居住地块进行调查统计，结果也表明：110～150m²的三居室为新建居住地块套型主体，约占总套型数的47％；50～110m²的两居室约占总套型数的25％；150～300m²的四居室约占总套型数的26％；

50m² 以下的两居室和 300m² 以上的别墅分别仅占总套型的 1‰（表 3-7）。❶ 然而，《西安市城市规划管理技术规定》第四章第十一条规定："城市居住区公共服务设施配套建设指标"的测算依据为：90m²/户、3.0 人/户，这一测算依据的人均指标与 2012 年"中国共产党第十八次全国代表大会"所提出的小康社会人均住宅建筑面积实现 30m²/人的目标相一致。由此可见，在同一开发强度下，西安市居住地块的现状户均面积较大，实际居住人口规模较户均 90m²/户时小，这一定程度上掩盖了当前居住地块的开发强度绩效的问题。然而，未来随着住宅科技化的提升，城市居民对住房的需求将从"面积需求"向"品质需求"转变，一居室 60m² 以下，两居室 80m² 以下，三居室 100m² 以下的"小套型住房"将成为居住地块未来开发的套型主体。❷ 那么，未来的居住地块若仍以现今的开发强度进行开发，随着套型的逐步缩小，同一开发强度下的人口规模将增大，则居住地块公共利益缺失的问题将更为明显。

考虑到未来随着住宅科技化的提升，城市居民对住房的需求将从"面积需求"向"品质需求"转变，依据《西安市城市规划管理技术规定》第四章第十一条规定的 90m²/户、3.0 人/户的要求测算，同时考虑满足小康社会人均住宅建筑面积 30m²/人的目标，本研究在后续研究中，户均住宅面积取值 90m²/户，人均住宅建筑面积取值 30m²/人。

曲江部分新建居住地块套型状况统计表　　　　　　　　　　　　表 3-7

项目名称	一居室		两居室		三居室		四居室		别墅	
	面积（m²）	套型数量（套）	面积（m²）	套型数量（套）	面积（m²）	套型数量（套）	面积（m²）	套型数量（套）	面积（m²）	套型数量（套）
紫薇意境	—	—	90-104	128	105-145	1736	146-220	1716	—	—
千林郡	—	—	80-90	1000	120-135	2000	140-180	1000	—	—
永和坊	—	—	—	—	—	—	210-295	269	360-650	38
融侨观邸	—	—	87-106	200	116-150	700	180-234	300	—	—
紫丁苑	—	—	100-110	400	124-180	1000	250-400	340	250-402	91
金域曲江	—	—	76	136	119-122	136	126-258	721	—	—
碧林湾	—	—	89-98/67	1428/500	130-137	1292	158	136	—	—
海天华庭	—	—	85-100	430	135-150	430	—	—	—	—
紫都城	46-48	130	76-89	440	99-128	500	138-152	350	—	—
诸子阶	—	—	80-110	12	110-150	718	135-360	140	—	—
梧桐苑	—	—	100-110	300	120-145	754	167-215	222	—	—
总计		130		4974		9266		5194		129

来源：博思堂. 龙盛——曲江玫瑰园营销策划报告［R］.2011。

（3）住宅的入住率

住宅的入住率是指实际有居民入住的居住户数占整个居住户数的比例。片区层面的公共利益因子需要基于地块所在的片区进行研究。片区层面公共利益因子的服务能力以服务

---

❶ 博思堂. 龙盛——曲江玫瑰园营销策划报告［R］. 2011。

❷ 朱凯，张天宇. 昨天开幕的居住空间创意设计展诠释节约型居住理念——小户型将成未来住宅消费新趋势［N］. 南京日报，2012-09-02（A02）。

范围内的居住地块的规划人口规模，即住宅入住率达100％时的人口规模为设置基础。因此，住宅的入住率对片区层面公共利益因子的影响较大，入住率的高低将直接影响现状中小学、医院的正常运转。

西安市典型样本（B1～B20）的研究区域为高新区的一二期、电子城、中央商务区这3个现状建成区最为集中的区域。至2012年底，高新区研究区域内现状常住人口规模约为25.00万人。其中，一二期现状常住人口规模约15.00万人，电子城与中央商务区现状常住人口规模约10.00万人。根据研究样本统计，高新区研究区域内的居住地块现状可居住人口规模，即居住户数与户均人口数之乘积，约为32.00万人。其中，一二期可居住人口规模约18.00万人，电子城与中央商务区可居住人口规模约14.00万人。据此推算，高新区研究区域内的住宅入住率约为80％。其中，一二期住宅入住率较高，约为85％。那么，倘若高新区研究区域内的中小学、医院在住宅入住率仅为80％时已出现超负荷运转现象，未来随着住宅入住率的提高，基于片区层面公共利益因子开发强度绩效的问题将更加突出。

3.3.2 开发强度指标初判

开发强度绩效最终应反映在以容积率为核心的开发强度指标上。在当前开发控制状况调查阶段，开发强度指标的初判，只是依据相关规范对开发强度指标进行直接地初步分析，这一分析结果并不能实质性地反映开发强度指标与公共利益因子的配建状况。就地块自身层面的公共利益因子而言，开发强度指标初判的统计结果既包含控规层面公共利益因子的影响，也包含修规、建筑设计与施工等其他层面问题的影响；就地块所在片区层面的公共利益因子而言，开发强度指标初判的统计结果则包括开发强度控制和土地使用布局两个层面的影响。因此，开发强度指标的初判旨在反映开发强度指标的真实现状，而其与公共利益因子配建的状况仍需后文深入探讨。

通过对"典型样本指标统计表"（附录5、附录6）的分析统计，居住地块典型样本的住宅容积率主要集中在2.0～5.0，建筑密度对应集中在15％～30％，住宅平均层数对应集中在10～20层（图3-13）。平均住宅容积率已达到2.9，平均住宅建筑密度约为21％，平均住宅层数约为15层。其中，高新区典型样本的平均住宅容积率约为2.8，平均住宅建筑密度约为20％，平均住宅层数约为14层；城区其他区域典型样本的平均住宅容积率约为3.1，平均住宅建筑密度约为22％，平均住宅层数约为17层。由此可见，本研究选取的居住地块典型样本以高强度开发为主，这在一定程度上反映出目前西安市中心城区的新建居住地块呈现高强度开发趋势。随着我国城市建设用地资源的不断减少，这种高强度、集约化使用土地的开发模式将成为大中城市居住地块开发建设的主导。因此，开发强度绩效的问题已成为当前与未来居住地块开发建设中必须面对且亟待解决的现实问题。

目前，居住地块的开发强度指标并未完全根据相关规范实施。居住区规范5.0.6.1条和5.0.6.2条分别对"住宅建筑净密度"、"住宅建筑面积净密度"的最大值进行了限定，其中，5.0.6.1条"住宅建筑净密度"为强制性条文。但是，居住区规范中的"住宅建筑净密度"、"住宅建筑面积净密度"的概念与本研究所述"住宅建筑密度"（即住宅建筑毛密度）、"住宅容积率"（即住宅建筑面积毛密度）的概念不同。《陕西省城市规划管理技术

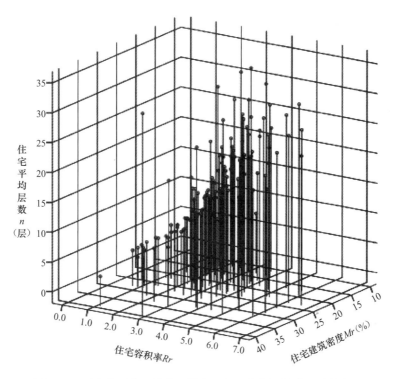

图 3-13　西安市居住地块典型样本开发强度指标统计三维散点图

规定》的相关规定以居住区规范为依据，它是对居住区规范相关规定的转译，其中的相关概念与本研究所述概念一致。同时，《西安市城市规划管理技术规定》新近才颁布实施，西安市规划用地的开发强度一直多依据《陕西省城市规划管理技术规定》进行控制。因此，本研究以《陕西省城市规划管理技术规定》的相关规定作为依据进行典型案例开发强度指标的分析。

《陕西省城市规划管理技术规定》2.5 条规定："城市各类建筑的建筑密度、容积率上限按表 2.5（本书表 3-8）控制。但只要满足日照间距、绿地率、停车位等的要求，在审批时可以突破容积率控制指标。"仅从表 3-8 关于"住宅建筑密度"、"住宅容积率"的上限指标要求分析，总计分别有 41％的典型样本的住宅建筑密度、38％的典型样本的住宅容积率突破上限指标要求（表 3-9、表 3-10）。其中，高新区有 35％的典型样本突破了住宅建筑密度的上限指标要求（表 3-9），有 39％的典型样本突破了住宅容积率的上限指标要求（表 3-10）。虽然突破指标要求的居住地块是否满足了日照间距、绿率率、停车位等的要求需要后续开发强度绩效的判别，但是地块指标突破相关要求的根源在于既有规范对于以容积率为核心的开发强度指标的控制缺乏具有说服力的科学依据。开发强度指标编制科学依据的缺乏也一定程度导致 1993 年版居住区规范在 2002 年修订后，5.0.6.2 条关于住宅建筑面积净密度指标控制要求的条文被从原本的强制性条文改为普通条文，最终使既有规范对开发强度核心指标——容积率的控制缺乏强制性，约束效果不佳。因此，开发强度绩效研究的最终目标就是为了探讨开发强度指标的合理刚性值域区间，以此支持后续控规开发强度指标的科学编制。

《陕西省城市规划管理技术规定》中各类建筑密度、容积率上限指标　　表 3-8

建设类型		建筑密度（%）						容积率					
		新区			旧区			新区			旧区		
		Ⅰ类气候区	Ⅱ类气候区	Ⅲ类气候区	Ⅰ类气候区	Ⅱ类气候区	Ⅲ类气候区	Ⅰ类气候区	Ⅱ类气候区	Ⅲ类气候区	Ⅰ类气候区	Ⅱ类气候区	Ⅲ类气候区
住宅建筑	低层	31	33	35	33	35	40	0.9	1.0	1.1	1.0	1.1	1.2
	多层	24	26	28	26	28	30	1.5	1.6	1.7	1.6	1.7	1.8
	中高层	23	24	25	24	25	28	1.8	1.9	2.0	1.9	2.0	2.2
	高层	20	20	20	20	20	20	3.5	3.5	3.5	3.5	3.5	3.5
办公建筑类	多层	40			50			2.5			3.0		
	高层	35			40			5.0			6.0		
商业建筑类	多层	50			60			3.5			4.0		
	高层	50			55			5.5			6.5		

Ⅰ类气候区：榆林市北部；

Ⅱ类气候区：西安、宝鸡、咸阳、铜川、渭南、杨凌、延安、榆林市南部；

Ⅲ类气候区：汉中、安康、商洛。

注：综合类建筑按不同性质建筑面积比例折算，混合层取两者的指标值作为控制指标的上、下限值。

来源：陕西省建设厅.陕西省城市规划管理技术规定［Z］.2008。

西安市居住地块典型样本住宅建筑密度符合规范情况统计表　　表 3-9

住宅层数	住宅建筑密度规范上限值（%）	住宅建筑密度符合规范的样本个数（个）	住宅建筑密度突破规范的样本个数（个）
低层（高度≤10m，1层≤层数≤3层）	33	2（高新区1）	1（高新区1）
多层（10m<高度≤24m，4层≤层数≤6层）	26	8（高新区3）	2
中高层（7层≤层数≤9层）	24	6（高新区5）	11（高新区10）
高层（高度>24m，层数≥10层）	20	60（高新区31）	38（高新区11）

西安市居住地块典型样本住宅容积率符合规范情况统计表　　表 3-10

住宅层数	住宅容积率规范上限值	住宅容积率符合规范的样本个数（个）	住宅容积率突破规范的样本个数（个）
低层（高度≤10m，1层≤层数≤3层）	1.0	1（高新区1）	2（高新区1）
多层（10m<高度≤24m，4层≤层数≤6层）	1.6	10（高新区3）	0
中高层（7层≤层数≤9层）	1.9	4（高新区3）	12（高新区11）
高层（高度>24m，层数≥10层）	3.5	64（高新区31）	35（高新区12）

3.4 本章小结

本章确定的公共利益因子是相关规范的强制性条文中与居住地块开发强度有最实质、最直接、最大影响的因子。具体包括：地块自身层面的住宅建筑日照因子、组团绿地因子、停车位因子，地块所在片区层面的小学因子、中学因子、医院因子。与公共利益因子相对应，本章共选取 300 个西安市中心城区新建的居住地块作为研究备选样本（详见附录 1、附录 2、附录 3、附录 4），对其的用地面积、各项开发强度指标、各项公共利益因子相关指标等共 16 项现状指标进行了调查统计。其中，128 个典型样本（详见附录 5、附录 6）初步统计分析的结果显示：典型样本呈现出高容积率的开发态势，其住宅形式以点式高层、板式小高层为主，平均住宅容积率已达到 2.9，平均住宅建筑密度约为 21%，平均住宅层数约为 15 层，总计分别已有 41%、38% 的典型样本分别突破了住宅建筑密度、住宅容积率规范指标的上限要求。虽然典型样本当前普遍存在的过高"商住比"、过大户均住宅建筑面积能一定程度掩盖居住地块开发强度绩效的问题，但是未来随着城市的不断发展完善，新建居住地块的"商住比"、户均住宅建筑面积必将趋向合理化，届时居住地块开发强度绩效的问题将更加凸显。

4 基于地块层面公共利益因子的开发强度 "值域化"模型构建

4.1 住宅建筑日照因子

阳光直接照射到物体表面的现象，称为日照；阳光直接照射到建筑地段、建筑物维护结构表面和房间内部的现象，称为建筑日照。[1] 阳光通过建筑物的普通玻璃，连续照射 3h 以上，即可达到杀菌的效果，能防止传染病的传播，促进人体各种新陈代谢，所以联合国世界卫生组织（WHO）对"健康住宅"的定义中有一条便是住宅建筑日照每天应大于 3h。世界上最早的城市规划法规，即 1848 年英国的《公共卫生法》便起源于对每个单独地块建设中的建筑日照等基本公共卫生问题的关注[2]；开发强度控制也起源于 1916 年美国纽约市区划法对摩天楼高度无序增长影响建筑日照的控制[3]；1928 年，格罗庇乌斯所做最早的现代居住区（Dammer stook）规划也是按照住宅建筑日照与建筑物布局、建筑密度等关系的原理设计（图 4-1）。由此可见，建筑日照，特别是住宅建筑日照作为关系居民身体健康的公共卫生的基本问题，与城市规划，特别是与居住区规划及其开发强度控制密切相关。

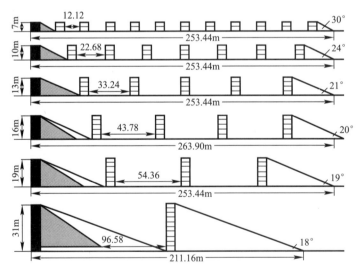

图 4-1 Dammer Stook 住宅建筑日照分析图
来源：孙施文 . 现代城市规划的特征［Z］. 2013

---

❶ 卜毅. 建筑日照［M］. 北京：中国建筑工业出版社，1988。

❷ 苏腾，曹珊. 英国城乡规划法的历史演变［J］. 北京规划建设，2008（2）：86-90。

❸ 李泠烨. 城市规划合法性基础研究——以美国区划制度初期的公共利益判断为对象［J］. 环球法律评论，2010（3）：59-71。

4.1.1 住宅建筑日照的控制要求与控制方法

（1）住宅建筑日照控制要求与控制方法的演变

我国住宅建筑日照控制要求与控制方法至今已经历过4个阶段的发展：

第一阶段为1987年之前。在这一阶段，我国各类城市规划和建筑法规尚未有明确的日照标准要求，当时的居住区用"房高比法"来控制住宅建筑间距。房高比在一定日照标准下产生。20世纪50年代初期，建筑日照标准基本引用苏联的相关标准，北京等城市按照此标准，要求居住区内前排任何层数的住宅在冬至日中午的落影不超过后排住宅的墙根，房高比为2H（H为前排住宅后屋檐高度）。当时我国处于计划经济时代，住宅类型多为板式多层住宅，所以房高比的控制方法基本能保证住宅建筑日照。但同时，由于这一时期居住区规划中多采用苏联模式沿道路布局住宅建筑，这导致在西安等较为炎热的地区，西晒开始成为备受关注的住宅建设中的重要问题。[1] 20世纪80年代初，随着改革开放和经济体制转型，居住区建设开始市场化，住宅样式逐步多样化，北京等部分城市开始采用大寒日2h的日照标准。虽然这个时期建筑日照标准有所变化，但是住宅建筑日照的控制方法仍以房高比为主。然而，从6层住宅引出的房高比，当时已不适用于非6层住宅和点式住宅。如果硬要采用这种房高比，对6层以下的住宅和点式住宅，超过了规定的建筑日照标准，即多用了土地；对6层以上的板式住宅，则往往达不到规定日照标准。因此，1983年沈继仁通过绘制大寒日等照曲线图，指出"房高比"是不科学的，认为住宅获得日照有2条途径，一是阳光沿高度角从前排住宅后屋檐顶部照到后排住宅，二是阳光沿方位角从前排住宅的间隔照到后排住宅，建议用日照标准控制住宅间距。[2]

第二阶段为1987~1993年。1986年，北京市规划局通过对北京居住区实际情况和北京地理气象情况的研究，提交了《北京市现状居住区建筑日照的分析和研究》报告，卫生部有关部门同时进行了太阳光杀菌等生理试验验证卫生标准，这些研究为科学地制定建筑日照标准提供了较为准确的依据。1987年，由中国城市规划设计研究院、北京市规划局、卫生部等有关部门联合研究制定的《民用建筑设计通则》（JGJ 37—87）颁布实施，其中第3.1.3条明确规定：住宅应每户至少有一个居室、宿舍每层至少有半数以上的居室能获得冬至日满窗日照不少于1h，冬至日的有效日照时间为9~15时。这一时期住宅建筑日照的控制方法为改进后的"房高比法"，即"日照间距系数法"。日照标准在传统的日照分析算法中，就是将棒影图直接叠加到建筑规划图中，这种方法不仅烦琐复杂而且易出错，分析结果也不够准确。由于当时居住区规划高层住宅较少以及技术水平的限制，国家规范日照标准之下的延伸做法是根据不同的气候区划、不同的建筑层数，确定不同的日照间距系数，实现对住宅建筑日照的控制。在居住区规划中，这种方法的实施性与可操作性较强，一定程度提高了住宅建筑日照控制的效率。

第三阶段为1994~2002年。1994年，《城市居住区规划设计规范》（GB 50180—93）颁布实施，其中第5.0.2条中明确规定：住宅日照标准应符合表5.0.2-1（本书表4-1）的

---

[1] 刘鸿典. 对解决城市住宅西晒问题的探讨 [J]. 建筑学报，1954（1）：15-18.

[2] 沈继仁. 北京近年居住小区规划评析 [J]. 建筑学报，1983（2）：9-17.

规定；旧区改造可酌情降低，但不宜低于大寒日日照1h的标准。至此，住宅建筑日照标准被纳入规范的强制性条文，住宅建筑日照有了强制性保障。2002年，居住区规范被修订，其中关于住宅建筑日照的强制性要求未有任何变动。在内容方面，居住区规范较《民用建筑设计通则》（JGJ 37—87）有3点改进：①改变过去全国各地完全以冬至日为日照标准日，而是采用了冬至日与大寒日两级标准日；②随着日照标准日的改变，有效日照时间带也由冬至日的9～15时一档，相应增加大寒日的8～16时一档；③开始在规范中关注朝向问题，改变了过去的统一日照间距系数法，即改变过去不同朝向的住宅均采用与南向住宅相同的日照间距系数的传统方法，采用以日照时数为标准，按不同方位和朝向布置的住宅折算成不同日照间距系数系列的办法。❶ 在这一阶段，计算机技术被逐步应用到住宅建筑日照计算与模拟。20世纪90年代中期，清华大学开发出与住宅日照标准相配套的日照分析软件。至此，从20世纪40年代起日照分析所采用的耗时费力且准确性难以保障的棒影图和日影图等手工制图分析的方法基本被计算机模拟的方法所取代。❷

住宅建筑日照标准　　　　　　　　　　　　　　　　表4-1

建筑气候区划	Ⅰ、Ⅱ、Ⅲ、Ⅶ气候区		Ⅳ气候区		Ⅴ、Ⅵ气候区
	大城市	中小城市	大城市	中小城市	
日照标准日	大寒日				冬至日
日照时数（h）	≥2	≥3			≥1
有效日照时间带	8～16时				9～15时
日照时间计算起点	底层窗台面（据室内地坪0.9m高的外墙位置）				

来源：《城市居住区规划设计规范》（GB 50180—93）第5.0.2条。

第四阶段为2003年至今。2003年，我国爆发了"非典"。"非典"多发生在日照通风不良的场所，香港陶大花园集体感染事件等重大公共卫生事件促使规划界更加重视住宅建筑日照的问题。一方面，住宅建筑日照的要求、审查更加规范严格。首先，2006年颁布实施的《城市规划编制办法（2006版）》第四十三条明确规定，修规应对住宅、医院、学校和托幼等建筑进行日照分析，"日照分析"首次被列入法定规划的编制内容。其次，2003年以后编制的规范，如《民用建筑设计通则》（GB 50352—2005）、《住宅建筑规范》（GB 50386—2005）、《住宅设计规范》（GB 50096—2011）均参照居住区规范再次以强制性条文强化了住宅建筑日照的要求。同时，上海市最早于2005年出台了《日照分析规划管理暂行规定》。随后，北京、武汉、厦门、西安等地相继制定了一系列的地方规定，明确规定城市新建住宅建筑的日照标准，并在建设项目规划审批过程中引入规划咨询服务的方式，委托具有相应资质的技术部门，用计算机模拟计算建筑日照的方法来检验规划方案；或者直接在规划审批单位成立相应的日照分析技术部门，对拟建住宅项目的日照影响分析提供权威的日照分析报告。另一方面，住宅日照的"质量"问题，特别是东、西晒等朝向问题对建筑日照的影响再次得到关注。2004年，李英等研究指出，规范中大寒日8～16时的有效日照标准存在问题，如果住宅仅能获得8～9时和15～16时的日照，虽然符合标准要求，但是这时的阳光紫外线含量很低且日照时间短，建筑日照很难达到杀菌保障公

❶ 田峰. 高密度城市环境日照间距研究［D］. 上海：同济大学，2004。
❷ 黄汉文. 计算机辅助日照环境分析及图形显示［J］. 计算机辅助设计与图形学学报，1998（4）：322。

共卫生的目的，所以应重视保证必要的日照质量与日照时间。[1] 2007 年，陆秋婷通过研究不同布局方式、不同朝向时的建筑日照，同一楼层不同单元、不同朝向的建筑日照，不同楼层、不同朝向的建筑日照，细化统计分析了朝向对于住宅建筑日照的重要影响。[2]

总之，经过 4 个阶段的发展，我国现今住宅建筑日照的控制要求和控制方法已较为完善，日照标准、日照分析方法、日照审查制度已逐步走向成熟。

（2）现行规范中住宅建筑日照标准的相关规定

居住区规范第 5.0.2 条规定：①住宅间距，应以满足日照要求为基础，综合考虑采光、通风、消防、防灾、管线埋设、视觉卫生等要求确定。②住宅日照标准应符合表5.0.2-1（本书表 4-1）规定，对于特定情况还应符合下列规定：老年人居住建筑不应低于冬至日日照 2h 的标准；在原设计建筑外增加任何设施不应使相邻住宅原有日照标准降低；旧区改建的项目内新建住宅日照标准可酌情降低，但不应低于大寒日日照 1h 的标准。

《民用建筑设计通则》（GB 50352—2005）第 5.1.3 条规定建筑日照标准应符合下列要求：①每套住宅至少应有一个居住空间获得日照，该日照标准应符合现行国家标准《城市居住区规划设计规范》有关规定；②宿舍半数以上的居室应能获得同住宅居住空间相等的日照标准，托儿所、幼儿园的主要生活用房应能获得冬至日不小 3h 的日照标准；③老年人住宅、残疾人住宅的卧室、起居室，医院、疗养院半数以上的病房和疗养室，中小学半数以上的教室应能获得冬至日不小于 2h 的日照标准。

《住宅建筑规范》（GB 50386—2005）第 4.1.1 条规定的内容与居住区规范第 5.0.2 条完全相同。同时，第 7.2.1 规定：住宅应充分利用外部环境提供的日照条件，每套住宅至少应有一个居住空间能获得冬季日照。

《住宅设计规范》（GB 50096—2011）第 7.1.1 条规定：每套住宅至少应有一个居住空间能获得冬季日照。

《陕西省城市规划管理技术规定》第 3.2 条规定：①大城市采用大寒日日照 2h 标准，中小城市采用大寒日日照 3h 标准。②旧区改建的项目内新建住宅，确因现状用地条件限制，日照标准可酌情降低，但不应低于大寒日日照 1h 的标准。

《西安市城市规划技术管理规定》第十三条规定住宅建筑主朝向应全部满足下列日照要求：①城市新区、新城和县城、建制镇满足大寒日日照 2h 标准；②城市更新改造区内日照满足大寒日日照 1.5h 的标准；③老（明）城区内日照满足大寒日日照 1h 的标准；④建筑层高按 3m 计算，超过 3m 按实际建筑高度计算；⑤综合日照影响范围在遮挡建筑高度 1.5 倍范围内考虑，超出该范围不考虑综合日照影响。

总之，在日照标准方面，现行各规范中的住宅建筑日照标准基本相同，本研究采用《西安市城市规划技术管理规定》的要求。

（3）现行规范中住宅建筑朝向的相关规定

居住区规范第 5.0.1 条规定：住宅建筑的规划设计，应综合考虑用地条件、选型、朝

---

❶ 李英，梁圣复. 影响现代室内环境健康的几个建筑设计因素及对策——由非典事件引发的思考［J］. 四川建筑科技研究，2004（4）：99-100，102.

❷ 陆秋婷. 住宅建筑的日照环境分析［J］. 江苏环境科技，2007（3）：53-56.

向、间距、绿地、层数与密度、布置方式、群体组合、空间环境和不同使用者的需要等因素确定。

《住宅建筑规范》（GB 50386—2005）第7.2.1条文说明：住宅的日照受地理位置、朝向、外部遮挡等外部条件的限制，常难以达到比较理想的状态。住宅设计时，应注意选择好朝向、建筑平面布置，通过计算，必要时使用日照模拟软件分析计算，创造良好的日照条件。

《住宅设计规范》（GB 50096—2011）第7.1.8条规定：除严寒地区外，住宅的居住空间朝西外窗应采用外遮阳措施，住宅的居住空间朝东外窗宜采取外遮阳措施。当住宅采用天窗、斜屋顶窗采光时，应采取活动遮阳措施。

《陕西省城市规划管理技术规定》第3.5条规定：不同方位建筑的日照间距应予以折减。

总之，对于住宅的使用者来说，朝向问题，特别是西晒问题一直是比较令人烦恼的问题。西晒问题的存在会使得西晒房间的室内温度在夏季比其他房间高2～3℃，且由于受到过强太阳光中的紫外线的影响，会使得西晒房间内的家具和物品容易产生褪色和加速老化的问题。❶ 而现行规划角度的各规范均未提出明确的控制要求，究其原因，是因为朝向问题往往仅被认为是建筑设计与建筑技术层面就可以解决的问题，而在居住区规划层面朝向对建筑日照的影响并未得到应有的重视。

（4）现行的住宅建筑日照控制方法

《陕西省城市规划管理技术规定》对低层、多层和高层建筑采用不同的建筑日照控制方法。其中，第3.2条规定：低层、多层正南北条式民用建筑按日照间距系数控制建筑日照，西安市的大寒日建筑日照1h、2h、3h日照间距系数分别为1.31、1.35、1.40。第3.4条规定：高层民用建筑的建筑间距，采用日照分析软件进行日照分析计算，保证被遮挡建筑大寒日的日照要求。大寒日日照时间可累计计算，但不得超过两个连续时间段。在朝向方面，《陕西省城市规划管理技术规定》第3.5条对于不同朝向的建筑提出了"不同方位日照间距折减换算表"。

2012年，西安市根据2002版居住区规范、《住宅设计规范》和《陕西省城市规划管理技术规定》等现行有关标准、规范，编制颁布了《西安市规划局建设项目日照分析技术管理办法》。其中明确规定：西安市城市规划区内的规划建筑必须基于计算机软件进行日照分析，并编制《日照分析报告》，所采用软件应为众智SUN日照分析软件。

总之，现行的住宅建筑日照控制方法主要是运用计算机软件进行日照分析，它的基本目标是保障住宅建筑日照的有效时间，而东、西晒等朝向问题在现状日照分析方法下已很难被单独剥离解决。朝向不仅受建筑布局的影响，还受居住单元形式、套型等影响，所以朝向在居住区规划层面对住宅建筑日照的影响很难衡量。以西晒为例，西安每年气温最高的月份是7～8月，每日太阳辐射热最强的时间是14～16时，这一时间段的日照虽然是现行规范中的"有效日照"，但同时也是会引起住宅西晒问题的日照。❷ 笔者认为：在现行日照分析方法下，避免东、西晒朝向问题的核心应是避免现行住宅建筑日照标准的所谓"有

❶ 魏秀瑛. 如何解决东西朝向住宅的西晒问题 [J]. 中外建筑，2007（9）：120-121.
❷ 刘鸿典. 对解决城市住宅西晒问题的探讨 [J]. 建筑学报，1954（1）：15-18.

效日照"内对公共卫生作用较小、东晒和西晒占主导的建筑日照，即应将规范中的大寒日8～16时"有效日照"的标准缩短为9～15时，将8～9点和15～16点的建筑日照不算为"有效日照"。❶ 因此，在后续研究中，考虑到朝向问题，笔者将住宅建筑的"有效日照"时间设定为9～15时。

综上所述，住宅建筑日照的控制要求为：①满足大寒日日照2h标准；②有效日照时间为9～15时。住宅建筑日照的控制方法参照《西安市规划局建设项目日照分析技术管理办法》执行。

4.1.2 住宅建筑日照与容积率配建关系的计算方法

（1）从简单数学方法到"非线性"遗传算法

一般情况下，日照分析只是被应用于修规层面，即用于对修规方案或已经存在建筑物的日照情况进行分析，关注重点在于被研究的地块对周边地块现状或拟建居住建筑的影响，具体而言就是按照既定容积率建成后的居住建筑阴影使周边建筑有多少户的窗户无法满足大寒日2h的日照标准，从而在此基础上对规划方案进行调整。随着城镇化进程的加快，土地资源越来越紧缺，在控规中，基于建筑日照标准，预测待开发地块的最大容积率，逐步成为规划界关注的课题。早在1988年，林茂就通过数学建模的方式，进行了基于日照间距系数的最大容积率求解。❷ 然而，事实上，日照间距是由建筑高度、建筑面宽、平面倾斜度、日照环境（通透率）等因素共同作用的，每一个因素都具有很强的影响力，无法简化成一个简单的线性公式模型。所以说，日照分析是不能通过简单的数学方法进行计算的，它是居住区规划中最大的"非线性"问题。

20世纪80年代末和90年代初，"非线性"的遗传算法（Genetic Algorithm）开始兴起。因其简单、通用、快捷的特性，在城市规划领域很快被用于地块最大容积率的计算。遗传算法是从代表问题可能潜在解集的一个种群（Population）开始，按照适者生存和优胜劣汰的原理，逐代（Generation）演化产生出最优的近似解。一个种群是由经过基因（Gene）编码后一定数目的个体（Individual）组成，每一个个体实际上是染色体（Chromosome）带有特征的实体，染色体作为遗传物质的主要载体，即多个基因的集合，其内部表现（即基因型）是某种基因组合，它决定了个体形状的外部表现。因此，在建筑日照分析中，所谓的个体就指满足自身及周边建筑日照要求的建筑实体基本单元，每个建筑实体基本单元中都包含了满足日照要求条件的"基因"，不同的个体基本单元按照一定的规则进行组合就构成了不同的种群，这个"种群"实际上就是居住用地内的一种在满足日照条件下的居住建筑空间组合方式，借助遗传算法最终求解出的容积率就是在一定条件下居住用地内所能容纳的最大"种群"，即最大居住建筑总量。

（2）遗传算法求解居住地块容积率的计算机辅助方法

早在1983年，沈继仁便开始通过绘制大寒日等照曲线图表达非线性的日照分析结果。❸ 1999年，韩晓晖首次利用计算机技术，绘制居住组团的密度、层数、朝向及日照关

---

❶ 李英，梁圣复. 影响现代室内环境健康的几个建筑设计因素及对策——由非典事件引发的思考［J］. 四川建筑科技研究，2004（4）：99-100，102。

❷ 林茂. 住宅建筑合理高密度的系统化研究——容积率与绿地量的综合平衡［J］. 新建筑，1988（4）：38-43。

❸ 沈继仁. 北京近年居住小区规划评价［J］. 建筑学报，1983（2）：9-17。

系图，以此探索在满足日照的情况下提高容积率的可能性。[1] 2004 年，宋小冬等开始将计算机技术与遗传算法相结合，提出"基于仿生学人工智能计算方法产生最大包络体的日照标准约束下的建筑容积率估算方法"[2]。虽然后来宋小冬等对原有的最大包络体计算方法进行了改进，将人工与计算机智能相结合，但是最大包络体计算的基本方法并未有大的变化。[3]

基于遗传算法的包络体分析在技术上就是在周边地块内的建筑所有窗户都能满足大寒日 2h 日照标准的临界状态下，经计算所形成的一种地块内"建筑"空间形态，进而推算出地块容积率的大小。最大包络体计算的基本方法为：首先，分析生成指定地块在满足被遮挡建筑日照的条件下最大不能突破的"包络空间体"（图 4-2），这个包络空间体就是前文中所叙述的某一代群体，满足日照标准条件的群体有很多，软件会自动筛选几个最优方案以供选择；其次，对分析出的包络体方案，根据设置的建筑层高和建筑密度自动计算容积率，分析结果可汇总为直观的统计数据表格。该方法基于遗传算法运用仿生学的人工计算机智能计算居住地块在建筑日照标准约束下的容积率最优解，这为计算机辅助日照标准约束下的居住地块容积率估算找到了一条方便、可行的技术途径。现在这种包络体分析的方法已经趋于成熟，国内的众智日照 SUN 软件、清华 CAAD 软件、天正TSUN 软件、PKPM-SUNLIGHT 都能实现对采用遗传算法估算居住用地最大容积率的视窗化操作。

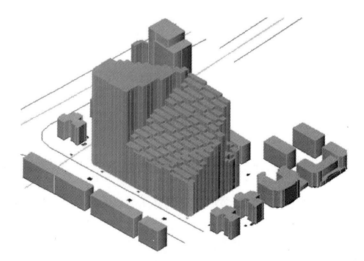

图 4-2　包络体计算概念示意图

来源：日照分析软件［EB/OL］. 2013-08-03. gisroad. com/news/show. aspx？id＝420&cid＝156

4.1.3 "住宅建筑日照—容积率"单因子模型构建

开发强度"值域化"的既有研究成果已采用遗传算法的计算机辅助方法估算居住地块容积率值域区间。其中，郑晓伟采用众智日照 SUN 软件构建了地块层面的"日照间距系

---

[1]　韩晓晖，张晔. 居住组团模式日照与密度的研究［J］. 住宅科技，1999（9）：6-9。
[2]　宋小冬，孙澄宇. 日照标准约束下的建筑容积率估算方法探讨［J］. 城市规划汇刊，2004（6）：70-73。
[3]　宋小冬，庞磊，孙澄宇. 住宅地块容积率估算方法再探［J］. 城市规划学刊，2010（2）：57-63。

数—容积率"约束模型❶，宋玲采用天正 TSUN 软件构建了"日照标准—容积率"约束模型❷，两者均是以 6hm² 用地规模的理想居住地块为研究基础，研究的假设、方法、结论基本一致。考虑到研究的连续性，本研究继承开发强度"值域化"既有研究成果，仍采用基于遗传算法的计算机辅助方法进行居住地块的"住宅建筑日照因子—容积率"单因子模型的建构。考虑到西安市的日照分析均采用众智 SUN 日照分析软件进行，为了达到控规层面与修规层面日照分析的衔接，后续"住宅建筑日照因子—容积率"单因子模型的建构采用众智 SUN 日照分析软件进行。同时，本研究在继承既有研究成果的基础上，在以下几方面进行修正与完善：①在住宅建筑日照的控制要求中，基于"朝向"控制要求，将大寒日住宅建筑的"有效日照"时间设定为 9～15 时；②考虑地块用地规模可能对研究结论产生的影响，对用地规模 4hm²、6hm² 的居住地块同时展开研究；③对计算机分析出来的包络体方案，根据更为符合实际状况的规范中强制性条文规定的住宅建筑密度计算容积率，使研究成果更为符合实际。

（1）地块条件限定

《西安市城市规划管理技术规定》第二十四条规定，"当规划建筑为住宅建筑时，退北界距离不小于 12m，且满足北侧 12m 线处日照要求"，同时"规划建筑应满足东、西界线外侧 4.5m 处日照要求，并满足周边现状住宅类建筑的日照要求"。居住区规范 8.0.2.2 条规定：小区路路面宽 6～9m，建筑控制线之间的宽度一般情况下不宜小于 14m。依据上述"建筑退让"的相关规定，可以分析出地块自身层面住宅建筑日照因子影响下的两种极限情况下的地块条件：①住宅建筑日照受"建筑退让"影响相对最大的情况，即居住地块为最小组团用地规模 4hm²，至少与一条小区级道路相邻，东侧为小区级道路，南侧、西侧、北侧直接与其他地块相接（见图 3-2）；②住宅建筑日照受"建筑退让"影响相对最小的情况，即居住地块为最大组团用地规模 6hm²，周边都被小区级道路所分隔（图 4-3）。为了便于研究，本研究假设居住地块为正方形，即 6hm² 用地为 245m×245m，4hm² 用地为 200m×200m。

（2）建筑高度设定

根据《民用建筑设计通则》（GB 50352—2005）3.1.2 条规定：建筑高度大于 100m 的民用建筑为超高层建筑。综合考虑经济、实用、安全等各方面要求，住宅建筑一般不建设超高层，即建筑高度在 100m 以下，故本研究将住宅的建筑高度控制在 100m 以内。

（3）其他参数设置

众智日照分析软件的基础条件设置要求，还包括城市、日期、开始太阳时、结束太阳时、分析采样间隔等。《西安市规划局建设项目日照分析技术管理办法》第五条规定：西安市区地理位置为东经 108°55′，北纬 34°15′；时间统计方式若日照要求为 2h，不得超过 2 个连续时间段；时间间隔不超过 5min；采样点间距不超过 2m。本研究综合考虑"朝向"要求，将有效时间带设定为太阳时 9～15 时（大寒日为日照标准日），其他初始化参数均参照上述标准。

❶ 郑晓伟. 基于公共利益的城市新建居住用地容积率"值域化"控制方法研究［D］. 西安：西安建筑科技大学，2012。

❷ 宋玲. 独立居住地块容积率"值域化"研究［D］. 西安：西安建筑科技大学，2013。

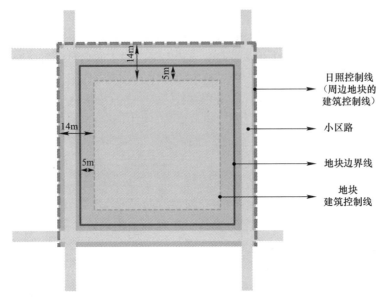

图 4-3 "住宅建筑日照—容积率"单因子模型的地块条件限定示意图

（4）最大包络体的计算机模拟

第一步：定义包络体基底。

对包络体进行推算前首先要定义包络体基底，即确定包络体推算的场地边界及其最大建筑高度。本研究的重点只限于根据形成的最大包络体对地块的最大容积率进行推算，而具体的建筑空间形态模拟则不予考虑。当需要进行具体的建筑空间形态模拟时，由于日照分析软件中只有建筑位置和高度推算，没有宽度推算。因此，一般情况下，可将地块内的原有建筑物或修规及建筑设计的建筑物加宽后定义成基底进行包络体推算，并通过具体的分析结果来确定建筑物的面宽、进深。而在容积率推算时，地块中待建建筑物的位置不能确定，需将地块整体定义成包络体基底进行计算，这样推算出的结果可用来确定地块内能够建造的建筑体量，即最大包络体。

第二步：定义窗户。

包络体的分析方法采用"沿线分析"，即对《西安市城市规划管理技术规定》第二十四条所述的日照控制线上窗户的窗台线进行日照分析。所以，进行包络体推算之前还要在可能影响到本地块的日照控制线上的周边建筑上布置窗户，并以系统参数中满窗的不同设置作为窗户日照时间的分析依据。需要说明的是，软件产生的日照等时线会同时覆盖建筑的东、西、南三个朝向，因此除北向外，不论定义的窗户在东、西、南三个朝向的任意位置和任意角度都不会影响计算的结果。

第三步：最大包络体推算。

综合上述参数设定，通过众智日照分析 SUN 软件就可以进行最大包络体的推算（图 4-4）。具体步骤如下：将居住预建地块按一定的规则划分成 n 个面积相等的正方形小方格（根据研究假设 4hm² 的地块 $n=400$，6hm² 的地块 $n=600$，即正方形边长为 1m×1m），以每个正方形方格为底向上形成一个高度为 h 的长方体（根据前文的假设 $h \leqslant$ 100m）。如果所有的小方格上的长方体高度 h 被确定的话，则整个居住组团用地上方的空间结构和空间高度也被确定。如果地块外围存在可能产生日照影响的现状居住建筑，那么设置需要考虑的微环境中的窗户，把控制窗户的窗口需要满足的最小日照时间按时间段划分成几个时间段，为保证这几个时间段内控制窗口有日照，将区域内在这几个时段遮挡控制窗口日照的正方形方格上的长方体的高度降低，所有控制窗口都进行此项操作，此时将产生多个备选的个体，构成种群。这时的种群为初始包络体，初始包络体经过计算机软件的若干代遗传计算，当包络体产生的正方体体积总和在满足日照约束条件下达到最大值时，则这个最大值就是居住地块所能容纳的住宅建筑的最大空间，即最大包络体。包络体推算使用的是基因遗传算法，其技术特点在于通过优化解的组合繁衍不断地接近于最优解，虽然基因遗传算法本身也是一个随机算法，但是它比纯粹的随机算法能更快地接近于最优解，所以每次推算的结果都会有一定的差别。当推算时间越长，最大包络体越接近于最优解。所以，当推算过程中很多代的结果都相差无几时，就可以认为当前包络体体积最大的就是最优解，从而可以得到最佳的地块容积率。[1]

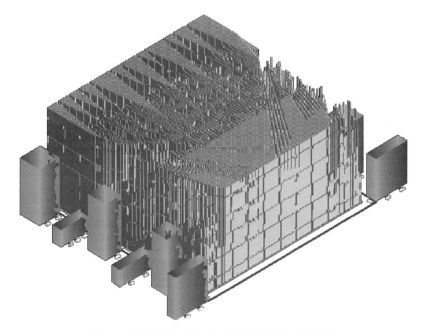

图 4-4 居住地块（4hm²）上推算出的最大包络体

4.1.4 模型简化与容积率值域计算

容积率值域通过基地内的最大包络体进行推算和确定。首先，按拟定的住宅建筑层高把所有满足建筑某一层高前提下的地块面积计算出来，即某层的整体建筑面积；其次，对于居住地块来说，受到建筑密度差异的影响，地块只能在符合其建筑密度要求的区域内建设住宅建筑，此时某层的整体建筑面积与建筑密度的乘积，即为单层最大住宅建筑面积；再次，根据单层最大住宅建筑面积和住宅建筑平均层数，可以相乘得到在一定平均层数下

---

❶ 具体的计算过程可以参见：成三彬. 建筑日照分析及日照约束下最大容积率的计算 [D]. 合肥：安徽理工大学，2011。

的住宅总建筑面积；最后，总建筑面积与基底总面积的比值，即为居住地块在某一住宅平均层数下的容积率值。

（1）住宅层高与住宅平均层数控制

建筑每一层的高度在设计上有一定要求，称为层高。层高通常指建筑物各层之间以楼板面、地面面层计算的垂直距离，具体指下层地板面或楼板面到上层楼板面之间的距离。关于住宅层高的设定，《住宅建筑设计规范》（GB 50096—2011）第3.6.1条明确规定：普通住宅层高宜为2.8m，故本研究将住宅的层高设定为定值2.8m。住宅层数受建筑高度与层高的双重限制。当住宅的建筑高度不超过100m时，住宅平均层数最大值为35层。同时，本研究将住宅平均层数最小值设定为3层。

（2）住宅建筑密度控制

建筑密度主要受住宅形式的影响，在现有居住地块建设中，住宅形式是较为固定的（包括：低层、多层、中高层、高层）。因此，居住地块的住宅建筑密度在一定住宅形式下存在规范要求的值域区间。居住区规范5.0.6.1条以强制性条文对"住宅建筑净密度"进行了限定。居住区规范中"住宅建筑净密度"的概念与本研究所述"住宅建筑密度"的概念不同。考虑概念的衔接性，本研究以源于居住区规范的《陕西省城市规划管理技术规定》中的相关规定作为依据对住宅建筑密度进行控制。《陕西省城市规划管理技术规定》2.5条规定：城市各类建筑的建筑密度上限按表2.5（本书表3-8）控制。其中，低层（1~3层）住宅建筑密度≤33%，多层（4~6层）住宅建筑密度≤26%，中高层（7~9层）住宅建筑密度≤24%，高层（10层以上）住宅建筑密度≤20%。同时，在实际状况下，居住地块住宅建筑密度的下限值一般不低于15%。简之，合理的住宅建筑密度应控制在15%~33%之间。

（3）容积率值域计算

运用众智日照分析SUN软件，对分析出来的包络体方案，根据设置的建筑层高和建筑密度自动计算容积率，地块住宅容积率随住宅平均层数、住宅建筑密度变化的结果可汇总为直观的统计数据表格（表4-2、表4-3）。

住宅建筑日照模型下4hm² 居住地块住宅容积率计算表　　　　表4-2

住宅平均层数 n（层）	建筑高度 H（m）	总建筑面积 A（m²）	住宅建筑密度 Mr（%）								
			15	20	24	26	30	33	40	50	60
			住宅容积率								
3	8.4	117917	0.45	0.60	0.72	0.78	0.90	0.99	1.20	1.50	1.80
4	11.2	156522	0.60	0.80	0.96	1.04	1.20	1.32	1.60	2.00	2.40
5	14.0	194503	0.75	1.00	1.20	1.30	1.50	1.65	2.00	2.50	3.00
6	16.8	231777	0.90	1.20	1.44	1.56	1.80	1.98	2.40	3.00	3.60
7	19.6	268250	1.05	1.40	1.68	1.82	2.10	2.31	2.80	3.50	4.20
8	22.4	303855	1.20	1.60	1.92	2.08	2.40	2.64	3.20	4.00	4.80
9	25.2	338542	1.35	1.80	2.16	2.34	2.70	2.97	3.60	4.50	5.40
10	28.0	372288	1.50	2.00	2.40	2.60	3.00	3.30	4.00	5.00	6.00
11	30.8	405058	1.65	2.20	2.64	2.86	3.30	3.63	4.40	5.50	6.60
12	33.6	436775	1.80	2.40	2.88	3.12	3.60	3.96	4.80	6.00	7.20

住宅平均层数 n(层)	建筑高度 H(m)	总建筑面积 A(m²)	住宅建筑密度 Mr(%)								
			15	20	24	26	30	33	40	50	60
			住宅容积率								
13	36.4	467379	1.95	2.60	3.12	3.38	3.90	4.29	5.20	6.50	7.80
14	39.2	496854	2.10	2.80	3.36	3.64	4.20	4.62	5.60	7.00	8.40
15	42.0	525215	2.25	3.00	3.60	3.90	4.50	4.95	6.00	7.50	9.00
16	44.8	552500	2.40	3.20	3.84	4.16	4.80	5.28	6.40	8.00	9.60
17	47.6	578733	2.55	3.40	4.08	4.42	5.10	5.61	6.80	8.50	10.20
18	50.4	603917	2.70	3.60	4.32	4.68	5.40	5.94	7.20	9.00	10.80
19	53.2	628129	2.85	3.80	4.56	4.94	5.70	6.27	7.60	9.50	11.40
20	56.0	651451	3.00	4.00	4.80	5.20	6.00	6.60	8.00	10.00	11.99
21	58.8	673982	3.15	4.20	5.04	5.46	6.30	6.93	8.40	10.50	12.56
22	61.6	695718	3.30	4.40	5.28	5.72	6.60	7.26	8.80	11.00	13.11
23	64.4	716723	3.45	4.60	5.52	5.98	6.90	7.59	9.20	11.50	13.64
24	67.2	737021	3.60	4.80	5.76	6.24	7.20	7.92	9.60	12.00	14.15
25	70.0	756639	3.75	5.00	6.00	6.50	7.50	8.25	10.00	12.50	14.65
26	72.8	775666	3.90	5.20	6.24	6.76	7.80	8.58	10.40	12.98	15.13
27	75.6	794144	4.05	5.40	6.48	7.02	8.10	8.91	10.80	13.44	15.59
28	78.4	812169	4.20	5.60	6.72	7.28	8.40	9.24	11.20	13.90	16.05
29	81.2	829776	4.35	5.80	6.96	7.54	8.70	9.57	11.60	14.34	16.49
30	84.0	846992	4.50	6.00	7.20	7.80	9.00	9.90	12.00	14.78	16.93
31	86.8	863808	4.65	6.20	7.44	8.06	9.30	10.23	12.40	15.20	17.35
32	89.6	880279	4.80	6.40	7.68	8.32	9.60	10.56	12.80	15.62	17.77
33	92.4	896450	4.95	6.60	7.92	8.58	9.90	10.89	13.20	16.03	18.18
34	95.2	912313	5.10	6.80	8.16	8.84	10.20	11.22	13.60	16.43	18.58
35	98.0	927892	5.25	7.00	8.40	9.10	10.50	11.55	13.99	16.82	18.97

注：下划线数值为住宅建筑日照模型下突破当前规范限定的住宅建筑密度指标区间（详见表3-8）的住宅容积率。

住宅建筑日照模型下 6hm² 居住地块住宅容积率计算表 表4-3

住宅平均层数 n(层)	建筑高度 H(m)	总建筑面积 A(m²)	住宅建筑密度 Mr(%)								
			15	20	24	26	30	33	40	50	60
			住宅容积率								
3	8.4	117917	0.45	0.60	0.72	0.78	0.90	0.99	1.20	1.50	1.80
4	11.2	156522	0.60	0.80	0.96	1.04	1.20	1.32	1.60	2.00	2.40
5	14.0	194503	0.75	1.00	1.20	1.30	1.50	1.65	2.00	2.50	3.00
6	16.8	231777	0.90	1.20	1.44	1.56	1.80	1.98	2.40	3.00	3.60
7	19.6	268250	1.05	1.40	1.68	1.82	2.10	2.31	2.80	3.50	4.20
8	22.4	303855	1.20	1.60	1.92	2.08	2.40	2.64	3.20	4.00	4.80
9	25.2	338542	1.35	1.80	2.16	2.34	2.70	2.97	3.60	4.50	5.40
10	28.0	372288	1.50	2.00	2.40	2.60	3.00	3.30	4.00	5.00	6.00
11	30.8	405058	1.65	2.20	2.64	2.86	3.30	3.63	4.40	5.50	6.60

住宅平均层数 n(层)	建筑高度 H(m)	总建筑面积 A(m²)	住宅建筑密度 Mr(%)								
			15	20	24	26	30	33	40	50	60
			住宅容积率								
12	33.6	436775	1.80	2.40	2.88	3.12	3.60	3.96	4.80	6.00	7.20
13	36.4	467379	1.95	2.60	3.12	3.38	3.90	4.29	5.20	6.50	7.80
14	39.2	496854	2.10	2.80	3.36	3.64	4.20	4.62	5.60	7.00	8.40
15	42.0	525215	2.25	3.00	3.60	3.90	4.50	4.95	6.00	7.50	9.00
16	44.8	552500	2.40	3.20	3.84	4.16	4.80	5.28	6.40	8.00	9.60
17	47.6	578733	2.55	3.40	4.08	4.42	5.10	5.61	6.80	8.50	10.20
18	50.4	603917	2.70	3.60	4.32	4.68	5.40	5.94	7.20	9.00	10.80
19	53.2	628129	2.85	3.80	4.56	4.94	5.70	6.27	7.60	9.50	11.40
20	56.0	651451	3.00	4.00	4.80	5.20	6.00	6.60	8.00	10.00	12.00
21	58.8	673982	3.15	4.20	5.04	5.46	6.30	6.93	8.40	10.50	12.60
22	61.6	695718	3.30	4.40	5.28	5.72	6.60	7.26	8.80	11.00	13.20
23	64.4	716723	3.45	4.60	5.52	5.98	6.90	7.59	9.20	11.50	13.80
24	67.2	737021	3.60	4.80	5.76	6.24	7.20	7.92	9.60	12.00	14.40
25	70.0	756639	3.75	5.00	6.00	6.50	7.50	8.25	10.00	12.50	15.00
26	72.8	775666	3.90	5.20	6.24	6.76	7.80	8.58	10.40	13.00	15.60
27	75.6	794144	4.05	5.40	6.48	7.02	8.10	8.91	10.80	13.50	16.20
28	78.4	812169	4.20	5.60	6.72	7.28	8.40	9.24	11.20	14.00	16.80
29	81.2	829776	4.35	5.80	6.96	7.54	8.70	9.57	11.60	14.50	17.40
30	84.0	846992	4.50	6.00	7.20	7.80	9.90	9.90	12.00	15.00	18.00
31	86.8	863808	4.65	6.20	7.44	8.06	9.30	10.23	12.40	15.50	18.60
32	89.6	880279	4.80	6.40	7.68	8.32	9.60	10.56	12.80	16.00	19.20
33	92.4	896450	4.95	6.60	7.92	8.58	9.90	10.89	13.20	16.50	19.79
34	95.2	912313	5.10	6.80	8.16	8.84	10.20	11.22	13.60	17.00	20.37
35	98.0	927892	5.25	7.00	8.40	9.10	10.50	11.55	14.00	17.50	20.94

注：下划线数值为住宅建筑日照模型下突破当前规范限定的住宅建筑密度指标区间（详见表3-8）的住宅容积率。

　　从表4-2、表4-3可以看出：一方面，对于最优包络体来说，在相同的住宅平均层数下，地块住宅建筑密度越大，住宅容积率也越大；另一方面，当居住地块用地规模越小，住宅建筑密度越大，住宅层数越高时，住宅容积率受住宅建筑日照因子的影响越大（如表4-2、表4-3的深灰色部分所示）。但是，当住宅建筑密度在15％～33％之间，住宅建筑层数在3～35层之间时，住宅容积率为住宅平均层数与住宅建筑密度的乘积（如表4-2、表4-3的浅灰色部分所示）。那么，"住宅建筑密度—容积率"模型可以简化表示为：

$$R_日 = n \times Mr$$

式中　$R_日$——住宅建筑日照模型下的容积率；

　　　　n——住宅平均层数；

　　　　Mr——住宅建筑密度。

　　综上所述，在控规层面，住宅建筑日照因子对住宅容积率的影响主要受住宅建筑密度、住宅建筑层数的控制。当住宅建筑密度在规范要求内时，住宅建筑日照因子对住宅容积率的影响有限。因此，住宅建筑日照模型下住宅容积率的值域区间为（0.45，7.00），四舍五入为（0.5，7.0）。其中，上限值受住宅建筑密度与住宅平均层数的限制，具体居住地块的上限值需要根据表 4-2 或表 4-3 中浅灰色部分所示的数值予以控制。

4.2　组团绿地因子

对居民日常生活影响最大的城市绿地是居住区内部的绿地。居住区绿地包括公园绿地、宅旁绿地、配套公建所属绿地和道路绿地（居住区规范 7.0.1 条）。从居住环境内绿地的作用来看，充足的绿地不仅可以净化空气、水体和土壤，而且还能够起到改善居住环境小气候、降低噪声、安全防护等作用；从居民的心理需求来看，优美的绿化环境对于普通居民可帮助消除疲劳，调剂生活，对于儿童可培养其勇敢、活泼的素质，对于老年人则可增进生机，延年益寿。因此，居住区绿地是确保居住区内公共环境品质的基础，一般以绿地率和人均公园绿地面积作为主要衡量指标。

绿地率指居住区用地范围内各类绿地面积的总和占居住区用地面积的比率（%）（居住区规范 2.0.32 条）。居住区规范 7.0.2.3 条规定：新区建设绿地率不应低于 30%，旧区改建绿地率不宜低于 25%。根据绿地率和居住区绿地的定义，结合居住区用地的组成，绿地率主要受居住地块内总建筑密度和道路用地的影响，与容积率的关联性不大。一般情况下，居住地块的总建筑密度不会超过 40%。同时，居住区规范 3.0.2.2 条"居住区内各项用地所占比例的平衡控制指标"限定，居住组团层面的道路用地不应超过地块面积的 15%。那么，建筑基底面积及道路用地面积（包括道路绿地）的总和应不超过居住用地面积的 55%。在理想的状态下，其他用地若都作为绿地，这时居住地块的绿地率将达到 45% 以上。由此可见，新建居住地块最低 30% 的绿地率指标要求是相对容易满足的。绿地率的主要作用在于对居住区绿地予以"整体把握"，即控制上述可作为绿地的用地中硬化或其他场地的占地规模，保证居住用地中绿地的整体比例。然而，当居住区绿地根据与住宅容积率相对应的人口规模进行衡量时，虽然大多居住地块的绿地率符合规范要求，但由于居住人口规模较大，居民可享受的人均绿地面积却难以保障，如在相同的绿地率条件下，高层居住地块与多层居住地块的人均绿地面积会相差好几倍。因此，仅控制绿地率，每个居民使用绿地的基本需求并不一定能得到满足，居住地块的环境品质难以得到根本保障。

公园绿地为"满足规定的日照要求、适合于安排游憩活动设施的、供居民共享的集中绿地，应包括居住区公园、小游园和组团绿地及其他块状带状绿地等"（居住区规范 2.0.12 条）。公园绿地由于有一定人均规模要求，能提供游憩活动场所，是居住区中真正能为居民有效使用的绿地，同时它有条件造景布景，能更显著地美化环境，应予以"重点控制"。从目前城市居住区建设实际来看，各层面的公园绿地总体在使用上显得比较拥挤，其原因在于受到开发实力、开发方式、封闭式物业管理方式等方面的影响，大多数居住区没有形成严格的"居住区—小区—组团"结构，这往往就造成居住区公园、小区小游园的缺失，组团绿地成为居住区内担负居民游憩活动的主体。❶ 然而，现今居住地块的组团绿

---

❶　徐明尧. 也谈绿地率——兼论居住区绿地规划控制 [J]. 规划师，2000（5）：99-101。

地较难满足规范设置要求，特别是相对较小的组团绿地面积很难在满足规模的同时满足日照、设施、游憩等多方面的综合要求。随着城市居民对居住生活环境品质的需求越来越高，公园绿地配套不足的问题，特别是组团绿地设置不足与不合理的问题已成为影响居住区绿化环境、制约居住地块开发强度的根本性问题。

4.2.1 组团绿地的配建要求

（1）组团绿地的样式与设置方式

根据居住区规范 7.0.4 条第（2）款的论述，组团绿地无论面积大小只能属组团级的"大绿地"，而不能成为小区级或居住区级绿地。因此，依据公园绿地的定义，组团绿地就是组团内部满足规定的日照要求，适合于安排游憩活动设施的，仅供组团内居民共享的集中绿地。居住区规范 7.0.4 条规定：居住区内的公园绿地，应根据居住区的不同规划布局形式设置相应的中心绿地，以及老年人、儿童活动场地和其他的块状、带状公园绿地等。因此，不论组团绿地的设置方式是哪种，一方面，由于组团绿地本身规模相对较小，所以为了确保组团层面公共活动的展开应尽量保证组团绿地集中设置，而不应过于分散地设置在组团内；另一方面，作为中心绿地的组团绿地应尽量设置在组团中心，以便于居住地块内全体居民的日常使用。

集中设置的组团绿地一般为院落式组团绿地。院落式组团绿地可以分为封闭型院落式组团绿地和开敞型院落式组团绿地两种。其区别在于：封闭型院落式组团绿地四面都被住宅建筑、宅间小路、组团路围合，空间较封闭，故要求其平面与空间尺度应适当加大；而开敞型院落式组团绿地至少有一个面，面向小区道路或建筑控制线不小于 10m 的组团级道路，空间较开敞，故要求平面与空间尺度可小一些（居住区规范条文说明 7.0.4 条第（4）款）。居住区规范 11.0.2.4 条第（3）款规定院落式组团绿地面积计算起止界为：绿地边界距宅间路、组团路和小区路路边 1m；当小区路有人行便道时，算到人行便道边；临城市道路、居住区级道路时算到道路红线；距房屋墙脚 1.5m（图 4-5）。

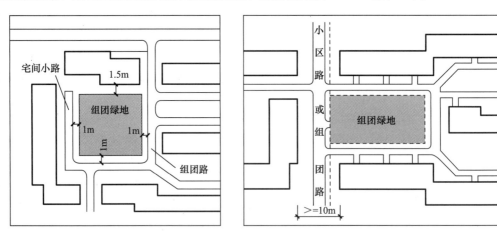

图 4-5　封闭型院落式组团绿地（左）和开敞型院落式组团绿地（右）示意图
来源：居住区规范 A.0.3 条、A.0.4 条

（2）组团绿地的配建指标

在总规模方面，居住区规范 7.0.4.1 条、7.0.4.2 条规定：作为中心绿地的组团绿地

或其他单块组团绿地的最小规模应大于等于 $0.04hm^2$。

在人均指标方面，居住区规范 7.0.5 条规定：居住区内公园绿地的总指标，应根据居住人口规模达到，组团不少于 $0.5m^2$/人；旧区改建可酌情降低，但不得低于相应指标的 70%。

（3）组团绿地的日照要求

居住区规范 7.0.4.1 条第（5）款规定：组团绿地的设置应满足有不少于 1/3 的绿地面积在标准的建筑日照阴影线范围之外的要求，并便于设置儿童游戏设施和适于成人游憩活动，其中院落式组团绿地的设置还应同时满足表 7.0.4-2（本书表 4-4）中的各项要求。表 7.0.4-2 中将院落式组团绿地最小规模限定为 $0.05\sim0.20hm^2$，这一规模约为居住区规范 7.0.4.1 条规定组团绿地最小规模 $0.04hm^2$ 的 $1.3\sim5.0$ 倍。居住区规范条文说明 7.0.4 条第（4）款对确定表 4-4 院落式组团绿地面积标准的基本要素进行了说明，其核心要素是为了满足日照环境的基本要求，即"应满足有不少于 1/3 的绿地面积在标准的建筑日照阴影线范围之外"。换言之，院落式组团绿地较一般组团绿地的最小规模要求大，主要是为了确保在不同建筑布局模式下，院落式组团绿地能符合日照要求。因此，只要符合日照要求，院落式组团绿地的最小规模应该可以下调。基于此，本研究在后续模型构建中，将满足日照要求的院落式组团绿地的最小规模设定为 $0.04hm^2$。

院落式组团绿地设置规定 表 4-4

封闭型绿地		开敞型绿地	
南侧多层楼	南侧高层楼	南侧多层楼	南侧高层楼
$L\geqslant1.5L_2$ $L\geqslant30m$	$L\geqslant1.5L_2$ $L\geqslant50m$	$L\geqslant1.5L_2$ $L\geqslant30m$	$L\geqslant1.5L_2$ $L\geqslant50m$
$S_1\geqslant800m^2$	$S_1\geqslant1800m^2$	$S_1\geqslant500m^2$	$S_1\geqslant1200m^2$
$S_2\geqslant1000m^2$	$S_2\geqslant2000m^2$	$S_2\geqslant600m^2$	$S_2\geqslant1400m^2$

注：L——南北两楼正面间距（m）；L_2——当地住宅的标准日照间距；S_1——北侧为多层楼的组团绿地面积（m^2）；S_2——北侧为高层楼的组团绿地面积（m^2）。
来源：居住区规范表 7.0.4-2

综上所述，组团绿地的相关规范要求为：①设置位置的要求，应尽量设置在居住地块中心；②总体规模要求，最小规模应大于等于 $0.04hm^2$；③人均指标要求，组团级人均公园绿地大于等于 $0.5m^2$；④日照要求，组团绿地应满足有不少于 1/3 的绿地面积在标准的建筑日照阴影线范围之外。

4.2.2 "组团绿地—容积率"单因子模型构建

开发强度"值域化"的既有研究对"组团绿地—容积率"单因子模型已有研究成果，核心思路均是根据组团绿地的最小规模与日照要求，结合"住宅建筑日照—容积率"模型构建修正模型。本研究的"组团绿地—容积率"单因子模型基本继承既有研究中的构建思路，但在模型构建的具体方法上进行新的探索。本研究设定组团层面公园绿地的设置方式为集中式，并且为了控制组团绿地的占地规模，将组团绿地限定为在居住地块中心设置的一整块院落式组团绿地。"组团绿地—容积率"单因子模型分下限模型和上限模型构建：组团绿地的总体规模要求与人均指标要求均是在控制组团绿地的指标下限，所以可以基于此构建"组团绿地—容积率"的下限模型；组团绿地的日照要求与设置位置的要求将会限制组团绿地的配置上限，所以可以基于此构建"组团绿地—容积率"的上限模型。

（1）下限模型

首先，根据居住地块内组团绿地的总体规模要求，居住地块的组团绿地最小规划规模应不小于规范要求的组团绿地最小配建规模，由此得

$$G_{规min} \geqslant G_{配min} \tag{4-1}$$

式中　$G_{规min}$——组团绿地的最小规划规模；

$G_{配min}$——规范要求的组团绿地最小配建规模。

其次，根据居住地块内组团绿地的人均公园绿地指标要求，组团绿地的最小设计规模为居住地块人口规模与组团级人均公园绿地的最小面积的乘积，由此得

$$G_{规min} = N \times G_{人min} \tag{4-2}$$

式中　$G_{设min}$——组团绿地的最小规划规模；

N——居住地块内的人口规模；

$G_{人min}$——组团级人均公园绿地的最小面积。

其中，

$$N = \frac{Ar_{总}}{A_{人}} \tag{4-3}$$

式中　N——居住地块内的人口规模；

$Ar_{总}$——住宅建筑面积；

$A_{人}$——人均住宅建筑面积。

$$Ar_{总} = R_{绿} \times S \tag{4-4}$$

式中　$Ar_{总}$——住宅建筑面积；

$R_{绿}$——组团绿地模型下的容积率；

S——地块的净用地面积。

将式4-4、式4-3代入式4-2，得

$$G_{规min} = \frac{R_{绿} \times S}{A_{人}} \times G_{人min} \tag{4-5}$$

式中　$G_{规min}$——组团绿地的最小设计规模；

$R_{绿}$——组团绿地模型下的容积率；

S——地块的净用地面积；

$G_{人min}$——组团级人均公园绿地的最小面积；

$A_{人}$——人均住宅建筑面积。

再次，将式4-5代入式4-1，得

$$G_{配min} \leqslant \frac{R_{绿} \times S}{A_{人}} \times G_{人min} \tag{4-6}$$

式中　$G_{配min}$——规范要求的组团绿地最小配建规模；

$R_{绿}$——组团绿地模型下的容积率；

S——地块的净用地面积；

$A_{人}$——人均住宅建筑面积；

$G_{人min}$——组团级人均公园绿地的最小面积。

最终，通过式 4-6 的运算，可以得到"组团绿地—容积率"的下限模型：

$$R_{绿} \geqslant \frac{G_{配min} \times A_{人}}{S \times G_{人min}}$$

式中　$R_{绿}$——组团绿地模型下的容积率；

$G_{配min}$——规范要求的组团绿地最小配建规模；

$A_{人}$——人均住宅建筑面积；

S——地块的净用地面积；

$G_{人min}$——组团级人均公园绿地的最小面积。

（2）上限模型

首先，根据组团绿地的日照要求，组团绿地需要有 1/3 在标准日照下，即组团绿地的 1/3 用地需满足大寒日 2h 日照。为了得到组团绿地模型下容积率的最大值，"组团绿地—容积率"模型就需要基于"住宅建筑日照—容积率"模型中的最大包络体进行研究，即通过"住宅建筑日照—容积率"模型中的最大包络体计算"组团绿地—容积率"模型下的最大包络体，以此最终得到组团绿地模型下容积率的最大值。"住宅建筑日照—容积率"模型下的最大包络体为居住地块内住宅建筑的所有窗台正好满足标准日照状态下的包络体。若住宅建筑日照对容积率的影响很大，则这时居住地块内除住宅建筑以外的区域将无法满足标准日照（这一状况为假设的极端情况，按照"住宅建筑日照—容积率"模型中表 4-2、表 4-3 计算的结论，除住宅建筑以外的区域仍会有一定区域能满足标准日照，如表 4-2、表 4-3 未标颜色部分容积率数值所代表的包络体对应的区域，但由于这些区域面积较难测定，本研究不予考虑）。同时，由于组团绿地要求布局于组团中心，对于最大包络体而言，组团中心的住宅建筑一般受地块外围建筑遮挡的可能性最小，这种状态下的 1/3 的组团绿地所对应的住宅建筑的"容积率"基本为住宅平均层数限制下的最大值，即"住宅建筑日照—容积率"模型中表 4-2、表 4-3 计算的结论。因此，"组团绿地—容积率"模型下的最大包络体为"住宅建筑日照—容积率"模型下的最大包络体减去其中 1/3 的最小组团绿地面积相对应的地块用地面积上的包络体。由此可得

$$R_{绿} \leqslant \frac{Ar_{日} - Ar_{绿min}}{S} \tag{4-7}$$

式中　$R_{绿}$——组团绿地模型下的容积率；

$Ar_{日}$——住宅建筑日照模型下最大包络体对应的住宅建筑面积；

$Ar_{绿min}$——与 1/3 最小组团绿地面积相对应的地块用地面积上的包络体对应的住宅建筑面积；

S——地块的净用地面积。

其次，与 1/3 最小组团绿地面积相对应的地块用地面积上的包络体对应的住宅建筑面积，为 1/3 最小组团绿地面积相对应的地块用地面积与住宅建筑日照模型下的容积率的乘积，由此得

$$Ar_{绿min} = S_{绿min} \times R_{日} \tag{4-8}$$

式中　$Ar_{绿min}$——与 1/3 最小组团绿地面积相对应的地块用地面积上的包络体对应的住宅

建筑面积；

$S_{绿min}$——1/3 最小组团绿地面积相对应的地块用地面积；

$R_日$——住宅建筑日照模型下的容积率。

假设居住地块内的住宅建筑为均质分布，即居住地块内任意分割出的用地的住宅建筑密度与居住地块整体的建筑密度相同，得

$$S_{绿min} = \frac{G_{规min} \times 1/3}{Mr} \qquad (4-9)$$

式中　$S_{绿min}$——1/3 最小组团绿地面积相对应的地块用地面积；

$G_{规min}$——组团绿地的最小设计规模；

Mr——住宅建筑密度。

这时的组团绿地的最小设计规模，不能根据住宅建筑日照模型下的容积率对应的人口规模计算，而应根据组团绿地模型下的容积率对应的人口规模计算。因此，将式 4-5 带入式 4-9，得

$$S_{绿min} = \frac{R_绿 \times S \times G_{人min}}{3 \times A_人 \times Mr} \qquad (4-10)$$

式中　$S_{绿min}$——1/3 最小组团绿地面积相对应的地块用地面积；

$R_绿$——组团绿地模型下的容积率；

S——地块的净用地面积；

$G_{人min}$——组团级人均公园绿地的最小面积；

$A_人$——人均住宅建筑面积；

Mr——住宅建筑密度。

将式 4-10 代入式 4-8，得

$$Ar_{绿min} = \frac{R_日 \times R_绿 \times S \times G_{人min}}{3 \times A_人 \times Mr} \qquad (4-11)$$

式中　$Ar_{绿min}$——与 1/3 最小组团绿地面积相对应的地块用地面积上的包络体对应的住宅建筑面积；

$R_日$——住宅建筑日照模型下的容积率；

$R_绿$——组团绿地模型下的容积率；

S——地块的净用地面积；

$G_{人min}$——组团级人均公园绿地的最小面积；

$A_人$——人均住宅建筑面积；

Mr——住宅建筑密度。

另外，住宅建筑日照模型下最大包络体对应的住宅建筑面积为住宅建筑日照模型下的容积率与居住地块用地面积的乘积，得

$$Ar_日 = R_日 \times S \qquad (4-12)$$

式中　$Ar_日$——住宅建筑日照模型下最大包络体对应的住宅建筑面积；

$R_日$——住宅建筑日照模型下的容积率；

S——地块的净用地面积。

最后，将式 4-12、式 4-11 代入式 4-7，可以得到"组团绿地—容积率"的上限模型：

$$R_{绿} \leqslant R_{日} \frac{3 \times A_{人} \times Mr}{3 \times A_{人} \times Mr + R_{日} \times G_{人min}}$$

式中　$R_{绿}$——组团绿地模型下的容积率；

$R_{日}$——住宅建筑日照模型下的容积率；

$A_{人}$——人均住宅建筑面积；

Mr——住宅建筑密度；

$G_{人min}$——组团级人均公园绿地的最小面积。

4.2.3　模型简化与容积率值域计算

（1）容积率下限值

"组团绿地—容积率"的下限模型为：

$$R_{绿} \geqslant \frac{G_{配min} \times A_{人}}{S \times G_{人min}}$$

其中，规范要求的组团绿地最小配建规模 $G_{配min}$、人均住宅建筑面积 $A_{人}$、组团级人均公园绿地的最小面积 $G_{人min}$ 为定值。因此，组团绿地模型下的容积率 $R_{绿}$ 下限值为仅与地块净用地面积 S 相关的函数。

前文将组团绿地限定为在居住地块中心设置的一整块院落式组团绿地，所以组团绿地最小配建规模 $G_{配min}=400m^2$。另外，根据前文已知，$A_{人}=30m^2/人$，$G_{人min}=0.5m^2/人$。那么，"组团绿地—容积率"的下限模型可以简化为：

$$R_{绿} \geqslant \frac{2.4}{S}$$

式中　$R_{绿}$——组团绿地模型下的容积率；

S——地块的净用地面积，hm^2。

当地块的净用地面积 S 在 $4\sim6hm^2$ 变化时，$R_{绿}$ 的下限区间为（0.4，0.6）。

（2）容积率上限值

"组团绿地—容积率"的上限模型为：

$$R_{绿} \leqslant R_{日} \frac{3 \times A_{人} \times Mr}{3 \times A_{人} \times Mr + R_{日} \times G_{人min}}$$

其中，人均住宅建筑面积 $A_{人}$、组团级人均公园绿地的最小面积 $G_{人min}$ 为定值。因此，组团绿地模型下的容积率 $R_{绿}$ 上限值为与住宅建筑日照模型下容积率 $R_{日}$、住宅建筑密度 Mr 相关的函数。

根据前文已知，$A_{人}=30m^2/人$，$G_{人min}=0.5m^2/人$，由此上限模型可以简化为：

$$R_{绿} \leqslant R_{日} \frac{180 \times Mr}{180 \times Mr + R_{日}}$$

式中　$R_{绿}$——组团绿地模型下的容积率；

$R_{日}$——住宅建筑日照模型下的容积率；

Mr——住宅建筑密度。

因此，将简化后的"组团绿地—容积率"上限模型代入表 4-2 或表 4-3，可以计算出满足日照要求与设置位置要求的组团绿地模型下容积率的上限值域区间为（0.44，5.86），四舍五入为（0.4，5.9）（表 4-5）。

住宅平均层数 n(层)	住宅建筑密度 Mr(%)					
	15	20	24	26	30	33
	住宅容积率					
3	0.44	0.59	0.71	0.77	0.89	0.97
4	0.59	0.78	0.94	1.02	1.17	1.29
5	0.73	0.97	1.17	1.26	1.46	1.61
6	0.87	1.16	1.39	1.51	1.74	1.92
7	1.01	1.35	1.62	1.75	2.02	2.22
8	1.15	1.53	1.84	1.99	2.30	2.53
9	1.29	1.71	2.06	2.23	2.57	2.83
10	1.42	1.89	2.27	2.46	2.84	3.13
11	1.55	2.07	2.49	2.70	3.11	3.42
12	1.69	2.25	2.70	2.93	3.38	3.71
13	1.82	2.42	2.91	3.15	3.64	4.00
14	1.95	2.60	3.12	3.38	3.90	4.29
15	2.08	2.77	3.32	3.60	4.15	4.57
16	2.20	2.94	3.53	3.82	4.41	4.85
17	2.33	3.11	3.73	4.04	4.66	5.13
18	2.45	3.27	3.93	4.25	4.91	5.40
19	2.58	3.44	4.12	4.47	5.16	5.67
20	2.70	3.60	4.32	4.68	5.40	5.94
21	2.82	3.76	4.51	4.89	5.64	6.21
22	2.94	3.92	4.70	5.10	5.88	6.47
23	3.06	4.08	4.89	5.30	6.12	6.73
24	3.18	4.24	5.08	5.51	6.35	6.99
25	3.29	4.39	5.27	5.71	6.59	7.24
26	3.41	4.54	5.45	5.91	6.82	7.50
27	3.52	4.70	5.63	6.10	7.04	7.75
28	3.63	4.85	5.82	6.30	7.27	8.00
29	3.75	5.00	5.99	6.49	7.49	8.24
30	3.86	5.14	6.17	6.69	7.71	8.49
31	3.97	5.29	6.35	6.88	7.93	8.73
32	4.08	5.43	6.52	7.06	8.15	8.97
33	4.18	5.58	6.69	7.25	8.37	9.20
34	4.29	5.72	6.86	7.44	8.58	9.44
35	4.40	5.86	7.03	7.62	8.79	9.67

注：下划线数值为住宅建筑日照模型下突破当前规范限定的住宅建筑密度指标区间（详见表 3-8）的住宅容积率。

当住宅建筑密度在 15%～33% 之间，住宅建筑层数在 3～35 层之间时，住宅建筑日照模型下的容积率基本不受地块规模等其他因素影响，住宅建筑日照模型下的容积率为：

$$R_日 = n \times Mr$$

式中　$R_日$——住宅建筑日照模型下的容积率；

　　　n——住宅平均层数；

Mr——住宅建筑密度。

将住宅建筑日照模型下的容积率代入简化后的组团绿地上限模型，组团绿地上限模型则可最终简化为与住宅平均层数、住宅建筑密度相关的函数。

$$R_绿 \leqslant \frac{180 \times n \times Mr}{180 + n}$$

式中　$R_绿$——组团绿地模型下的容积率；

　　　$R_日$——住宅建筑日照模型下的容积率；

　　　n——住宅平均层数。

综上所述，组团绿地模型下住宅容积率的值域区间为下限值域区间（0.4，0.6）与上限值域区间（0.4，5.9）的并集，即（0.4，5.9）。其中，上限值受住宅建筑密度与住宅平均层数的限制，因此具体居住地块的上限值需要根据表 4-5 予以控制。

4.3　停车位因子

目前，我国城镇居民每百户拥有家用汽车 21.5 辆，比 2007 年增加 15.5 辆（国务院政府工作报告，2013）。未来 10 年左右，我国每百户拥有家用汽车的数量将达到或接近 60 辆。[1] 汽车作为空间的载体，无论行驶还是停放都会占用空间，随着家用汽车拥有量的不断攀升，各类建设用地对停车位的需求不断增大，特别是居住用地内的停车位供需矛盾已成为普遍现象。[2] 停车位配建的不足，不仅影响居民的出行，还促生了居住地块内现今的车辆任意停放现象，导致许多公园绿地及开敞空间被小汽车占用，造成居住地块内的交通堵塞、环境恶化等一系列问题[3]。为了解决停车位配置不足的问题，各地近年来接连出台相关规定，以提高居住用地的停车位配建指标。[4] 虽然停车位配置标准的提高将大大增加居住用地中停车场库的占地面积，但是居住地块内无论地上还是地下能够提供建设停车场库的空间是有限的，如有的居住地块，即使将地块用地的地下全部用作地下停车场库，也不一定能满足既有开发强度对应的停车位需求。[5] 因此，为了满足居住地块内居民最基本的停车需求，从与停车位的配比关系角度探讨开发强度控制的合理性十分必要。

4.3.1　住宅停车位配建的要求

（1）停车率及相关指标

停车率指居住区内居民汽车的停车位数量与居住户数的比率。居住区规范 8.0.6.1 条规定：居民汽车停车率不应小于 10%。这一指标制定于 20 世纪 90 年代，当时全国的汽车保有量不足当前的 1%，因此 10% 的停车率指标已明显不能满足现今居民停车的基本需求。《陕西省城市规划管理技术规定》和《西安市城市规划技术管理规定》均以每百平方

---

[1] 王俊秀. 中国汽车社会发展报告（2012—2013）：汽车社会与规则［M］. 北京：社会科学文献出版社，2013。

[2] 孟丰敏. 城市的稀缺资源——停车位［J］. 人车路，2010（6）：4-13。

[3] 汪江，李世芬，郑非非. 既有住区停车问题探讨［J］. 华中建筑，2010（3）：103-105。

[4] 徐旭忠. 重庆市要求新建小区需按每户一车配停车位［J］. 城市规划通讯，2008（21）：7；张璐. 居住类用地停车率由 50% 猛提到 80% 济南规划硬杠破解停车难［N］. 齐鲁晚报，2010-1-17（A05）；其他新出台的相关规定如：《沈阳市建筑物配建停车标准规定（试行）》、《上海市车辆停放管理条例》等。

[5] 刘勇强，孙银莉. 对城市住区停车问题的思考［J］. 住宅科技，2008（4）：33-37。

米应配备的停车位数量对停车位的配建指标进行了限定。《陕西省城市规划管理技术规定》5.6 条将住宅分为 4 类分别制定相应的停车位指标，其中普通多、高层住宅的配置指标为 0.8 车位/100m²（表 4-6）。《西安市城市规划技术管理规定》第五十一条则以户均住宅建筑面积配置不同的停车位指标，其中以多、高层为主，户均住宅建筑面积在 120m² 以下的普通商品住宅的配置指标为 0.5 车位/100m²（表 4-7）。本研究综合考虑以上要求，以满足城市中最大量的普通住宅的停车需求为目标，设定停车率指标为 0.8 车位/100m²。

《陕西省城市规划管理技术规定》中的住宅类建筑停车位最低控制指标 表 4-6

项　目		指标单位	机动车	备　注
住宅	一类	车位/100m²	1.0	高档住宅、别墅，以低层为主
	二类	车位/100m²	0.8	普通住宅，以多、高层住宅为主
	三类	车位/100m²	0.5	经济适用房
	四类	车位/100m²	0.3	廉租房

来源：《陕西省城市规划管理技术规定》表 5.6

《西安市城市规划技术管理规定》中的住宅类建筑停车位最低控制指标 表 4-7

类　型	指标单位	机动车	备　注
独立商品住宅	车/户	1.3	别墅
高档商品住宅	车位/100m²	1.0	以低层为主的住宅楼，户均建筑面积在 150m² 以上的住宅楼
中高档商品住宅	车位/100m²	0.8	以多、高层为主的住宅楼，户均建筑面积在 120～150m² 的住宅楼
普通商品住宅	车位/100m²	0.5	以多、高层为主的住宅楼，户均建筑面积在 120m² 以下的住宅楼
其他	车位/100m²	0.3	经济适用房、集资建房、棚户区改造及城中村改造拆迁安置项目

来源：《西安市城市规划技术管理规定》表 9

（2）地面停车率

地面停车率指居民汽车的地面停车位数量与居住户数的比率。居住区规范 8.0.6.2 条与《陕西省城市规划管理技术规定》5.9 条均规定：居住区内地面停车率不宜超过 10%。《西安市城市规划技术管理规定》第五十一条规定：居住区内地面停车率不得超过 15%。为保障居住地块中地上空间环境的质量，本研究综合考虑以上要求，设定居住区内地面停车率不超过 10%。

（3）停车场库的服务半径

居住区规范 8.0.6.3 条规定：居民停车场库的布置应方便居民使用，服务半径不宜大于 150m。居住组团的规模一般为 4～6hm²，边长一般在 300m 左右。因此，组团层面的停车场库若要满足服务半径要求，必须设置在组团内部。

4.3.2 住宅停车位配建的影响因素分析与限定

（1）居住地块内停车场的设置方式

小汽车若在居住用地内任意停放，许多公园绿地及开敞空间都会被小汽车所占用，因而造成居住地块内部活动场地减少，绿化遭到破坏，防灾能力降低等一系列问题。❶ 为了

---

❶ 于光. 如何解决现有住宅区的停车问题 [J]. 新建筑，1995（5）：43-44。

杜绝"任意停车"，居住地块在规划层面首先需要对停车场的设置方式进行限定。停车场的设置方式一般分为地面停车场、住宅底层停车场、地下停车场、机械式停车场等。

地上停车场包括：路面停车场、地面停车场。路面停车场系指占用居住地块内组团级道路两边指定的路段停放机动车，从而作为居住地块内的地面停车和临时性停放车辆的场地。路面停车场的优点是与居住地块内相关等级的道路结合紧密，设置简单灵活，汽车出入方便；但其弊端也非常明显，主要是占用道路，车流受阻，交通秩序宜受影响。地面停车场主要指在宅前宅后、路旁设置的地面停车场，或集中设置的地面停车场或停车楼。宅前宅后、路旁设置的地面停车场是利用住宅前后的院落空间或组团道路旁的宅旁空间停放车辆，由于对低层住户和住区景观环境有一定的影响，所以这类停车场一般比较适用于低密度的居住地块。集中设置的地面停车场或停车楼指在居住地块中规划出一些空地用于集中设置停车场或停车楼。其优点是：投资少，便于管理。其缺点是：必须布置专用通行道路，占地面积大，土地利用率低；车辆相对集中，部分居民存取车不便；对居住地块整体环境，尤其在光线、噪声方面对低层住户影响较大。

住宅底层停车场指利用建筑的底层作为停车场地的停车方式。这种停车的一般形式是住宅底层布置成车库，二层以上为住宅。住宅底层架空停车的优点是：占露天场地少，靠近住宅，汽车停放便利；同时，这种停车方式使停车尽可能移至室内，争取了最大的户外活动空间。其缺点是：底层架空停车损失了一部分的住宅可售面积，停车空间有限，与住宅太过接近，容易造成对居民的干扰。

地下停车场是居住用地内重要的停车方式。与其他停车设施相比，地下停车方式具有占地面积少，车库库顶还可以回填覆土作为中心绿地或居民活动场地的特点。但地下停车库的建设需要大面积开挖，土建费用、室内照明、通风、消防设备运行费用均较其他停车方式高。

机械式停车场是使用机械设备作为运送或运送且停放汽车的汽车库。其具有占地少，对地形适应性强，可最大限度地利用空间，车辆存放安全性高，拆卸方便等特点，适用于用地非常紧张且停车量较大的地区。其不足是造价偏高，进出车时间较长，在实际使用中，尤其在居住区中，早晚出行回归的集中度高，容易造成等待现象，因而现状居住地块较少建设机械式停车场。

在2000年以前，由于居住地块内的停车需求较低，10%的地面停车率基本能满足居住区停车需求，所以当时的停车位主要在地上设置。[1] 21世纪以来，随着人们生活水平的显著提高，居住地块内的停车需求出现激增。为了同时满足居民对居住环境和停车的双重需求，随着城市以及居住地块内地下空间开发技术的不断加强，几乎所有新建和在建的居住小区都主要建设地下停车场；与此同时，居住地块内留给地面的停车位指标完全可以采用相对简单、投资较少的地上停车方式来满足。因此，"停车位—容积率"单因子模型的建构，重点在于探讨居住地块地下停车位和容积率之间的相互约束关系。

（2）停车方式、车型与停车位面积

由于居住用地内的地下停车场的场地形状、面积各不相同，车辆停放的方式也会多种多样。汽车在地下停车库内的停放方式不仅对车库平面布局有一定的影响，并且停放方式

---

❶ 陈坚. 小汽车与居住区规划 [J]. 建筑学报，1996（7）：29-31。

的不同随着所停汽车类型的不同，也会影响到停车位数量的多少，车型通道尺寸的大小等，从而影响到停车位与开发强度的配建关系。为了得到最多的停车位数量，在停车场总规模一定的情况下，单个停车位所用面积越小，则停车位的数量将越大。因此，"停车位—容积率"单因子模型构建中选用单个停车位最小面积。

《汽车库建筑设计规范》(JGJ 100—98) 4.1.3条规定：汽车库内停车方式可采用平行式、斜列式和垂直式，或混合采用此三种停车方式。❶ 平行式停车指车辆平行于通道方向停放。这种方式占用的停车带较窄，车辆进出方便迅速，但单位长度内停放的车辆最少。在停车需求量比较大，并且在技术上没有以标准车位设计或沿边布置时，可以采用这种方式。垂直式停车是指车辆垂直于通道方向停放。这种停车方式单位长度内停放的车辆最多，可以实现停车用地的紧凑化、集约化，但所需要的停车带和通道比较宽，即需要的柱网尺寸较大。这种方式在布置时可以采取两边停车的方式，合用中间的一条通道，因此适合规整紧凑的车位布置。斜列式停车指车辆与通道成夹角式的停放方式，夹角一般包括30°、45°、60°三种。这种停车方式的特点是停车宽度随车身和停车角度而异，车辆停放比较灵活，对其他车辆的影响较小，同时车辆驶出或者停放方便迅速。但与垂直式停车相比单位停车面积占地较大，尤其是30°斜列式停车用地最不经济，因此该方式适宜于停车场地的用地宽度和地形条件受限制时使用。总之，以上几种停车方式中，垂直停车最为节省用地。为了在同样的空间内规划最多的停车位数量，"停车位—容积率"单因子模型构建中将停车方式限定为垂直式。

单个停车位的面积不仅受停车方式的限制，还受汽车库内通车道宽度和车型的影响。车道宽度主要取决于前进停车或后退停车，根据《汽车库建筑设计规范》(JGJ 100—98) 4.1.5.1条的规定，后退停车较前进停车所用车道宽度小，故"停车位—容积率"单因子模型构建中采用后退式停车。汽车车型根据轮廓尺寸、轴距等可分为微型车、小型车、轻型车、中型车等8种。根据《汽车库建筑设计规范》(JGJ 100—98) 4.1.1条对汽车设计车型外轮廓尺寸的规定（表4-8），居民的私家车主要为小型车或微型车，故"停车位—容积率"单因子模型构建中将车型限定为小型车。

汽车设计车型外廓尺寸 表4-8

车 型	外廓尺寸（m）		
	总长	总宽	总高
微型车	3.50	1.60	1.80
小型车	4.80	1.80	2.00
轻型车	7.00	2.10	2.60
中型车	9.00	2.50	3.20 (4.00)
大型客车	12.00	2.50	3.20
铰接客车	18.00	2.50	3.20
大型货车	10.00	2.50	4.00
铰接货车	16.50	2.50	4.00

来源：《汽车库建筑设计规范》(JGJ 100—98) 表4.1.1

---

❶ 中华人民共和国建设部. 汽车库建筑设计规范 JGJ 100—98 [S]. 北京：中国建筑工业出版社，1998。

综上，当车库采用垂直式后退停车时，小型车的停车位面积将最小。《停车场规划设计规则（试行）》（公安部、建设部，1989）第八条表二将小型车在采用垂直式后退停车方式时的停车位面积限定为 25.2m²（表 4-9）。《汽车库建筑设计规范》（JGJ 100—98）4.1.5.3 条中表 4.1.5 对小型车的最小停车带、停车位、通车道宽度予以了限制，据此推算在采用垂直式后退停车方式时的停车位面积为 19.3m²（表 4-10）。由于地下车库存在柱网、设备房、人防工程等结构构件，因此，地下车库实际占地面积的利用率并不能达到 100％。根据相关经验，地下停车库每个停车位的建筑面积宜为 30～35m²。本研究综合考虑多方面因素及以上数值，将单个停车位面积限定为 25.2m²。

小型车停车场设计参数　　表 4-9

停车方式		垂直于通道方向的停车带宽（m）	平行于通道方向的停车带长（m）	通道宽（m）	单位停车面积（m²）
平行式	前进停车	2.8	7.0	4.0	33.6
斜列式	30° 前进停车	4.2	5.6	4.0	34.7
	45° 前进停车	5.2	4.0	4.0	28.8
	60° 前进停车	5.9	3.2	5.0	26.9
	60° 后退停车	5.9	3.2	4.5	26.1
垂直式	前进停车	6.0	2.8	9.5	30.1
	后退停车	6.0	2.8	6.0	25.2

来源：《停车场规划设计规则》表二

小型车的最小停车带、停车位、通车道宽度及停车位面积推算表　　表 4-10

停车方式		垂直于通道方向的停车带宽（m）	平行于通道方向的停车带长（m）	通道宽（m）	单位停车面积（m²）
平行式	前进停车	2.4	6.0	3.8	25.8
斜列式	30° 前进停车	3.6	4.8	3.8	26.4
	45° 前进停车	4.4	3.4	3.8	21.4
	60° 前进停车	5.0	2.8	4.5	20.3
	60° 后退停车	5.0	2.8	4.2	19.9
垂直式	前进停车	5.3	2.4	9.0	23.5
	后退停车	5.3	2.4	5.5	19.3

来源：《汽车库建筑设计规范》（JGJ 100—98）表 4.1.5

（3）地下停车场的总体规模分析

居住区内地下车库的规模主要受居民小汽车拥有量、居住区内各车库单体服务范围、经济因素、居住区用地条件、建筑布局和环境等方面因素的影响。[1] 根据《汽车库建筑设计规范》（JGJ 100—98）1.0.4，汽车库建设规模宜按汽车类型和容量分为 4 类：小型（≤50 辆车）、中型（51～300 辆车）、大型（301～500 辆车）、特大型（>500 辆车）。从上述规范可见，地下车库的总体规模似乎并无上下限要求。然而，相关研究已证明，受建设成本的影响，地下车库的总体规模不宜过小；而受居住地块中可用于地下车库建设的用地面积与地下车库层数的影响，居住地块地下车库也存在最大规模。

---

[1]　朱大明，胡金会. 居住区地下停车库规模的影响因素 [J]. 地下空间，2000（1）：61-63。

日本学者 DR. G. FuKch 曾通过对日本 319 座地下车库的调查发现，单位车位的建设费用随车库的规模而相应变化，从车库建设的经济角度考虑，地下车库的最佳规模为 101～200 车位，当地下车库的规模小于 100 车位时，单位车位的建设费将较最佳规模增加 40％以上。[1] 国内的相关研究也指出，当车库规模在 200 车位以下时，平均车位造价随着车库规模的增加明显降低。[2] 因此，本研究综合考虑经济因素，在"停车位—容积率"单因子模型构建中将地下停车场库的最小规模设定为≥200 辆。

可用于地下车库建设的用地面积主要受地下建筑退让用地红线和其他用地条件两方面影响。在退让用地红线方面，地下建筑物退让红线距离没有国家层面的规范要求。《上海市城市规划管理技术规定》（2010 修订版）第三十三条第（四）款规定：地下建筑物的离界间距，不小于地下建筑物深度的 0.7 倍；按上述离界间距退让边界，或后退道路规划红线距离要求确有困难的，其最小值应不小于 3m。《江苏省城市规划管理技术规定》（2011版）第 3.3.3.6 条规定：地下建筑物退界距离一般不小于基础埋深的 50％，且不得小于 5m，旧区或用地紧张的特殊地区不得小于 3m。依据上述规范中的最小值要求，本研究将地下车库退让用地红线的距离设定为不小于 3m。据此测算 4～6hm² 居住地块内退让用地红线减少的不可建设地下车库的用地规模约为居住地块总用地规模的 3％。

在其他用地条件方面，理想情况下，居住地块退让用地红线后的区域内都可以建设地下建筑。《民用建筑设计通则》（GB 50352—2005）第 6.3.1 条规定：地下室、半地下室应合理布置地下停车库、地下人防、各类设备用房等功能空间及各类出入口部。因此，地下车库的占地规模在这一情况下仅受地下人防设施和各类设备用房等的限制。在人防设施方面，《中华人民共和国人民防空法》明确规定："城市新建的民用建筑，按照国家有关规定修建战时可用于防空的地下室。"可见，包括住宅建筑在内的民用建筑在设计与建设过程中必须配套建设相应的地下人防设施。同时，《陕西省实施〈中华人民共和国人民防空法〉》中的第九条规定：县级以上城市（含县城）新建民用建筑，按照下列规定修建防空地下室：①新建十层（含十层）以上或者基础埋深三米（含三米）以上的民用建筑，按照地面首层建筑面积修建六级（含六级）以上防空地下室；②新建除第①项规定和居民住宅以外的其他民用建筑，地面总建筑面积在 2000m² 以上的，按照地面建筑面积的 2％～5％修建 6 级（含 6 级）以上防空地下室。依据以上规范，高层住宅建筑的地下一般都将被建设为人防设施；而对于多层住宅来讲，虽然其地下空间不要求全部建设人防设施，但受多层住宅建筑结构的限制，一般其地下也不设置机动车停车场库。因此，居住地块内的住宅建筑地下一般均不可建设地下车库。在各类设备用房方面，为了节约用地，便于附属设施的整体利用，同时也为了保障地面以上居住环境的空间品质，居住区内的各种附属设备用房（变配电房、水泵房、生活水池、消防水池等）一般都会在地下空间进行统一布置。根据国内目前的相关经验，一般情况下，一个 10 万 m² 建筑面积规模的居住地块设备用房的占地面积大约为 800m² 左右，也就是说每 1m² 的住宅仅需要 0.008m² 的设备用房，因此其对地下车库的影响可以忽略不计。在居住地块内的市政管网方面，室外管网一般埋设在小区地面以下，地下车库屋顶以上，以满足 2m 的覆土要求为前提，确保雨水管最小排水

[1] 王璇，束昱，侯学渊. 地下车库的选址与规模研究 [J]. 地下空间，1995 (1)：50-54。
[2] 陈燕萍. 居住区停车方式的选择 [J]. 建筑学报，1998 (7)：32-34。

坡度；室内管网一般吊设在地下车库一层的顶端，并在管道井处实现水平与垂直管网布置的转换。故而，市政管网的布置对地下车库在水平方向的布局没有太大影响。

综合上述分析，居住地块可用于地下车库的用地面积包含了各类公园绿地的占地面积、道路及其附属设施的占地面积、各类公共服务设施及其附属设施的占地面积以及宅旁绿地、宅间绿地等。那么，在理想状态下，地下停车库的占地面积为退让用地红线后的居住地块净用地面积减去住宅的基底面积。

4.3.3 "停车位—容积率"单因子模型构建

开发强度"值域化"的既有研究对"停车位—容积率"单因子模型已有研究成果，本研究的"停车位—容积率"单因子模型基本继承既有研究中的构建思路，但在模型构建的具体方法方面，如下限模型分析、上限模型的地下停车场总体规模分析等方面进行了修正与完善。

（1）下限模型

首先，居住地块停车位按规范要求的规划个数应不小于停车位的最少配建个数，由此得

$$P_{规} \geqslant P_{配min} \qquad (4-13)$$

式中 $P_{规}$——停车位按规范要求的规划个数；

$P_{配min}$——停车位的最少配建个数。

其次，居住地块停车位按规范要求的规划个数为住宅建筑面积与每百平方米住宅建筑面积应配建的停车位数量的乘积，由此得

$$P_{规} = Ar_{总} \times \frac{K}{100} \qquad (4-14)$$

式中 $P_{规}$——停车位按规范要求的规划个数；

$Ar_{总}$——住宅建筑面积；

K——规范要求的每百平方米住宅建筑面积应配建的停车位数量。

其中，

$$Ar_{总} = R_{车} \times S \qquad (4-15)$$

式中 $Ar_{总}$——住宅建筑面积；

$R_{车}$——停车位模型下的容积率；

S——地块的净用地面积。

将式 4-15 带入式 4-14，得

$$P_{规} = R_{车} \times S \times \frac{K}{100} \qquad (4-16)$$

式中 $P_{规}$——停车位按规范要求的规划个数；

$R_{车}$——停车位模型下的容积率；

S——地块的净用地面积；

K——规范要求的每百平方米住宅建筑面积应配建的停车位数量。

再次，因为地下停车率没有最小指标要求，所以根据居住地块内地下车库的最小总体规模限制，停车位的最少配建个数即为地下车库最小总体规模限制下的停车位个数，由此得

$$P_{配min} = P_{地下min} \tag{4-17}$$

式中　$P_{配min}$——停车位的最少配建个数；

　　　$P_{地下min}$——地下停车位的最小配建个数。

最终，将式4-17、式4-14带入式4-13，可以得到"停车位—容积率"的下限模型：

$$R_车 \geqslant \frac{100 \times P_{地下min}}{S \times K}$$

式中　$R_车$——停车位模型下的容积率；

　　　$P_{地下min}$——地下停车位的最小配建个数；

　　　S——地块的净用地面积；

　　　K——规范要求的每百平方米住宅建筑面积应配建的停车位数量。

（2）上限模型

首先，居住地块停车位按规范要求的规划个数应小于停车位的最多配建个数，由此得

$$P_规 \leqslant P_{配max} \tag{4-18}$$

式中　$P_规$——停车位按规范要求的规划个数；

　　　$P_{配max}$——停车位的最多配建个数。

其次，停车位的最多配建个数为地下停车位的最多配建个数与地下停车率最小值的商，由此得

$$P_{配max} = \frac{1}{S_{c地下车min}} P_{地下max} \tag{4-19}$$

式中　$P_{配max}$——停车位最多配建个数；

　　　$S_{c地下车min}$——最小地下停车率；

　　　$P_{地下max}$——地下停车位的最多配建个数。

其中，地下停车率为居住地块总停车率与地上停车率的差。

$$S_{c地下车min} = S_{c车} - S_{c地上车max} \tag{4-20}$$

式中　$S_{c地下车min}$——最小地下停车率；

　　　$S_{c车}$——居住地块总停车率；

　　　$S_{c地上车max}$——最大地上停车率。

$$S_{c车} = \frac{K}{100} \times Ar_户 \tag{4-21}$$

式中　$S_{c车}$——居住地块总停车率；

　　　K——规范要求的每百平方米住宅建筑面积应配建的停车位数量；

　　　$Ar_户$——户均住宅建筑面积。

将式4-21代入式4-20，得

$$S_{c地下车min} = \frac{K}{100} \times Ar_户 - S_{c地上车max} \tag{4-22}$$

式中　$S_{c地下车min}$——最小地下停车率；

　　　K——规范要求的每百平方米住宅建筑面积应配建的停车位数量；

　　　$Ar_户$——户均住宅建筑面积；

　　　$S_{c地上车max}$——最大地上停车率。

另外，根据居住地块内地下车库的最大总体规模限制，停车位的最多配建个数为地下

车库最大总体规模限制下的停车位个数，由此得

$$P_{地下max} = \frac{S_{车max}}{A_{车min}}$$ (4-23)

式中　$P_{地下max}$——地下停车位的最多配建个数；

　　　$S_{车max}$——居住地块内可建设地下车库的最大用地面积；

　　　$A_{车min}$——单个停车位的最小面积。

其中，

$$S_{车max} = S \times (1-M_L) \times (1-Mr) \times n_{库}$$ (4-24)

式中　$S_{车max}$——居住地块内可建设地下车库的最大用地面积；

　　　S——地块的净用地面积；

　　　M_L——居住地块内退让用地红线减少的不可建设地下车库的用地规模占总用地规模的比例；

　　　Mr——住宅建筑密度；

　　　$n_{库}$——地下车库的层数。

将式 4-24 代入式 4-23，得

$$P_{地下max} = \frac{S \times (1-M_L) \times (1-Mr) \times n_{库}}{A_{车min}}$$ (4-25)

式中　$P_{地下max}$——地下停车位的最多配建个数；

　　　S——地块的净用地面积；

　　　M_L——居住地块内退让用地红线减少的不可建设地下车库的用地规模占总用地规模的比例；

　　　Mr——住宅建筑密度；

　　　$n_{库}$——地下车库的层数；

　　　$A_{车min}$——单个停车位的最小面积。

再次，将式 4-25、式 4-22 代入式 4-19，得

$$P_{配max} = \frac{100 \times S \times (1-M_L) \times (1-Mr) \times n_{库}}{A_{车min} \times (K \times Ar_{户} - 100 \times S_{c地上车max})}$$ (4-26)

式中　$P_{配max}$——停车位最多配建个数；

　　　S——地块的净用地面积；

　　　M_L——居住地块内退让用地红线减少的不可建设地下车库的用地规模占总用地规模的比例；

　　　Mr——住宅建筑密度；

　　　$n_{库}$——地下车库的层数；

　　　$A_{车min}$——单个停车位的最小面积；

　　　K——规范要求的每百平方米住宅建筑面积应配建的停车位数量；

　　　$Ar_{户}$——户均住宅建筑面积；

　　$S_{c地上车max}$——最大地上停车率。

最终，将已知式 4-16 和式 4-26 代入式 4-18，可以得到"停车位—容积率"的上限模型：

$$R_{车} \leqslant \frac{10000 \times (1 - M_{L}) \times (1 - Mr) \times n_{库}}{A_{车\min} \times K \times (K \times Ar_{户} - 100 \times S_{c地上车\max})}$$

式中　$R_{车}$——停车位模型下的容积率;

　　　M_{L}——居住地块内退让用地红线减少的不可建设地下车库的用地规模占总用地规模的比例;

　　　Mr——住宅建筑密度;

　　　$n_{库}$——地下车库的层数;

　　$A_{车\min}$——单个停车位的最小面积;

　　　K——规范要求的每百平方米住宅建筑面积应配建的停车位数量;

　　　$Ar_{户}$——户均住宅建筑面积;

　$S_{c地上车\max}$——最大地上停车率。

4.3.4　模型简化与容积率值域计算

（1）容积率下限值

"停车位—容积率"的下限模型为:

$$R_{车} \geqslant \frac{100 \times P_{地下\min}}{S \times K}$$

其中,地下停车位的最小配建个数 $P_{地下\min}$、每百平方米住宅建筑面积应配建的停车位数量 K 为定值。因此,停车位模型下的容积率 $R_{车}$ 下限值为仅与地块净用地面积 S 相关的函数。

根据前文已知,$P_{地下\min} = 200$ 辆,$K = 0.8$ 车位/100m²。那么,"停车位—容积率"的下限模型可以简化为:

$$R_{车} \geqslant \frac{2.5}{S}$$

式中　$R_{车}$——停车位模型下的容积率;

　　　S——地块的净用地面积,hm²。

当地块的净用地面积 S 在 4～6hm² 变化时,$R_{车}$ 的下限区间为（0.4,0.6）。

（2）容积率上限值

"停车位—容积率"的上限模型为:

$$R_{车} \leqslant \frac{10000 \times (1 - M_{L}) \times (1 - Mr) \times n_{库}}{A_{车\min} \times K \times (K \times Ar_{户} - 100 \times S_{c地上车\max})}$$

其中,居住地块内退让用地红线减少的不可建设地下车库的用地规模占总用地规模的比例 M_{L}、单个停车位的最小面积 $A_{车\min}$、每百平方米住宅建筑面积应配建的停车位数量 K、户均住宅建筑面积 $Ar_{户}$、最大地上停车率 $S_{c地上车\max}$ 为定值。因此,停车位模型下的容积率 $R_{车}$ 上限值为与住宅建筑密度 Mr、地下车库的层数 $n_{库}$ 相关的函数。

根据前文分析,$M_{L} = 3\%$,$A_{车\min} = 25.2m²/辆$,$K = 0.8$ 车位/100m²,$Ar_{户} = 90m²/户$,$S_{c地上车\max} = 10\%$。那么,"停车位—容积率"的上限模型可以简化为:

$$R_{车} \leqslant 7.76 \times n_{库} \times (1 - Mr)$$

式中　$R_{车}$——停车位模型下的容积率;

　　　$n_{库}$——地下车库的层数;

Mr——住宅建筑密度。

一般情况下，居住地块的地下车库的层数在 2 层以内，并以 1 层为主。因此，当地下车库的层数 $n_库$＝1 层，住宅建筑密度 Mr 在 15％～33％变化时，$R_车$ 的上限区间为（5.2，6.6）；当地下车库的层数 $n_库$＝2 层，住宅建筑密度 Mr 在 15％～33％变化时，$R_车$ 的上限区间为（10.4，13.2）（表 4-11）。

停车位模型下的容积率 $R_车$ 上限值推算表   表 4-11

住宅建筑密度 Mr(％)	停车位模型下的住宅容积率 $R_车$	
	$n_库$＝1 层	$n_库$＝2 层
15	6.6	13.2
16	6.5	13.0
17	6.4	12.9
18	6.4	12.7
19	6.3	12.6
20	6.2	12.4
21	6.1	12.3
22	6.1	12.1
23	6.0	12.0
24	5.9	11.8
25	5.8	11.6
26	5.7	11.5
27	5.7	11.3
28	5.6	11.2
29	5.5	11.0
30	5.4	10.9
31	5.4	10.7
32	5.3	10.6
33	5.2	10.4

综上所述，停车位模型下住宅容积率的值域区间为下限值域区间与上限值域区间的并集，当地下车库的层数 $n_库$＝1 层时，停车位模型下住宅容积率的值域区间为（0.4，6.6）；当地下车库的层数 $n_库$＝2 层时，停车位模型下住宅容积率的值域区间为（0.4，13.2）。其中，上限值受住宅建筑密度的限制，因此具体居住地块的上限值需要根据表 4-11 予以控制。

4.4　本章小结

基于地块层面公共利益因子构建的开发强度绩效的单因子模型，为控规层面开发强度指标与住宅建筑日照因子、组团绿地因子、停车位因子配建关系"理论"合理状况下的数学模型，即地块层面单因子模型的构建不受地块层面公共利益因子当前配建状况的影响。开发强度"值域化"的既有研究对居住地块自身层面的相关单因子模型已有较为完整的研究成果。本章基本继承既有研究中单因子模型的构建思路，但在模型构建的具体方法上进行了较大修正与完善，因此研究结论与既有成果存在一定差异。住宅建筑日照因子影响下的单因子模型主要受住宅建筑日照和住宅建筑层数的影响，当住宅建筑密度 Mr 在规范限定的 $15\%\sim33\%$ 之间，住宅建筑层数 n 在 $3\sim35$ 层之间时，住宅容积率为住宅平均层数与住宅建筑密度的乘积，即 $R_{日}=n\times Mr$，这时住宅容积率 $R_{日}$ 的值域区间为 $(0.5，7.0)$。组团绿地因子影响下的单因子下限模型仅与地块用地规模 S 相关，即 $R_{绿}\geqslant\dfrac{2.4}{S}$（$S$ 单位为 hm^2）；上限模型则是基于住宅建筑日照因子模型的修正模型，可表示为与住宅平均层数 n、住宅建筑密度 Mr 相关的函数，即 $R_{绿}\leqslant\dfrac{180\times n\times Mr}{180+n}$。组团绿地模型下住宅容积率 $R_{绿}$ 的值域区间为 $(0.4，5.9)$。停车位因子影响下的单因子下限模型也仅与地块用地规模 S 相关，即 $R_{车}\geqslant\dfrac{2.5}{S}$（$S$ 单位为 hm^2）；上限模型则为与地下车库的层数 $n_{库}$、住宅建筑密度 Mr 相关的函数，即 $R_{车}\leqslant7.76\times n_{库}\times(1-Mr)$。当地下车库的层数 $n_{库}=1$ 层时，停车位模型下住宅容积率 $R_{车}$ 的值域区间为 $(0.4，6.6)$；当地下车库的层数 $n_{库}=2$ 层时，$R_{车}$ 为 $(0.4，13.2)$。

5 基于片区层面公共利益因子的开发强度 "值域化" 模型构建

5.1 小学因子

5.1.1 小学的配建要求

（1）小学的学校规模与班额

《城市普通中小学校校舍建设标准》条文说明第六条规定，城市普通中小学校的建设规模，系根据中小学学制和班额人数的规定、生源、实行最佳规模办学的程度、办学的社会效益及有利于合理确定教职工编制、便于教学管理等原则确定。《城市普通中小学校校舍建设标准》第六条规定：小学包括完全小学、九年制学校的小学部（1～6年级）。其中，完全小学为12班、18班、24班、30班，九年制学校为18班、27班、36班、45班。❶

"班额"也称为"每班学生人数"。《中小学校设计规范》（GB 50099—2011）3.0.1条规定：完全小学应为每班45人，非完全小学应为每班30人；九年制学校中1～6年级应与完全小学相同。❷

（2）小学生千人指标

小学生千人指标是确定某一区域内小学生规模的基本指标。"千人指标"指进行居住区规划设计时，用来确定配建公共建筑数量的定额指标，一般以每千居民为计算单位。小学生千人指标一般以人口普查数据为基础，通过人口出生率推测，或根据小学在校学生数推测，以每千名居民中小学生的人数来计算。目前，我国的城镇小学在校学生一般在50～80人/千人。西安市中心城区的小学在校学生数为65人/千人，考虑到出生率情况，本研究将小学生千人指标取值60人/千人。

（3）小学的生均学校用地面积与生均校舍建筑面积

在"生均学校用地面积"方面，《中小学校设计规范》（GB 50099—2011）和原《中小学校建筑设计规范》（GBJ 99—86）中的相关规定对小学的生均学校用地面积的下限予以了限定（表5-1）。❸

---

❶ 中华人民共和国教育部. 城市普通中小学校校舍建设标准 [S]. 北京：高等教育出版社，2003。

❷ 中华人民共和国住房和城乡建设部，中华人民共和国国家质量监督检验检疫总局. 中小学校设计规范 GB 50099—2011 [S]. 北京：中国建筑工业出版社，2010。

❸ 《中小学校设计规范》颁布后，《中小学校建筑设计规范》已废止，此处对《中小学校设计规范》未有新规定的内容，采用原《中小学校建筑设计规范》的规定。

相关规范中的城市普通小学校生均学校用地面积指标表　　　表 5-1

班级数量 （班）		学生人数 （人）	建筑用地 （m²）	运动场地 （m²）	绿化用地 （m²）	用地总计 （m²）	生均用地 （m²/人）
小学	12	540	3109	2728	270	6107	11.3
	18	810	4323	3636	405	8364	10.3
	24	1080	5397	4222	540	10159	9.4

在"生均校舍建筑面积"方面，《城市普通中小学校校舍建设标准》第十一条规定了小学校生均建筑面积的下限指标（表 5-2）。

城市普通小学校校舍建筑面积指标表　　　表 5-2

项目名称		规划指标（单位：m²）						
		12 班	18 班	24 班	27 班	30 班	36 班	45 班
完全小学	生均面积	10.0	8.3	7.9	—	7.2	—	—
九年制学校	生均面积	—	9.3	—	7.9	—	8.0	7.8

来源：《城市普通中小学校校舍建设标准》中表 1-2

在开发强度控制层面，就上述两个指标而言，对小学校周边居住地块的开发强度有本质影响的为"生均学校用地面积"。一般情况下，一所学校一旦建成，其用地规模较为固定，但建筑规模则有增减的可能。换言之，只要学校的"生均学校用地面积"合理，则"生均校舍建筑面积"是否合理完全可以通过增减校舍的建筑规模予以调整。因此，"生均学校用地面积"较"生均校舍建筑面积"对学校周边居住地块的开发强度具有实质影响。

（4）小学的服务层级与服务半径

根据居住区规范附录 A.0.2 条公共服务设施分级配建表，小学为小区层级应配建的公共服务设施。《城市住宅区规划原理》将居住小区用地规模限定为 10～35hm²。据此推算，小学的服务半径最小应在 150～300m。《中小学校设计规范》（GB 50099—2011）第 4.1.4 条规定："城镇完全小学的服务半径宜为 500m"；同时，其条文说明 4.1.4 条解释：学校服务半径的有关规定，旨在强调学校布局应做到小学生上学时间控制在步行 10min 左右。那么，根据人步行速度 4～6km/h 计算，小学校的服务半径最大可达到 1000m。因此，从"服务半径"角度来看，150～1000m 的小学服务半径区间完全能覆盖一般境况下任意地块形状的居住小区，而 500m 的最适宜服务半径刚好基本能完全覆盖一个完整的居住小区。

（5）小区层面小学用地面积的千人指标

居住区规范 6.0.3 条中的表 6.0.3 规定了居住区配套公建的千人总指标和分类指标。小区级公建用地面积的千人总指标为 1491～4585m²/千人。其中，小区级教育设施的用地面积指标为 700～2400m²/千人，约占小区级公建用地面积千人总指标的 47%～52%。根据居住区规范附录 A.0.2 条公共服务设施分级配建表，小区层面应配置的教育设施包括托儿所、幼儿园、小学。因此，上述教育指标包含了托儿所、幼儿园、小学三项小区级教育设施用地面积的千人指标。那么，小学学校用地面积的千人指标则需要根据上述三项教育设施的学生数量千人指标（千人中的小学生人数和千人中入托幼的婴幼儿人数）和生均学校用地面积指标分析确定。

在小区级教育设施中，托儿所和幼儿园承担的是"幼儿教育"。"幼儿教育"是指从出生到入小学之前对婴幼儿进行的教育，或称"学前教育"、"早期教育"。接纳不足3岁幼儿的为托儿所，接纳3～6岁幼儿的为幼儿园。目前，我国的托儿所千人指标为8～10人/千人，幼儿园的千人指标为12～15人/千人，总计接受"幼儿教育"的婴幼儿千人指标约为20～25人/千人。同时，根据居住区规范附表A.0.3条公共服务设施各项目的设置规定：托儿所、幼儿园的生均用地面积分别不小于$7m^2$/人、$9m^2$/人。而当前我国小学生的千人指标约为50～80人/千人，生均学校用地面积为不小于$9.4m^2$/人。由此可见，小学与托儿所、幼儿园的生均学校用地面积的下限值十分接近，若假设它们的生均学校用地面积相同，则小学学校用地面积的千人指标仅受学生数量千人指标影响。即，可通过小学生千人指标占小学、托儿所、幼儿园三者学生数量千人指标的比例，确定上述小区级教育指标中小学学校用地面积的千人指标。通过计算，小学生千人指标占学生数量千人指标的比例约为70%左右。因此，小区层面小学的学校用地面积千人指标为490～$1680m^2$/千人，约占小区级公建用地面积千人总指标的33%～37%。

5.1.2 "小学—容积率"单因子模型构建的基本思路

（1）基本思路

根据居住区规范条文说明1.0.3条的论述，居住区内公共服务设施配置水平的主要依据是人口（户）规模。因此，"小学—容积率"单因子模型构建的基本思路应是保证小学服务半径内（居住小区内）小学生的总数量与小学可容纳学生的总数量相匹配，即小学服务半径内小学生的下限总量至少能支撑一所最小规模的完全小学，上限总量不突破小学学校用地所能容纳的最大学生数量。其中，小学服务半径内（居住小区内）小学生的总数量，应通过小学服务半径内居住地块的总规模（居住小区内居住地块的总规模可视为居住小区住宅用地的总规模）来确定；小学可容纳学生的总数量应通过小学的学校用地规模来确定。然而，居住小区内居住地块和小学的用地布局往往是由上层面规划的土地使用布局决定的，它们的用地规模既有可能刚好达到或突破了相关规范要求的上下限，也有可能在相关规范要求的上下限区间之内。因此，上述"小学—容积率"单因子模型的构建应分为两种情况予以讨论。

1）现实状况，即在小学服务半径内居住地块和小学的用地规模为现实情况的状况下构建模型。在这一状况下，构建的"小学—容积率"单因子模型为实效模型，其中采用的居住地块和小学的用地规模以现实状况调查统计的结果为准。

2）理想状况，即在小学服务半径内居住地块和小学的用地规模达到规范要求极限规模的状况下构建模型。在这一状况下，构建的"小学—容积率"单因子模型为理论模型，其中采用的居住地块和小学的用地规模以相关规范要求的上下限为准。如，小学的学校用地总规模可以通过"小区层面小学用地面积千人指标"进行测算。

总之，以实效模型和理论模型进行开发强度绩效的分析，一方面，是为了避免土地使用布局层面居住区各类用地的用地规模与配比情况对居住地块开发强度绩效的影响；另一方面，是为了探讨期望绩效下的开发强度值域化。就第一方面来说，当已建居住地块的现状住宅容积率突破了实效模型下地块容积率的值域区间，但未突破理论模型下的值域区间时，未来可以通过城市更新提高小学的配建用地规模的方法来解决实效模型下居住地块开发强度绩效的问题；但是，当已建居住地块的现状住宅容积率突破了理想模型下地块容积率的值域区间时，即使未来通过城市更新在规范要求的范围内最大限度地提高居住区内小学的配建用地规模，已建居住地块开发强度的绩效仍不合理。就第二方面来说，在不清楚居住地块所在片区的土地使用布局情况时，期望绩效下居住地块的开发强度值域区间则需要通过理想模型确定。

（2）模型限定

1）假定小学均为完全小学。

2）假定小学的适宜服务半径对应的用地规模就是居住小区的规模。小学的服务半径宜为500m，据此测算，一所小学服务半径能够覆盖的居住用地规模可能会超出居住小区的一般规模（10～35hm²）。因此，"小学—容积率"单因子模型假定小学服务半径对应的用地规模就是居住小区的规模。

3）假定小学适宜服务半径内的小学生完全就近入学，各小学不存在"择校生"。一般情况下，各城市均按学校的适宜服务半径划分学区，在本学区以外就读的学生称为"择校生"。根据《义务教育法》及其他相关法律法规确定的中小学生"就近入学"原则，全国多地已出台相关规定限制中小学的择校生比例。如江苏省要求小学择校生比例控制在10%以下，浙江省及安徽省的部分地区要求小学择校生比例不得超过5%。陕西省《关于印发〈陕西省治理义务教育阶段择校乱收费实施方案〉的通知》（陕教监［2012］2号）规定：陕西各地2012年开始需将义务教育学校择校生比例控制在20%以下，2015年减少到10%以下。根据上述规定，小学的择校生比例未来不会很高，同时应越低越好。那么，在"小学—容积率"单因子模型中，为推算出居住地块最大的容积率值域区间，就应首先确保居住地块所在区域的小学完全为本区域服务。因此，"小学—容积率"单因子模型假定各居住地块内的小学生完全就近入学，各小学不存在"择校生"。

4）若一个服务半径内有多所小学，则假定它们为集中布局。从居住小区公共服务设施的配建指标和一所小学的最大学校规模来看，一个服务半径内，居住小区用地的小学学校用地总规模可能需要有多所小学作为支撑，所以"小学—容积率"单因子模型假定若一个服务半径内有多所小学时，这多所小学集中布局在服务半径中心，以此不造成一个服务半径的扩大。

5）假定小学服务半径内居住地块的开发强度受小学的均等影响，即"小学—容积率"单因子模型下同一小学服务半径内的每个居住地块的容积率是相同的。在现实情况中，受微观经济学因素和其他因素的影响，小学服务半径内的每个居住地块的开发强度都不尽相同。但是，为了实现开发强度的数理测算，"小学—容积率"单因子模型假定小学服务半径内的所有居住地块都不受微观经济学因素和其他因素的影响，对应的住宅容积率指标均相同。

6）理想模型中，假定小学服务半径内每个居住地块的用地规模相同。

5.1.3 "小学—容积率"单因子实效模型构建

（1）下限模型

根据"小学—容积率"单因子实效模型构建的基本思路，小学服务半径内的现状小学生规模应不小于小学服务半径内规范限定的最少小学生规模，由此得

$$N_{现}^{小} \geqslant N_{规min}^{小} \qquad (5-1)$$

式中　$N_{现}^{小}$——小学服务半径内的现状小学生规模；

　　　$N_{规min}^{小}$——规范限定的最少小学生规模。

　　首先，小学服务半径内的现状小学生规模为小学服务半径内总居住人口与小学生千人指标的乘积，由此得

$$N_{现}^{小} = N_{总小} \times \frac{\beta}{1000} \qquad (5-2)$$

式中　$N_{现}^{小}$——小学服务半径内的现状小学生规模；

　　　$N_{总小}$——小学服务半径内的总居住人口；

　　　β——小学生千人指标。

　　其次，

$$N_{总小} = \frac{Ar_{总小}}{A_{人}} \qquad (5-3)$$

式中　$N_{总小}$——小学服务半径内的总居住人口；

　　　$Ar_{总小}$——小学服务半径内的总住宅建筑面积；

　　　$A_{人}$——人均住宅建筑面积。

　　其中，因为已假定小学服务半径内所有居住地块的容积率相同，所以小学服务半径内的总居住人口为小学模型下的容积率与小学服务半径内的居住地块总用地面积的乘积，由此得

$$Ar_{总小} = R_{小} \times S_{总小} \qquad (5-4)$$

式中　$Ar_{总小}$——小学服务半径内的总住宅建筑面积；

　　　$R_{小}$——小学模型下的容积率；

　　　$S_{总小}$——小学服务半径内的居住地块总用地面积。

$$S_{总小} = \Sigma S \qquad (5-5)$$

式中　$S_{总小}$——小学服务半径内的居住地块总用地面积；

　　　S——单个地块的净用地面积。

　　将式5-5、式5-4、式5-3代入式5-2，得

$$N_{现}^{小} = \frac{R_{小} \times \Sigma S \times \beta}{1000 \times A_{人}} \qquad (5-6)$$

式中　$N_{现}^{小}$——小学服务半径内的现状小学生规模；

　　　$R_{小}$——小学模型下的容积率；

　　　S——单个地块的净用地面积；

　　　β——小学生千人指标；

　　　$A_{人}$——人均住宅建筑面积。

　　再次，当小学服务半径内的每所小学校都为学校最小规模时，小学服务半径内的小学生规模最小，由此得

$$N_{规min}^{小} = n_{班min} \times N_{班} \times n_{小} \qquad (5-7)$$

式中　$N_{规min}^{小}$——规范限定的最少小学生规模；

　　　$n_{班min}$——一所小学校的最小学校规模，即最少班数；

　　　$N_{班}$——小学班额，即每班学生人数；

$n_小$——小学服务半径内的小学校个数。

最终，将式5-7、式5-6代入式5-1，可以得到"小学—容积率"的下限实效模型：

$$R_小 \geqslant \frac{1000 \times A_人 \times n_{班min} \times N_班 \times n_小}{\Sigma S \times \beta}$$

式中 $R_小$——小学模型下的容积率；

$A_人$——人均住宅建筑面积；

$n_{班min}$——一所小学校的最小学校规模，即最少班数；

$N_班$——小学班额，即每班学生人数；

$n_小$——小学服务半径内的小学校个数；

S——单个地块的净用地面积；

β——小学生千人指标。

（2）上限模型

根据"小学—容积率"单因子实效模型构建的基本思路，小学服务半径内的现状小学生规模应不大于小学服务半径内规范限定的最大小学生规模，由此得

$$N_现^小 \leqslant N_{规max}^小 \tag{5-8}$$

式中 $N_现^小$——小学服务半径内的现状小学生规模；

$N_{规max}^小$——小学服务半径内规范限定的最大小学生规模。

其中，小学服务半径内规范限定的最大小学生规模为小学服务半径内的小学校总学校用地规模与小学最小生均学校用地规模的商，由此得

$$N_{规max}^小 = \frac{S_{小总}}{S_{人小min}} \tag{5-9}$$

式中 $N_{规max}^小$——小学服务半径内规范限定的最大小学生规模；

$S_{小总}$——小学服务半径内小学的总学校用地规模；

$S_{人小min}$——小学最小生均学校用地面积。

$$S_{小总} = \Sigma S_小 \tag{5-10}$$

式中 $S_{小总}$——小学服务半径内小学的总学校用地规模；

$S_小$——小学服务半径内单个小学的学校用地规模。

将式5-10代入式5-9，得

$$N_{规max}^小 = \frac{\Sigma S_小}{S_{e小min}} \tag{5-11}$$

式中 $N_{规max}^小$——小学服务半径内规范限定的最大小学生规模；

$S_小$——小学服务半径内单个小学的学校用地规模；

$S_{e小min}$——小学最小生均学校用地面积。

最终，因为$N_现^小$的式5-6已知，所以将式5-11和式5-6代入式5-8，可以得到"小学—容积率"的上限实效模型：

$$R_小 \leqslant \frac{1000 \times A_人 \times \Sigma S_小}{S_{e小min} \times \beta \times \Sigma S}$$

式中 $R_小$——小学模型下的容积率；

$A_人$——人均住宅建筑面积；

$S_小$——小学服务半径内的小学学校用地规模；

$S_{e\text{小min}}$——小学最小生均学校用地面积；

β——小学生千人指标；

S——单个地块的净用地面积。

5.1.4 "小学—容积率"单因子理论模型构建

（1）下限模型

根据"小学—容积率"单因子理论模型构建的基本思路，小学服务半径内规划的最少小学生规模应不小于规范限定的一所小学最小学校规模，由此得

$$N_{\text{配min}}^{\text{小}} \geqslant N_{\text{规min}}^{\text{小}} \tag{5-12}$$

式中　$N_{\text{配min}}^{\text{小}}$——小学服务半径内的最少小学生规模；

$N_{\text{规min}}^{\text{小}}$——规范限定的最少小学生规模。

首先，小学服务半径内规划的最少小学生规模为小学服务半径内最小总居住人口与小学生千人指标的乘积，由此得

$$N_{\text{配min}}^{\text{小}} = N_{\text{总小min}} \times \frac{\beta}{1000} \tag{5-13}$$

式中　$N_{\text{配min}}^{\text{小}}$——小学服务半径内的最少小学生规模；

$N_{\text{总小min}}$——小学服务半径内的最小总居住人口；

β——小学生千人指标。

其中，因为已假定小学服务半径内所有居住地块的用地规模和住宅容积率相同，所以小学服务半径内每个地块的总住宅建筑面积、人口规模均相同。那么，小学服务半径内的最少小学生规模为单个地块内的人口规模与小学服务半径内居住地块的最少个数的乘积，由此得

$$N_{\text{总小min}} = N \times n_{\text{区min}} \tag{5-14}$$

式中　$N_{\text{配min}}^{\text{小}}$——小学服务半径内的最少小学生规模；

N——单个地块内的人口规模；

$n_{\text{区min}}$——小学服务半径内居住地块的最少个数。

$$N = \frac{R_{\text{小}} \times S}{A_{\text{人}}} \tag{5-15}$$

式中　N——单个地块内的人口规模；

$R_{\text{小}}$——小学模型下的容积率；

$A_{\text{人}}$——人均住宅建筑面积；

S——单个地块的净用地面积。

因为居住小区内居住地块的总规模可视为居住小区住宅用地的总规模，所以居住小区内居住地块的最小总用地规模为小学服务范围辐射的用地规模与小区中住宅用地占居住用地的最小比例的乘积。那么，小学服务半径内居住地块的最少个数为居住地块的最小总用地规模与单个居住地块用地规模的商，由此得

$$n_{\text{区min}} = \frac{S_{r\text{小}} \times S_{C\text{房min}}}{S} \tag{5-16}$$

式中　$n_{\text{区min}}$——小学服务半径内居住地块的最少个数；

$S_{r小}$——小学服务范围辐射的用地规模；

$S_{C房min}$——小区中住宅用地占居住用地的最小比例；

S——单个地块的净用地面积。

因为已假定小学的适宜服务半径对应的用地规模就是居住小区的规模，所以有：

$$S_{r小} = \pi r_{小}^2 \tag{5-17}$$

式中 $S_{r小}$——小学服务范围辐射的用地规模；

π——圆周率；

$r_{小}$——小学最适宜的服务半径。

将式 5-17、式 5-16、式 5-15 综合后代入式 5-14，得

$$N_{总小min} = \frac{R_{小} \times \pi r_{小}^2 \times S_{c房min}}{A_{人}} \tag{5-18}$$

式中 $N_{配min}^{小}$——小学服务半径内的最少小学生规模；

$R_{小}$——小学模型下的容积率；

π——圆周率；

$r_{小}$——小学最适宜的服务半径；

$S_{c房min}$——小区中住宅用地占居住用地的最小比例；

$A_{人}$——人均住宅建筑面积。

将式 5-18 代入式 5-13，得

$$N_{配min}^{小} = \frac{R_{小} \times \pi r_{小}^2 \times S_{c房min} \times \beta}{1000 \times A_{人}} \tag{5-19}$$

式中 $N_{配min}^{小}$——小学服务半径内的最少小学生规模；

$R_{小}$——小学模型下的容积率；

π——圆周率；

$r_{小}$——小学最适宜的服务半径；

$S_{c房min}$——小区中住宅用地占居住用地的最小比例；

β——小学生千人指标；

$A_{人}$——人均住宅建筑面积。

其次，规范限定的一所小学最小学校规模为一所小学最少的班级数，由此得

$$N_{规min}^{小} = n_{班min} \times N_{班} \tag{5-20}$$

式中 $N_{规min}^{小}$——规范限定的最少小学生规模；

$n_{班min}$——一所小学最少的班级数；

$N_{班}$——小学每个班级的学生数。

最终，将式 5-20、式 5-19 代入式 5-12，可以得到"小学—容积率"的下限理论模型：

$$R_{小} \geqslant \frac{1000 \times A_{人} \times n_{班min} \times N_{班}}{\beta \times \pi r_{小}^2 \times S_{c房min}}$$

式中 $R_{小}$——小学模型下的容积率；

$A_{人}$——人均住宅建筑面积；

$n_{班min}$——一所小学最少的班级数；

$N_{班}$——小学每个班级的学生数；

β——每千人小学生数；

π——圆周率；

$r_{小}$——小学最适宜的服务半径；

$S_{c房min}$——小区中住宅用地占居住用地的最小比例。

（2）上限模型

根据"小学—容积率"单因子理论模型构建的基本思路，小学服务半径内的最大小学生规模应不大于小学服务半径内规范限定的最大小学生规模，由此得

$$N_{配max}^{小} \leqslant N_{规max}^{小} \tag{5-21}$$

式中　$N_{配max}^{小}$——小学服务半径内的最大小学生规模；

$N_{规max}^{小}$——规范限定的小学服务半径内最大小学生规模。

首先，小学服务半径内规划的最大小学生规模为小学服务半径内最大总居住人口与小学生千人指标的乘积，由此得

$$N_{配max}^{小} = N_{总小max} \times \frac{\beta}{1000} \tag{5-22}$$

式中　$N_{配max}^{小}$——小学服务半径内的最大小学生规模；

$N_{总小max}$——小学服务半径内的最大总居住人口；

β——小学生千人指标。

其中，因为已假定小学服务半径内所有居住地块的用地规模和住宅容积率相同，所以小学服务半径内每个地块的总住宅建筑面积、人口规模均相同。那么，小学服务半径内的最大小学生规模为单个地块内的人口规模与小学服务半径内居住地块的最多个数的乘积，由此得

$$N_{总小max} = N \times n_{区max} \tag{5-23}$$

式中　$N_{总小max}$——小学服务半径内的最大总居住人口；

N——单个地块内的人口规模；

$n_{区max}$——小学服务半径内居住地块的最多个数。

$$N = \frac{R_{小} \times S}{A_{人}} \tag{5-24}$$

式中　N——单个地块内的人口规模；

$R_{小}$——小学模型下的容积率；

$A_{人}$——人均住宅建筑面积；

S——单个地块的净用地面积。

因为居住小区内居住地块的总规模可视为居住小区住宅用地的总规模，所以居住小区内居住地块的最大总用地规模为小学服务范围辐射的用地规模与小区中住宅用地占居住用地的最大比例的乘积。那么，小学服务半径内居住地块的最多个数为居住地块的最大总用地规模与单个居住地块用地规模的商，由此得

$$n_{区max} = \frac{S_{r小} \times S_{c房max}}{S} \tag{5-25}$$

式中　$n_{区max}$——小学服务半径内居住地块的最多个数；

$S_{r小}$——小学服务范围辐射的用地规模；

$S_{c房max}$——小区中住宅用地占居住用地规模的最大比例；

S——单个地块的净用地面积。

$$S_{r小} = \pi r_{小}^2 \qquad (5\text{-}26)$$

式中　$S_{r小}$——小学服务范围辐射的用地规模；

　　　π——圆周率；

　　　$r_{小}$——小学最适宜的服务半径。

将式5-26、式5-25、式5-24综合后代入式5-23得，

$$N_{总小max} = \frac{R_{小} \times \pi r_{小}^2 \times S_{c房max}}{A_{人}} \qquad (5\text{-}27)$$

式中　$N_{总小max}$——小学服务半径内的最大总居住人口；

　　　$R_{小}$——小学模型下的容积率；

　　　π——圆周率；

　　　$r_{小}$——小学最适宜的服务半径；

　　　$S_{c房max}$——小区中住宅用地占居住用地规模的最大比例；

　　　$A_{人}$——人均住宅建筑面积。

然后，将式5-27代入式5-22，得

$$N_{配max}^{小} = \frac{R_{小} \times \pi r_{小}^2 \times S_{c房max} \times \beta}{1000 \times A_{人}} \qquad (5\text{-}28)$$

式中　$N_{总小max}$——小学服务半径内的最大总居住人口；

　　　$R_{小}$——小学模型下的容积率；

　　　π——圆周率；

　　　$r_{小}$——小学最适宜的服务半径；

　　　$S_{c房max}$——小区中住宅用地占居住用地规模的最大比例；

　　　β——小学生千人指标；

　　　$A_{人}$——人均住宅建筑面积。

其次，规范限定的小学服务半径内的最大小学生规模为小区层面小学的最大用地规模与最少小学生人均用地面积的商，由此得

$$N_{规max}^{小} = \frac{S_{c小max}}{S_{e小min}} \qquad (5\text{-}29)$$

式中　$N_{规max}^{小}$——规范限定的小学服务半径内最大小学生规模；

　　　$S_{c小max}$——规范限定的小区级教育设施中小学的最大学校用地规模；

　　　$S_{e小min}$——小学最小生均学校用地面积。

其中，规范限定的小区级教育设施中的小学最大学校用地规模为：小学服务范围辐射的用地规模与小区中小区级公建用地占居住用地规模的最大比例及小区层面小学的总学校用地规模占小区级公建用地规模的最大比例的乘积，由此得

$$S_{c小max} = S_{r小} \times S_{c公max} \times S_{c小max} \qquad (5\text{-}30)$$

式中　$S_{c小max}$——规范限定的小区级教育设施中小学的最大学校用地规模；

　　　$S_{r小}$——小学服务范围辐射的用地规模；

　　　$S_{c公max}$——小区中小区级公建用地占居住用地规模的最大比例；

　　　$S_{c小max}$——小区层面小学的总学校用地规模占小区级公建用地规模的最大比例。

已知 $S_{r小}$（式 5-26），将式 5-26 代入式 5-30，然后将结果再代入式 5-30 得，

$$N_{规max}^{小} = \frac{\pi r_{小}^2 \times S_{c公max} \times S_{c小max}}{S_{e小min}} \tag{5-31}$$

式中　$N_{规max}^{小}$——规范限定的小学服务半径内最大小学生规模；

　　　　π——圆周率；

　　　　$r_{小}$——小学最适宜的服务半径；

　　　　$S_{c公max}$——小区中小区级公建用地占居住用地规模的最大比例；

　　　　$S_{c小max}$——小区层面小学的总学校用地规模占小区级公建用地规模的最大比例；

　　　　$S_{e小min}$——小学最小生均学校用地面积。

最终，将式 5-31、式 5-28 代入式 5-21，可以得到"小学—容积率"的上限理论模型：

$$R_{小} \leqslant \frac{1000 \times A_{人} \times S_{c公max} \times S_{c小max}}{\beta \times S_{c房max} \times S_{e小min}}$$

式中　$R_{小}$——小学模型下的容积率；

　　　　$A_{人}$——人均住宅建筑面积；

　　$S_{c公max}$——小区中小区级公建用地占居住用地规模的最大比例；

　　$S_{c小max}$——小区层面小学的总学校用地规模占小区级公建用地规模的最大比例；

　　　　β——每千人小学生数；

　　$S_{c房max}$——小区中住宅用地占居住用地规模的最大比例；

　　$S_{e小min}$——小学最小生均学校用地面积。

5.1.5　模型简化与容积率值域计算

（1）实效模型的简化

"小学—容积率"的下限实效模型为：

$$R_{小} \geqslant \frac{1000 \times A_{人} \times n_{班min} \times N_{班} \times n_{小}}{\Sigma S \times \beta}$$

其中，人均住宅建筑面积 $A_{人}$、一所小学校的最少班数 $n_{班min}$、小学班额 $N_{班}$、小学生千人指标 β 均为定值。因此，小学实效模型下的容积率下限值为与小学服务半径内的小学校个数 $n_{小}$ 和所有居住地块的用地面积 ΣS 相关的函数。

根据前文已知，$A_{人} = 30\text{m}^2/\text{人}$，$n_{班min} = 12$ 班，$N_{班} = 45$ 人，$\beta = 60$ 人/千人。那么，"小学—容积率"的下限实效模型可以简化为：

$$R_{小} \geqslant \frac{27 \times n_{小}}{\Sigma S}$$

式中　$R_{小}$——小学模型下的容积率；

　　　　$n_{小}$——小学服务半径内的小学校个数；

　　　　S——单个地块的净用地面积，hm^2。

"小学—容积率"的上限实效模型为：

$$R_{小} \leqslant \frac{1000 \times A_{人} \times \Sigma S_{小}}{S_{e小min} \times \beta \times \Sigma S}$$

其中，人均住宅建筑面积 $A_{人}$、小学最小生均学校用地面积 $S_{e小min}$、小学生千人指标 β 均为定值。因此，小学实效模型下的容积率上限值为与一个小学服务半径内的所有小学总

用地规模 $\Sigma S_{小}$ 和所有居住地块的用地规模 ΣS 相关的函数。

根据前文已知，$A_人＝30m^2/人$，$S_{e小min}＝9.4m^2/人$，$\beta＝60$ 人/千人。那么，"小学—容积率"的上限实效模型可以简化为：

$$R_小 \leqslant \frac{53.19 \times \Sigma S_小}{\Sigma S}$$

式中　$R_小$——小学模型下的容积率；

　　　$S_小$——小学服务半径内的小学学校用地规模；

　　　S——单个地块的净用地面积，hm^2。

（2）理论模型下的容积率值域计算

"小学—容积率"的下限理论模型为：

$$R_小 \geqslant \frac{1000 \times A_人 \times n_{班min} \times N_班}{\beta \times \pi r_小^2 \times S_{c房min}}$$

根据前文已知，人均住宅建筑面积 $A_人＝30m^2/人$，一所小学最少的班级数 $n_{班min}＝12$ 班，小学班额 $N_班＝45$ 人，每千人小学生数 $\beta＝60$ 人/千人，小学最适宜的服务半径 $r_小＝500m$，小区中住宅用地占居住用地规模的最小比例 $S_{c房min}＝55\%$。将上述数据代入"小学—容积率"的下限理论模型，得 $R_小 \geqslant 0.6$。因此，小学理论模型下的容积率下限值为 0.6。

"小学—容积率"的上限理论模型为：

$$R_小 \leqslant \frac{1000 \times A_人 \times S_{c公max} \times S_{c小max}}{\beta \times S_{c房max} \times S_{e小min}}$$

根据前文已知，人均住宅建筑面积 $A_人＝30m^2/人$；根据居住区规范表 3.0.2（居住区用地平衡控制指标），小区中小区级公建用地占居住用地的最大比例 $S_{c公max}＝22\%$；在人口规模一定的情况下，小区层面小学的总学校用地规模占小区级公建用地规模的最大比例 $S_{c小max}$，与小区层面小学的总学校用地面积千人指标占小区级公建用地面积千人总指标的比例相同，即 $S_{c小max}＝37\%$；小学生千人指标 $\beta＝60$ 人/千人；根据居住区规范表 3.0.2（居住区用地平衡控制指标），小区中住宅用地占居住用地的最大比例 $S_{c房max}＝65\%$；小学最小生均学校用地面积 $S_{e小min}＝9.4m^2/人$。将上述数据代入"小学—容积率"的上限理论模型，得 $R_小 \leqslant 6.7$。因此，小学理论模型下的容积率上限值为 6.7。

综上所述，在理想状况下，即在小学服务半径内居住地块和小学的用地规模均达到规范要求极限规模的状况下，小学理论模型下的容积率值域区间为（0.6，6.7）。

5.2　中学因子

5.2.1　中学的配建要求

（1）中学的学校规模与班额

《城市普通中小学校校舍建设标准》第六条规定：中学包括九年制学校的初中部（7～9 年级）、初级中学、完全中学、高级中学。其中，九年制学校为 18 班、27 班、36 班、45 班，初级中学为 12 班、18 班、24 班、30 班，完全中学为 18 班、24 班、30 班、36 班，高级中学为 18 班、24 班、30 班、36 班。

《中小学校设计规范》（GB 50099—2011）3.0.1 条规定中学的"班额"，即"每班学生人数"为：完全中学、初级中学、高级中学应为每班 50 人；九年制学校中 7～9 年级应与初级中学相同。

（2）中学生千人指标

中学生千人指标是确定某一区域内中学生规模的基本指标，以每千居民为计算单位。其中，包括初中生千人指标和高中生千人指标。目前，我国的城镇初中生千人指标一般在 30～50 人/千人，高中生千人指标一般在 20～40 人/千人。西安市中心城区的中学在校学生数为 58 人/千人。考虑到出生率情况，并考虑未来高中教育普及的需要，本研究将中学生千人指标取值 60 人/千人。其中，初中生千人指标为 35 人/千人，高中生千人指标为 25 人/千人。

（3）中学的生均学校用地面积与生均校舍建筑面积

在"生均学校用地面积"方面，《中小学校设计规范》（GB 50099—2011）和原《中小学校建筑设计规范》（GBJ 99—86）中的相关规定对中学生均学校用地面积的下限予以了限定（表 5-3）。在"生均校舍建筑面积"方面，《城市普通中小学校校舍建设标准》第十一条规定了中学生均建筑面积的下限指标（表 5-4）。与小学情况类似，在开发强度控制层面，就上述两个指标而言，对中学周边居住地块的开发强度有本质影响为"生均学校用地面积"。

相关规范中的城市普通中学校生均学校用地面积指标表　　表 5-3

班级数量 （班）	学生人数 （人）	建筑用地 （m²）	运动场地 （m²）	绿化用地 （m²）	用地总计 （m²）	生均用地 （m²/人）
中学 18	900	5515	3926	900	10341	11.5
24	1200	7258	4512	1200	12970	10.8
30	1500	8582	5106	1500	15188	10.1

城市普通中学校校舍建筑面积指标表　　表 5-4

项目名称		规划指标（单位：m²）						
		12 班	18 班	24 班	27 班	30 班	36 班	45 班
九年制学校	生均面积	—	9.3	—	7.9	—	8.0	7.8
初级中学	生均面积	11.4	10.1	9.8	—	9.0	—	—
完全中学	生均面积	—	10.3	9.9	—	9.1	8.8	—
高级中学	生均面积	—	10.4	10.0	—	9.2	8.9	—

来源：《城市普通中小学校校舍建设标准》中表 1-2

（4）中学的服务层级与服务半径

根据居住区规范附录 A.0.2 条公共服务设施分级配建表，中学为居住区层级应配建的公共服务设施。《城市住宅区规划原理》将居住区用地规模限定为 50～100hm²。据此推算，中学的服务半径最小应在 230～500m。《中小学校设计规范》（GB 50099—2011）第 4.1.4 条规定："城镇初级中学的服务半径宜为 1000m"；同时，其条文说明 4.1.4 条解释：学校服务半径的有关规定，旨在强调学校布局应做到中学生上学控制在步行 15～20min 左右。那么，根据人步行速度 4～6km/h 计算，中学的服务半径最大可达到 2000m。因此，从"服务半径"角度来看，2000m 的中学服务半径区间完全能覆盖一般境况下任意地块形状的居住区，而 1000m 的最适宜服务半径刚好基本能完全覆盖一个完整的居住区。

（5）居住区层面中学用地面积的千人指标

居住区规范 6.0.3 条中的表 6.0.3 规定了居住区配套公建的千人总指标和分类指标。居住区级公建用地面积的千人总指标为 2762～6329㎡/千人。其中，居住区级教育设施的用地面积千人指标为 1000～2400㎡/千人，约占居住区级公建用地面积千人总指标的 36%～38%。根据居住区规范附录 A.0.2 条公共服务设施分级配建表，居住区层面应配置的教育设施即为中学。因此，居住区级教育设施用地面积千人指标就是中学用地面积的千人指标。

5.2.2 "中学—容积率"单因子模型构建的基本思路

（1）基本思路

根据居住区规范条文说明 1.0.3 条的论述，居住区内公共服务设施配置水平的主要依据是人口（户）规模。因此，"中学—容积率"单因子模型构建的基本思路与小学相同，也应是保证中学服务半径内（居住区内）中学生的总数量与中学可容纳学生的总数量相匹配，即中学服务半径内中学生的下限总量至少能支撑一所最小规模的完全中学，上限总量不突破居住区用地中中学学校用地所能容纳的最大学生数量。因此，"中学—容积率"单因子模型的构建也应分为现实状况、理想状况两种情况予以讨论，两种情况下中学模型的具体构建思路、模型使用方法及目的均与小学的相同，所以关于两种情况下中学模型的构建思路在此就不再赘述。

（2）模型限定

1）假定中学均为完全中学。考虑到未来高中教育的普及化需求及义务教育向高中扩展的需要，本研究将初中教育与高中教育以完全中学的形式一并考虑。

2）假定中学的适宜服务半径对应的用地规模就是居住区的规模。中学的服务半径宜为 1000m，据此测算，一所中学服务半径能够覆盖的居住用地规模可能会超出居住区的一般规模（50-100hm²）。因此，"中学—容积率"单因子模型假定中学服务半径对应的用地规模就是居住区的规模。

3）假定中学适宜服务半径内的中学生完全就近入学，各中学不存在"择校生"。2013年，教育部等五部门联合发布的《关于 2013 年规范教育收费治理教育乱收费工作的实施意见》规定：各地公办高中择校生比例不得超过 20%。而初中，陕西省则规定择校生比例应控制在 10% 以下。根据上述规定，中学的择校生比例未来不会很高，同时应越低越好。那么，在"中学—容积率"单因子模型中，为推算出居住地块最大的容积率值域区间，就应首先确保居住地块所在区域的中学完全为本区域服务。因此，"中学—容积率"单因子模型假定各居住地块内的中学生完全就近入学，各中学不存在"择校生"。

4）若一个服务半径内有多所中学，则假定它们为集中布局。

5）假定中学服务半径内居住地块的开发强度受中学的均等影响，即"中学—容积率"单因子模型下同一中学服务半径内的每个居住地块的容积率是相同的。

6）理想模型中，假定中学服务半径内每个居住地块的用地规模相同。

5.2.3 "中学—容积率"单因子实效模型构建

（1）下限模型

根据"中学—容积率"单因子实效模型构建的基本思路，中学服务半径内的现状中学

生规模应不小于中学服务半径内规范限定的最小中学生规模，由此得

$$N_{现}^{中} \geqslant N_{规min}^{中} \tag{5-32}$$

式中　$N_{现}^{中}$——中学服务半径内的现状中学生规模；

　　　$N_{规min}^{中}$——规范限定的最小中学生规模。

首先，中学服务半径内的现状中学生规模为中学服务半径内总居住人口与中学生千人指标的乘积，由此得

$$N_{现}^{中} = N_{总中} \times \frac{\gamma}{1000} \tag{5-33}$$

式中　$N_{现}^{中}$——中学服务半径内的现状中学生规模；

　　　$N_{总中}$——中学服务半径内的总居住人口；

　　　γ——中学生千人指标。

其次，

$$N_{总中} = \frac{Ar_{总中}}{A_{人}} \tag{5-34}$$

式中　$N_{总中}$——中学服务半径内的总居住人口；

　　　$Ar_{总中}$——中学服务半径内的总住宅建筑面积；

　　　$A_{人}$——人均住宅建筑面积。

其中，因为已假定中学服务半径内所有居住地块的容积率相同，所以以中学服务半径内的总居住人口为中学模型下的容积率与中学服务半径内的居住地块总用地面积的乘积，由此得

$$Ar_{总中} = R_{中} \times S_{总中} \tag{5-35}$$

式中　$Ar_{总中}$——中学服务半径内的总住宅建筑面积；

　　　$R_{中}$——中学模型下的容积率；

　　　$S_{总中}$——中学服务半径内的居住地块总用地面积。

$$S_{总中} = \Sigma S \tag{5-36}$$

式中　$S_{总中}$——中学服务半径内的居住地块总用地面积；

　　　S——单个地块的净用地面积。

将式 5-36、式 5-35、式 5-34 代入式 5-33，得

$$N_{现}^{中} = \frac{R_{中} \times \Sigma S \times \gamma}{1000 \times A_{人}} \tag{5-37}$$

式中　$N_{现}^{中}$——中学服务半径内的现状中学生规模；

　　　$R_{中}$——中学模型下的容积率；

　　　S——单个地块的净用地面积；

　　　γ——中学生千人指标；

　　　$A_{人}$——人均住宅建筑面积。

再次，当中学服务半径内的每所中学都为学校最小规模时，中学服务半径内规范限定的中学生规模最小，由此得

$$N_{规min}^{中} = n_{中班min} \times N_{中班} \times n_{中} \tag{5-38}$$

式中　$N_{规min}^{中}$——规范限定的最少中学生规模；

$n_{中班min}$——一所中学的最小学校规模，即最少班数；

$N_{中班}$——中学的班额，即每班学生人数；

$n_{中}$——中学服务半径内的中学学校个数。

最终，将式5-38、式5-37代入式5-32，可以得到"中学—容积率"的下限实效模型：

$$R_{中} \geqslant \frac{1000 \times A_{人} \times n_{中班min} \times N_{中班} \times n_{中}}{\Sigma S \times \gamma}$$

式中　$R_{中}$——中学模型下的容积率；

　　　$A_{人}$——人均住宅建筑面积；

　　$n_{中班min}$——一所中学的最小学校规模，即最少班数；

　　　$N_{中班}$——中学的班额，即每班学生人数；

　　　$n_{中}$——中学服务半径内的中学学校个数；

　　　S——单个地块的净用地面积；

　　　γ——中学生千人指标。

（2）上限模型

根据"中学—容积率"单因子实效模型构建的基本思路，中学服务半径内的现状中学生规模应不大于中学服务半径内规范限定的最大中学生规模，由此得

$$N_{现}^{中} \leqslant N_{规max}^{中} \tag{5-39}$$

式中　$N_{现}^{中}$——中学服务半径内的现状中学生规模；

　　　$N_{规max}^{中}$——中学服务半径内规范限定的最大中学生规模。

其中，中学服务半径内规范限定的最大中学生规模为中学服务半径内的中学校总学校用地规模与中学最小生均学校用地规模的商，由此得

$$N_{规max}^{中} = \frac{S_{中总}}{S_{人中min}} \tag{5-40}$$

式中　$N_{规max}^{中}$——中学服务半径内规范限定的最大中学生规模；

　　　$S_{中总}$——中学服务半径内中学的总学校用地规模；

　　　$S_{人中min}$——中学最小生均学校用地面积。

$$S_{中总} = \Sigma S_{中} \tag{5-41}$$

式中　$S_{中总}$——中学服务半径内中学的总学校用地规模；

　　　$S_{中}$——中学服务半径内单个中学的学校用地规模。

将式5-41代入式5-40，得

$$N_{规max}^{中} = \frac{\Sigma S_{中}}{S_{e中min}} \tag{5-42}$$

式中　$N_{规max}^{中}$——中学服务半径内规范限定的最大中学生规模；

　　　$S_{中}$——中学服务半径内单个中学的学校用地规模；

　　　$S_{e中min}$——中学最小生均学校用地面积。

最终，因为$N_{现}^{中}$的式5-37已知，所以将式5-42和式5-37代入式5-39，可以得到"中学—容积率"的上限实效模型：

$$R_{中} \leqslant \frac{1000 \times A_{人} \times \Sigma S_{中}}{S_{e中min} \times \gamma \times \Sigma S}$$

式中　$R_{中}$——中学模型下的容积率；

$A_人$——人均住宅建筑面积；

$S_中$——中学服务半径内的中学学校用地规模；

$S_{e中min}$——中学最小生均学校用地面积；

γ——中学生千人指标；

S——单个地块的净用地面积。

5.2.4 "中学—容积率"单因子理论模型构建

（1）下限模型

根据"中学—容积率"单因子理论模型构建的基本思路，中学服务半径内规划的最少中学生规模应不小于规范限定的一所中学最小学校规模，由此得

$$N_{配min}^{中} \geqslant N_{规min}^{中} \tag{5-43}$$

式中　$N_{配min}^{中}$——中学服务半径内的最少中学生规模；

$N_{规min}^{中}$——中学服务半径内规范限定的最少中学生规模。

首先，中学服务半径内规划的最小中学生规模为中学服务半径内最小总居住人口与中学生千人指标的乘积，由此得

$$N_{配min}^{中} = N_{总中min} \times \frac{\gamma}{1000} \tag{5-44}$$

式中　$N_{配min}^{中}$——中学服务半径内的最少中学生规模；

$N_{总中min}$——中学服务半径内的最小总居住人口；

γ——中学生千人指标。

其中，因为已假定中学服务半径内所有居住地块的用地规模和住宅容积率相同，所以中学服务半径内每个地块的总住宅建筑面积、人口规模均相同。那么，中学服务半径内的最小中学生规模为单个地块内的人口规模与中学服务半径内居住地块的最少个数的乘积，由此得

$$N_{总小min} = N \times n_{片min} \tag{5-45}$$

式中　$N_{总中min}$——中学服务半径内的最小总居住人口；

N——单个地块内的人口规模；

$n_{片min}$——中学服务半径内居住地块的最少个数。

$$N = \frac{R_中 \times S}{A_人} \tag{5-46}$$

式中　N——单个地块内的人口规模；

$R_中$——中学模型下的容积率；

S——单个地块的净用地面积；

$A_人$——人均住宅建筑面积。

因为居住区内居住地块的总规模可视为居住区住宅用地的总规模，所以居住区内居住地块的最小总用地规模为中学服务范围辐射的用地规模与居住区中住宅用地占居住用地的最小比例的乘积。那么，中学服务半径内居住地块的最少个数为居住地块的最小总用地规模与单个居住地块用地规模的商，由此得

$$n_{片min} = \frac{S_{r中} \times S_{R房min}}{S} \tag{5-47}$$

式中　$n_{片min}$——中学服务半径内居住地块的最少个数；

　　　$S_{r中}$——中学服务范围辐射的用地规模；

　　　$S_{R房min}$——居住区中住宅用地占居住区用地的最小比例；

　　　S——单个地块的净用地面积。

$$S_{r中} = \pi r_{中}^2 \qquad (5\text{-}48)$$

式中　$S_{r中}$——中学服务范围辐射的用地规模；

　　　π——圆周率；

　　　$r_{中}$——中学最适宜的服务半径。

将式 5-48、式 5-47、式 5-46、式 5-45 综合后代入式 5-44，得

$$N_{配min}^{中} = \frac{R_{中} \times \gamma \times \pi r_{中}^2 \times S_{R房min}}{1000 \times A_{人}} \qquad (5\text{-}49)$$

式中　$N_{配min}^{中}$——中学服务半径内的最少中学生规模；

　　　$R_{中}$——中学模型下的容积率；

　　　γ——每千人中学生数；

　　　π——圆周率；

　　　$r_{中}$——中学最适宜的服务半径；

　　　$S_{R房min}$——居住区中住宅用地占居住区用地的最小比例；

　　　$A_{人}$——人均住宅建筑面积。

其次，规范限定的一所中学最小学校规模为一所中学最少的班级数，由此得

$$N_{规min}^{中} = n_{中班min} \times N_{中班} \qquad (5\text{-}50)$$

式中　$N_{规min}^{中}$——规范限定的最少中学生规模；

　　　$n_{中班min}$——一所中学最少的班级数；

　　　$N_{中班}$——中学每个班级的学生数。

最终，将式 5-50、式 5-49 代入式 5-43，可以得到"中学—容积率"的下限理论模型：

$$R_{中} \geqslant \frac{1000 \times A_{人} \times n_{中班min} \times N_{中班}}{\gamma \times \pi r_{中}^2 \times S_{R房min}}$$

式中　$R_{中}$——中学模型下的容积率；

　　　$A_{人}$——人均住宅建筑面积；

　　$n_{中班min}$——一所中学最少的班级数；

　　　$N_{中班}$——中学每个班级的学生数；

　　　γ——每千人中学生数；

　　　π——圆周率；

　　　$r_{中}$——中学最适宜的服务半径；

　　　$S_{R房min}$——居住区中住宅用地占居住区用地的最小比例。

（2）上限模型

根据"中学—容积率"单因子理论模型构建的基本思路，中学服务半径内的最大中学生规模应不大于中学服务半径内规范限定的最大中学生规模，由此得

$$N_{配max}^{中} \leqslant N_{规max}^{中} \qquad (5\text{-}51)$$

式中　$N_{配max}^{中}$——中学服务半径内的最大中学生规模；

$N_{规max}^{中}$——规范限定的中学服务半径内最大中学生规模。

首先，中学服务半径内规划的最大中学生规模为中学服务半径内最大总居住人口与中学生千人指标的乘积，由此得

$$N_{配max}^{中} = N_{总中max} \times \frac{\gamma}{1000} \tag{5-52}$$

式中　$N_{配max}^{中}$——中学服务半径内的最大中学生规模；

　　　$N_{总中max}$——中学服务半径内的最大总居住人口；

　　　　γ——中学生千人指标。

其中，因为已假定中学服务半径内所有居住地块的用地规模和住宅容积率相同，所以中学服务半径内每个地块的总住宅建筑面积、人口规模均相同。那么，中学服务半径内的最大中学生规模为单个地块内的人口规模与中学服务半径内居住地块的最多个数的乘积，由此得

$$N_{总中max} = N \times n_{片max} \tag{5-53}$$

式中　$N_{总中max}$——中学服务半径内的最大总居住人口；

　　　N——单个地块内的人口规模；

　　　$n_{片max}$——中学服务半径内居住地块的最多个数。

$$N = \frac{R_{中} \times S}{A_{人}} \tag{5-54}$$

式中　N——单个地块内的人口规模；

　　　$R_{中}$——中学模型下的容积率；

　　　S——单个地块的净用地面积；

　　　$A_{人}$——人均住宅建筑面积。

因为居住区内居住地块的总规模可视为居住区住宅用地的总规模，所以居住区内居住地块的最大总用地规模为中学服务范围辐射的用地规模与居住区中住宅用地占居住用地的最大比例的乘积。那么，中学服务半径内居住地块的最多个数为居住地块的最大总用地规模与单个居住地块用地规模的商，由此得

$$n_{片max} = \frac{S_{r中} \times S_{R房max}}{S} \tag{5-55}$$

式中　$n_{片max}$——中学服务半径内居住地块的最多个数；

　　　$S_{r中}$——中学服务范围辐射的用地规模；

　　　$S_{R房max}$——居住区中住宅用地占居住区用地的最大比例；

　　　S——单个地块的净用地面积。

$$S_{r中} = \pi r_{中}^2 \tag{5-56}$$

式中　$S_{r中}$——中学服务范围辐射的用地规模；

　　　π——圆周率；

　　　$r_{中}$——中学最适宜的服务半径。

将式 5-56、式 5-55、式 5-54、式 5-53 综合后代入式 5-52，得

$$N_{配max}^{中} = \frac{R_{中} \times \gamma \times \pi r_{中}^2 \times S_{R房max}}{1000 \times A_{人}} \tag{5-57}$$

式中　$N_{配max}^{中}$——中学服务半径内的最多中学生规模；

$R_{中}$——中学模型下的容积率；

γ——中学生千人指标；

π——圆周率；

$r_{中}$——中学最适宜的服务半径；

$S_{R房max}$——居住区中住宅用地占居住区用地的最大比例；

$A_{人}$——人均住宅建筑面积。

其次，规范限定的中学服务半径内的最大中学生规模为居住区层面中学的最大用地规模与最小中学生人均用地面积的商，由此得

$$N_{规max}^{中} = \frac{S_{R中max}}{S_{e中min}} \qquad (5-58)$$

式中　$N_{规max}^{中}$——规范限定的中学服务半径内最多中学生规模；

$S_{R中max}$——规范限定的居住区层面中学的最大用地规模；

$S_{e中min}$——中学最小生均学校用地面积。

其中，规范限定的居住区层面中学的最大学校用地规模为：中学服务范围辐射的用地规模与居住区中居住区级公建用地占居住用地规模的最大比例及居住区层面中学的总学校用地规模占居住区级公建用地规模的最大比例的乘积，由此得

$$S_{R中max} = S_{r中} \times S_{R公max} \times S_{R中max} \qquad (5-59)$$

式中　$S_{R中max}$——规范限定的居住区层面中学的最大用地规模；

$S_{r中}$——中学服务范围辐射的用地规模；

$S_{R公max}$——居住区中居住区级公建用地占居住区用地的最大比例；

$S_{R中max}$——居住区层面中学的总学校用地规模占居住区级公建用地规模的最大比例。

已知 $S_{r中}$（式 5-56），将式 5-56 代入式 5-59，然后将结果再代入式 5-58，得

$$N_{规max}^{中} = \frac{\pi r_{中}^2 \times S_{R公max} \times S_{R中max}}{S_{e中min}} \qquad (5-60)$$

式中　$N_{规max}^{中}$——规范限定的中学服务半径内最多中学生规模；

π——圆周率；

$r_{中}$——中学最适宜的服务半径；

$S_{R公max}$——居住区中居住区级公建用地占居住区用地的最大比例；

$S_{R中max}$——居住区层面中学的总学校用地规模占居住区级公建用地规模的最大比例；

$S_{e中min}$——中学最小生均学校用地面积。

最终，将式 5-60、式 5-57 代入式 5-51，可以得到"中学—容积率"的上限理论模型：

$$R_{中} \leqslant \frac{1000 \times A_{人} \times S_{R公max} \times S_{R中max}}{\gamma \times S_{R房max} \times S_{e中min}}$$

式中　$R_{中}$——中学模型下的容积率；

$A_{人}$——人均住宅建筑面积；

$S_{R公max}$——居住区中居住区级公建用地占居住区用地的最大比例；

$S_{R中max}$——居住区层面中学的总学校用地规模占居住区级公建用地规模的最大比例；

γ——中学生千人指标；

$S_{R房max}$——居住区中住宅用地占居住区用地的最大比例;

$S_{e中min}$——中学最小生均学校用地面积。

5.2.5 模型简化与容积率值域计算

（1）实效模型的简化

"中学—容积率"的下限实效模型为:

$$R_中 \geqslant \frac{1000 \times A_人 \times n_{中班min} \times N_{中班} \times n_中}{\Sigma S \times \gamma}$$

其中,人均住宅建筑面积 $A_人$、一所中学的最小学校规模 $n_{中班min}$、中学的班额 $N_{中班}$、中学生千人指标 γ 均为定值。因此,中学实效模型下的容积率下限值为与中学服务半径内的中学学校个数 $n_中$ 和所有居住地块的用地面积 ΣS 相关的函数。

根据前文已知, $A_人 = 30m^2/人$, $n_{中班min} = 18$ 班, $N_{中班} = 50$ 人, $\gamma = 60$ 人/千人。那么,"中学—容积率"的下限实效模型可以简化为:

$$R_中 \geqslant \frac{45 \times n_中}{\Sigma S}$$

式中　$R_中$——中学模型下的容积率;

　　　$n_中$——中学服务半径内的中学学校个数;

　　　S——单个地块的净用地面积, hm^2。

"中学—容积率"的上限实效模型为:

$$R_中 \leqslant \frac{1000 \times A_人 \times \Sigma S_中}{S_{e中min} \times \gamma \times \Sigma S}$$

其中,人均住宅建筑面积 $A_人$、中学最小生均学校用地面积 $S_{e中min}$、中学生千人指标 γ 均为定值。因此,中学实效模型下的容积率上限值为与一个中学服务半径内的所有中学总用地规模 $\Sigma S_中$ 和所有居住地块的用地规模 ΣS 相关的函数。

根据前文已知, $A_人 = 30m^2/人$, $S_{e中min} = 10.1m^2/人$, $\gamma = 60$ 人/千人。那么,"中学—容积率"的上限实效模型可以简化为:

$$R_中 \leqslant \frac{49.5 \times \Sigma S_中}{\Sigma S}$$

式中　$R_中$——中学模型下的容积率;

　　　$S_中$——中学服务半径内的中学学校用地规模;

　　　S——单个地块的净用地面积, hm^2。

（2）理论模型下的容积率值域计算

"中学—容积率"的下限理论模型为:

$$R_中 \geqslant \frac{1000 \times A_人 \times n_{中班min} \times N_{中班}}{\gamma \times \pi r_中^2 \times S_{R房min}}$$

根据前文已知,人均住宅建筑面积 $A_人 = 30m^2/人$,一所中学最少的班级数 $n_{中班min} = 18$ 班,中学班额 $N_{中班} = 50$ 人,中学生千人指标 $\gamma = 60$ 人/千人,中学最适宜的服务半径 $r_中 = 1000m$,居住区中住宅用地占居住区用地的最小比例 $S_{R房min} = 50\%$。将上述数据代入"中学—容积率"的下限理论模型,得 $R_中 \geqslant 0.3$。因此,中学理论模型下的容积率下限值为 0.3。

"中学—容积率"的上限理论模型为:

117

$$R_{\text{中}} \leqslant \frac{1000 \times A_{\text{人}} \times S_{\text{R公max}} \times S_{\text{R中max}}}{\gamma \times S_{\text{R房max}} \times S_{\text{e中min}}}$$

根据前文已知，人均住宅建筑面积 $A_{\text{人}} = 30\text{m}^2/\text{人}$；根据居住区规范表 3.0.2（居住区用地平衡控制指标），居住区中居住区级公建用地占居住区用地的最大比例 $S_{\text{R公max}} = 25\%$；在人口规模一定的情况下，居住区层面中学的总学校用地规模占居住区级公建用地规模的最大比例 $S_{\text{R中max}}$，与居住区层面中学的总学校用地面积千人指标占居住区级公建用地面积千人总指标的比例相同，即 $S_{\text{R中max}} = 38\%$；中学生千人指标 $\gamma = 60$ 人/千人；根据居住区规范表 3.0.2（居住区用地平衡控制指标），居住区中住宅用地占居住区用地的最大比例 $S_{\text{R房max}} = 60\%$；中学最小生均学校用地面积 $S_{\text{e中min}} = 10.1\text{m}^2/\text{人}$。将上述数据代入"中学—容积率"的上限理论模型，得 $R_{\text{中}} \leqslant 7.8$。因此，中学理论模型下的容积率上限值为 7.8。

综上所述，在理想状况下，即在中学服务半径内居住地块和中学的用地规模均达到规范要求极限规模的状况下，中学理论模型下的容积率值域区间为（0.3，7.8）。

5.3 医院因子

5.3.1 医院的配建要求

（1）医疗卫生设施类型与规模

根据居住区规范附表 A.0.3 公共服务设施各项目的设置规定，居住区医疗卫生设施分四类设置：①医院（含社区卫生服务中心）；②门诊所或社区卫生服务中心；③卫生站（社区卫生服务站）；④护理院。本研究探讨的主要为有床位数要求的以服务一般人群为目标的与开发强度控制有密切关联的医院、社区卫生服务中心。医院还包括综合医院和专科医院，规模较大的专科医院一般境况下也具有综合医院的一定功能，因此本研究所述"医院"因子包括综合医院、专科医院、社区卫生服务中心。

综合医院、专科医院、社区卫生服务中心的规模确定的主要标准为病床数量。医院的病床数量过少或过多，都将造成医院床均用地面积过大或过小，投资与管理成本过高，综合效益变差。根据《综合医院建设标准》（建标110—2008）第十条规定，综合医院的建设规模按病床数量应在 200～1000 床之间（表5-5）。[1] 参考《中医医院建设标准》第十一条规定，专科医院的建设规模按病床数量应在 60～500 床之间（表5-6）。[2] 根据《城市社区卫生服务中心基本标准》第二条规定，城市社区卫生服务中心"至少设观察床 5 张。根据当地医疗机构设置规划，可设一定数量的日间病房床位，但不得超过 50 张"[3]。目前，西安市约有医疗卫生机构近 750 个，其中医院有 300 余座，医院平均规模为 93 床。本研究中，综合医院规模控制在 200～1000 床，专科医院规模控制在 60～500 床，社区卫生服务中心规模控制在 5～50 床。

---

❶ 中华人民共和国住房和城乡建设部，中华人民共和国国家发展和改革委员会. 综合医院建设标准（建标110—2008）[S]. 北京：中国计划出版社，2008。

❷ 中华人民共和国住房和城乡建设部，中华人民共和国国家发展和改革委员会. 中医医院建设标准 [S]. 北京：中国计划出版社，2008。

❸ 中华人民共和国卫生部，中华人民共和国国家中医药管理局. 城市社区卫生服务中心基本标准 [S]. 2006。

（2）医疗卫生设施的千人指标床位数

千人指标床位数能一定程度体现医院在某一区域内的服务能力，是规划层面确定某一区域内居民所需求医院病床数量的基本指标。《城市公共服务设施规划规范》（GB 50442—2008）第7.0.1条规定，200万以上人口的城市，医疗卫生设施规划千人指标床位数应大于等于7床/千人。[1] 这一指标要求已接近发达国家当前医疗卫生设施的千人指标床位数8.57床/千人，超过了转型国家的6.53床/千人。目前，西安市医疗卫生设施千人指标床位数平均值为4.35床/千人，在全国副省级城市中处于较低水平。本研究中，千人指标床位数取规范下限值7床/千人。

（3）医疗卫生设施的床均建筑面积与床均用地面积

在"床均建筑面积"方面，综合医院、专科医院、社区卫生服务中心的规范要求不同。根据《综合医院建设标准》（建标110—2008）第十六条规定，综合医院的建筑面积指标应为80～90m²/床（表5-5）。参考《中医医院建设标准》第十七条规定，专科医院的建筑面积指标应为69～87m²/床（表5-6）。根据《城市社区卫生服务中心基本标准》第五条规定，城市社区卫生服务中心的建筑面积不少于600m²，每设一床位至少增加30m² 建筑面积。

在"床均用地面积"方面，规范中的"床均用地面积"指标多依据"床均建筑面积"并结合医院适宜的容积率标准而制定。正如《综合医院建设标准》（建标110—2008）条文说明第二十七条所述："为保证综合医院保持较好的环境质量，本建设标准通过对调研资料的综合分析，根据我国现阶段综合医院的现实情况和实际需要，以0.7的建筑容积率为基点规定了不同规模的综合医院的床均用地面积指标。"据此，《综合医院建设标准》（建标110—2008）第二十七条规定，综合医院的床均用地面积的上限指标应为109～117m²/床（表5-7）。专科医院未有明确的床均用地面积要求，但具体指标可根据建筑面积指标和适宜的容积率指标推算。参照《中医医院建设标准》第四十六条规定，新建专科医院的容积率宜在0.6～1.5之间，当改建、扩建用地紧张时，其建筑容积率可适当提高，但最大不宜超过2.5。据此结合专科医院建筑面积指标（表5-6），可反推专科医院床均用地面积指标为28～145m²/床。根据《综合医院建设标准》（建标110—2008）条文说明第二十七条的论述，当前我国综合医院的容积率多在0.6～1.4之间。若综合医院也采纳专科医院的容积率上限2.5，结合综合医院建筑面积指标（表5-5），可反推综合医院床均用地面积指标下限值为32m²/床。因此，本研究中将综合医院的床均用地面积控制在32～117m²/床，将专科医院的床均用地面积控制在28～117m²/床。社区卫生服务中心的床均用地面积没有国家层面的规范要求，但可借鉴个别省市已经开始实施的"建设项目用地控制指标"确定，本研究中将城市社区卫生服务中心床均用地面积指标控制在83.3～106m²/床（表5-8）。

综合医院建筑面积指标   表5-5

建设规模	200～300床	400～500床	600～700床	800～900床	1000床
建筑面积指标（m²/床）	80	83	86	88	90

注：上述建筑面积指标为应符合的指标，只有经审批部门批准，才可适当增加床均建筑面积指标。
来源：《综合医院建设标准》（建标110—2008）表1

---

[1] 中华人民共和国住房和城乡建设部，中华人民共和国国家质量监督检验检疫总局. 城市公共服务设施规划规范 GB 50442—2008 [S]. 北京：中国建筑工业出版社，2008。

综合医院建设用地指标   表 5-6

建设规模	200～300 床	400～500 床	600～700 床	800～900 床	1000 床
用地指标（m²/床）	117	115	113	111	109

注：当规定的指标确实不能满足需要时，可按不超过 11m²/床指标增加用地面积
来源：《综合医院建设标准》（建标 110—2008）表 5

专科医院建筑面积指标   表 5-7

建设规模	60 床	100 床	200 床	300 床	400 床	500 床
建筑面积指标（m²/床）	69～72	72～75	75～78	78～80	80～84	84～87

来源：《中医医院建设标准》表 1

社区卫生服务中心建设用地指标   表 5-8

类　型	床位数	床均用地面积（m²/床）
卫生院（社区卫生服务中心）	≥30 床	≤106
	<30 床	在最低用地面积 680m² 的基础上，每增加一个床位相应增加用地面积 83.3m²

来源：《宁波市人民政府办公厅关于实行建设项目用地控制指标（试行）的通知》附件 6

在"床均用地面积"与"床均建筑面积"中，床均用地面积对其服务范围内的居住地块的开发强度具有本质影响。正如《综合医院建设标准》（建标110—2008）条文说明第十条所述："在同一块建设用地上，尤其是用地面积不达标的情况下，医院规模过大，会产生诸如患者过于集中、设备重复购置、工作人员过多、管理幅度过大、环境质量不符合要求、综合效益较低等许多不利因素"。因此，对于已有固定用地面积的医疗卫生用地而言，在开发强度控制中，控制好"床均用地面积"，也就为控制好"床均建筑面积"提供了可能。

（4）医疗卫生设施的服务层级与服务半径

根据居住区规范附录 A.0.2 条公共服务设施分级配建表，医院（含社区卫生服务中心）为居住区级及其以上层级应配建的公共服务设施。《西安市社区卫生服务中心基本标准》规定，社区卫生服务中心应使社区居民能够步行 10min 左右抵达。那么，根据人步行速度 4～6km/h 计算，社区卫生服务中心的服务半径为 800～1000m。《西安市城市社区卫生服务发展规划（2007—2010）》提出在西安中心城区构筑"15 分钟健康服务圈"，因此医疗卫生设施的服务半径最大可以扩展至 1500～2000m。由此可见，医院—（社区医院）社区卫生服务中心作为两级医疗救治体系，功能上虽然存在区别（"大病进医院、小病进社区卫生服务中心"），但是服务范围近似，都至少为居住区层级。因此，本研究将"医院因子"中的医疗卫生设施最适宜服务半径设定为 1000m。

（5）居住区层面医疗卫生设施用地面积的千人指标

居住区规范 6.0.3 条中的表 6.0.3 规定了居住区配套公建的千人总指标和分类指标。居住区级公建用地面积的千人总指标为 2762～6329m²/千人。其中，居住区级医疗卫生设施（含医院）的用地面积千人指标为 298～548m²/千人，约占居住区级公建用地面积千人总指标的 9%～11%。根据居住区规范附录 A.0.2 公共服务设施分级配建表，居住区层面应配置的医疗卫生设施包括医院和社区卫生服务中心。因此，居住区级医疗卫生用地面积

的千人指标就是"医院因子"所含医疗卫生设施用地面积的千人指标。

5.3.2 "医院—容积率"单因子模型构建的基本思路

（1）基本思路

《医疗机构设置规划指导原则》（卫生部，2009）第四条第（三）款规定医疗机构设置的依据为：①必需床位数；②必需医师数；③必需护士数；④医疗机构的布局，其中"必需床位数"为与医疗机构用地规模和周边居住地块开发强度同时密切相关的依据。因此，"医院—容积率"单因子模型构建的基本思路与中小学单因子模型构件思路近似，应是保证居住区内，即居住区级医疗卫生设施最适宜服务半径内居民所需病床总数量与医疗设施可容纳病床的总数量相匹配，即医疗卫生设施服务半径内居民所需病床数量的下限总量至少能支撑一座最小规模的综合医院，上限总量不突破居住区用地中医疗卫生用地所能容纳的最多病床数量。同时，"医院—容积率"单因子模型的构建也应分为现实状况、理想状况两种情况予以讨论，两种情况下医院单因子模型的具体构建思路、模型使用方法及目的均与中小学单因子模型的相同，所以关于两种情况下医院模型的构建思路在此就不再赘述。

（2）模型限定

1）理想模型中，假定居住区层面的医疗卫生设施均为综合医院。

2）假定医院的适宜服务半径对应的用地规模就是居住区的规模。

3）假定医院完全为其适宜服务半径内的居民服务。医院往往具有一定的城市或片区级服务功能，但一所医院是城市级或居住区级，这并没有规范、明确的区分标准。那么，在"医院—容积率"单因子模型中，为推算出居住地块最大的容积率值域区间，就应首先确保居住地块所在区域的医院完全为本区域服务。因此，"医院—容积率"单因子模型假定医院只为其适宜服务半径内的居民服务。

4）若一个服务半径内有多座医院，则假定它们为集中布局。

5）假定医院服务半径内居住地块的开发强度受医院的均等影响，即"医院—容积率"单因子模型下同一医院服务半径内的每个居住地块的容积率是相同的。

6）理想模型中，假定医院服务半径内每个居住地块的用地规模相同。

5.3.3 "医院—容积率"单因子实效模型构建

（1）下限模型

根据"医院—容积率"单因子实效模型构建的基本思路，医院服务半径内的居民现状所需病床数量应不小于医院服务半径内规范限定的最小医院规模对应的病床数量，由此得

$$n_{现}^{床} \geqslant n_{规min}^{床} \tag{5-61}$$

式中　$n_{现}^{床}$——医院服务半径内的居民现状所需病床数量；

$n_{规min}^{床}$——医院服务半径内规范限定的最小医院规模对应的病床数量。

首先，医院服务半径内的居民现状所需病床数量为医院服务半径内总居住人口与千人指标床位数的乘积，由此得

$$n_{现}^{床} = N_{总医} \times \frac{\varphi}{1000} \tag{5-62}$$

式中 $n_{现}^{床}$——医院服务半径内的居民现状所需病床数量；

$N_{总医}$——医院服务半径内的总居住人口；

φ——千人指标床位数。

其次，

$$N_{总医} = \frac{Ar_{总医}}{A_人} \qquad (5\text{-}63)$$

式中 $N_{总医}$——医院服务半径内的总居住人口；

$Ar_{总医}$——医院服务半径内的总住宅建筑面积；

$A_人$——人均住宅建筑面积。

其中，因为已假定医院服务半径内所有居住地块的容积率相同，所以医院服务半径内的总居住人口为医院模型下的容积率与医院服务半径内的居住地块总用地面积的乘积，由此得

$$Ar_{总医} = R_医 \times S_{总医} \qquad (5\text{-}64)$$

式中 $Ar_{总医}$——医院服务半径内的总住宅建筑面积；

$R_医$——医院模型下的容积率；

$S_{总医}$——医院服务半径内的居住地块总用地面积。

$$S_{总医} = \Sigma S \qquad (5\text{-}65)$$

式中 $S_{总医}$——医院服务半径内的居住地块总用地面积；

S——单个地块的净用地面积。

将式 5-65、式 5-64、式 5-63 代入式 5-62，得

$$n_{现}^{医} = \frac{R_医 \times \Sigma S \times \varphi}{1000 \times A_人} \qquad (5\text{-}66)$$

式中 $n_{现}^{医}$——医院服务半径内的居民现状所需病床数量；

$R_医$——医院模型下的容积率；

S——单个地块的净用地面积；

φ——千人指标床位数；

$A_人$——人均住宅建筑面积。

再次，当医院服务半径内的每所医院和社区卫生服务中心都为最小规模时，医院服务半径内规范限定的最小医院规模对应的病床数量最少，由此得

$$n_{规min}^{医} = n_{医min} \times n_院 + n_{专min} \times n_专 + n_{卫min} \times n_心 \qquad (5\text{-}67)$$

式中 $n_{规min}^{床}$——医院服务半径内规范限定的最小医院规模对应的病床数量；

$n_{医min}$——一座综合医院的最小规模，即最小床位数；

$n_院$——医院服务半径内综合医院的个数；

$n_{专min}$——一座专科医院的最小规模，即最小床位数；

$n_专$——医院服务半径内专科医院的个数；

$n_{卫min}$——一座社区卫生服务中心的最小规模，即最小床位数；

$n_心$——医院服务半径内社区卫生服务中心的个数。

最终，将式 5-67、式 5-66 代入式 5-61，可以得到"医院—容积率"的下限实效模型：

$$R_医 \geqslant \frac{1000 \times A_人 \times (n_{医min} \times n_院 + n_{专min} \times n_专 + n_{卫min} \times n_心)}{\Sigma S \times \varphi}$$

式中　$R_{医}$——医院模型下的容积率；

$A_{人}$——人均住宅建筑面积；

$n_{医min}$——一座医院的最小规模，即最小床位数；

$n_{院}$——医院服务半径内医院的个数；

$n_{专min}$——一座专科医院的最小规模，即最小床位数；

$n_{专}$——医院服务半径内专科医院的个数；

$n_{卫min}$——一座社区卫生服务中心的最小规模，即最小床位数；

$n_{心}$——医院服务半径内社区卫生服务中心的个数；

S——单个地块的净用地面积；

φ——千人指标床位数。

（2）上限模型

根据"医院—容积率"单因子实效模型构建的基本思路，医院服务半径内的居民现状所需病床数量应不大于医院服务半径内规范限定的最大医院规模对应的病床数量，由此得

$$n_{现}^{医} \leqslant n_{规max}^{医} \tag{5-68}$$

式中　$n_{现}^{医}$——医院服务半径内的居民现状所需病床数量；

$n_{规max}^{床}$——医院服务半径内规范限定的最大医院规模对应的病床数量。

其中，医院服务半径内规范限定的最大医院规模对应的病床数量为医院服务半径内的医院（社区卫生服务中心）总用地规模与医院（社区卫生服务中心）最小床均用地规模的商，由此得

$$n_{规max}^{医} = \frac{S_{医总}}{S_{e床min}} + \frac{S_{专总}}{S_{e专min}} + \frac{S_{卫总}}{S_{e卫min}} \tag{5-69}$$

式中　$n_{现max}^{医}$——医院服务半径内的居民现状所需病床数量；

$S_{医总}$——医院服务半径内的综合医院总用地规模；

$S_{e床min}$——综合医院最小床均用地面积；

$S_{专总}$——医院服务半径内的专科医院总用地规模；

$S_{e专min}$——专科医院最小床均用地面积；

$S_{卫总}$——医院服务半径内的社区卫生服务中心总用地规模；

$S_{e卫min}$——社区卫生服务中心最小床均用地面积。

$$S_{医总} = \Sigma S_{医} \tag{5-70}$$

式中　$S_{医总}$——医院服务半径内的综合医院总用地规模；

$S_{医}$——医院服务半径内单个综合医院的用地规模。

$$S_{专总} = \Sigma S_{专} \tag{5-71}$$

式中　$S_{专总}$——医院服务半径内的专科医院总用地规模；

$S_{专}$——医院服务半径内单个专科医院的用地规模。

$$S_{卫总} = \Sigma S_{卫} \tag{5-72}$$

式中　$S_{卫总}$——医院服务半径内社区卫生中心的总用地规模；

$S_{卫}$——医院服务半径内单个社区卫生中心的用地规模。

将式5-72、式5-71、式5-70代入式5-69，得

$$n_{规max}^{医} = \frac{\Sigma S_{医}}{S_{e床min}} + \frac{\Sigma S_{专}}{S_{e专min}} + \frac{\Sigma S_{卫}}{S_{e卫min}} \tag{5-73}$$

式中 $n_{规max}^{床}$——医院服务半径内规范限定的最大医院规模对应的病床数量;

$S_医$——医院服务半径内单个综合医院的用地面积;

$S_专$——医院服务半径内单个专科医院的用地规模;

$S_卫$——医院服务半径内单个社区卫生中心的用地面积;

$S_{e床min}$——综合医院最小床均用地面积;

$S_{e专min}$——专科医院最小床均用地面积;

$S_{e卫min}$——社区卫生服务中心最小床均用地面积。

最终,因为 $n_规^床$ 的式 5-66 已知,所以将式 5-73 和式 5-66 代入式 5-68,可以得到"医院—容积率"的上限实效模型:

$$R_医 \leqslant \frac{1000 \times A_人 \times (\Sigma S_医 \times S_{e专min} \times S_{e卫min} + \Sigma S_专 \times S_{e床min} \times S_{e卫min} + \Sigma S_卫 \times S_{e床min} \times S_{e专min})}{S_{e床min} \times S_{e专min} \times S_{e卫min} \times \Sigma S \times \varphi}$$

式中 $R_医$——医院模型下的容积率;

$A_人$——人均住宅建筑面积;

$S_医$——医院服务半径内单个综合医院的用地面积;

$S_{e专min}$——专科医院最小床均用地面积;

$S_{e卫min}$——社区卫生服务中心最小床均用地面积;

$S_专$——医院服务半径内单个专科医院的用地面积;

$S_{e床min}$——医院最小床均用地面积;

$S_卫$——医院服务半径内单个社区卫生中心的用地面积;

S——单个地块的净用地面积;

φ——千人指标床位数。

5.3.4 "医疗设施—容积率"单因子理论模型构建

(1)下限模型

首先,根据"医院—容积率"单因子理论模型构建的基本思路,医院服务半径内最少的规划居民人口所需病床数量应不小于医院服务半径内规范限定的一所医院对应的最小病床数量,由此得

$$n_{需min}^{床} \geqslant n_{规min}^{床} \tag{5-74}$$

式中 $n_{配min}^{床}$——医院服务半径内最少的规划居民人口所需病床数量;

$n_{规min}^{床}$——医院服务半径内规范限定的一所医院对应的最小病床数量。

其次,医院服务半径内最少的规划居民人口所需病床数量为医院服务半径内最小总居住人口与千人指标床位数的乘积,由此得

$$n_{需min}^{床} = N_{总医min} \times \frac{\varphi}{1000} \tag{5-75}$$

式中 $n_{配min}^{床}$——医院服务半径内最少的规划居民人口所需病床数量;

$N_{总医min}$——医院服务半径内的最小总居住人口;

φ——千人指标床位数。

其中,因为已假定医院服务半径内所有居住地块的用地规模和住宅容积率相同,所以医院服务半径内每个地块的总住宅建筑面积、人口规模均相同。那么,医院服务半径内的

最小总居住人口为单个地块内的人口规模与医院服务半径内居住地块的最少个数的乘积，由此得

$$N_{\text{总医min}} = N \times n_{\text{居min}} \qquad (5\text{-}76)$$

式中　$N_{\text{总医min}}$——医院服务半径内的最小总居住人口；

$\qquad N$——单个地块内的人口规模；

$\qquad n_{\text{居min}}$——医院服务范围内居住地块的最少个数。

$$N = \frac{R_{\text{医}} \times S}{A_{\text{人}}} \qquad (5\text{-}77)$$

式中　N——单个地块内的人口规模；

$\qquad R_{\text{医}}$——医院模型下的容积率；

$\qquad S$——地块的净用地面积；

$\qquad A_{\text{人}}$——人均住宅建筑面积。

因为居住区内居住地块的总规模可视为居住区住宅用地的总规模，所以居住区内居住地块的最小总用地规模为医院服务范围辐射的用地规模与居住区中住宅用地占居住用地的最小比例的乘积。那么，医院服务半径内居住地块的最少个数为居住地块的最小总用地规模与单个居住地块用地规模的商，由此得

$$n_{\text{居min}} = \frac{S_{\text{r医}} \times S_{\text{R房min}}}{S} \qquad (5\text{-}78)$$

式中　$n_{\text{居min}}$——医院服务范围内居住地块的最少个数；

$\qquad S_{\text{r医}}$——医院服务范围辐射的用地规模；

$\qquad S_{\text{R房min}}$——居住区中住宅用地占居住区用地的最小比例；

$\qquad S$——地块的净用地面积。

$$S_{\text{r医}} = \pi r_{\text{医}}^2 \qquad (5\text{-}79)$$

式中　$S_{\text{r医}}$——医院服务范围辐射的用地规模；

$\qquad \pi$——圆周率；

$\qquad r_{\text{医}}$——医院最适宜的服务半径。

将式 5-79、式 5-78、式 5-77、式 5-76 综合后代入式 5-75，得

$$n_{\text{需min}}^{\text{床}} = \frac{R_{\text{医}} \times \varphi \times \pi r_{\text{医}}^2 \times S_{\text{R房min}}}{1000 \times A_{\text{人}}} \qquad (5\text{-}80)$$

式中　$n_{\text{需min}}^{\text{床}}$——医院服务半径内最少的规划居民人口所需病床数量；

$\qquad R_{\text{医}}$——医院模型下的容积率；

$\qquad \varphi$——千人指标床位数；

$\qquad \pi$——圆周率；

$\qquad r_{\text{医}}$——医院最适宜的服务半径；

$\qquad S_{\text{R房min}}$——居住区中住宅用地占居住区用地的最小比例；

$\qquad A_{\text{人}}$——人均住宅建筑面积。

最后，因为医院服务半径内规范限定的一所医院对应的最小病床数量 $n_{\text{规min}}^{\text{床}}$ 为已知量，所以将式 5-79 代入式 5-73，可以得到"医院—容积率"的下限理论模型：

$$R_{\text{医}} \geqslant \frac{1000 \times A_{\text{人}} \times n_{\text{规min}}^{\text{床}}}{\varphi \times \pi r_{\text{医}}^2 \times S_{\text{R房min}}}$$

式中　$R_医$——医院模型下的容积率；

$A_人$——人均住宅建筑面积；

$n_{规min}^{床}$——医院服务半径内规范限定的一所医院对应的最小病床数量；

φ——千人指标床位数；

π——圆周率；

$r_医$——医院最适宜的服务半径；

$S_{R房min}$——居住区中住宅用地占居住区用地的最小比例。

（2）上限模型

根据"医院—容积率"单因子理论模型构建的基本思路，医院服务半径内最多的规划居民人口所需病床数量应不大于医院服务半径内规范限定的最大规模的医院用地对应的最多病床数量，由此得

$$n_{需max}^{床} \leqslant n_{规max}^{床} \tag{5-81}$$

式中　$n_{需min}^{床}$——医院服务半径内最多的规划居民人口所需病床数量；

$n_{规min}^{床}$——医院服务半径内规范限定的最大规模的医院用地对应的最多病床数量。

首先，医院服务半径内最多的规划居民人口所需病床数量为医院服务半径内最多总居住人口与千人指标床位数的乘积，由此得

$$n_{需max}^{床} = N_{总医max} \times \frac{\varphi}{1000} \tag{5-82}$$

式中　$n_{配max}^{床}$——医院服务半径内最多的规划居民人口所需病床数量；

$N_{总医max}$——医院服务半径内的最多总居住人口；

φ——千人指标床位数。

其中，因为已假定医院服务半径内所有居住地块的用地规模和住宅容积率相同，所以医院服务半径内每个地块的总住宅建筑面积、人口规模均相同。那么，医院服务半径内的最多总居住人口为单个地块内的人口规模与医院服务半径内居住地块的最多个数的乘积，由此得

$$N_{总医max} = N \times n_{居max} \tag{5-83}$$

式中　$N_{总医max}$——医院服务半径内的最多总居住人口；

N——单个地块内的人口规模；

$n_{居max}$——医院服务范围内居住地块的最多个数。

$$N = \frac{R_医 \times S}{A_人} \tag{5-84}$$

式中　N——单个地块内的人口规模；

$R_医$——医院模型下的容积率；

S——地块的净用地面积；

$A_人$——人均住宅建筑面积。

因为居住区内居住地块的总规模可视为居住区住宅用地的总规模，所以居住区内居住地块的最大总用地规模为医院服务范围辐射的用地规模与居住区中住宅用地占居住用地的最大比例的乘积。那么，医院服务半径内居住地块的最多个数为居住地块的最大总用地规模与单个居住地块用地规模的商，由此得

$$n_{居\max} = \frac{S_{r医} \times S_{R房\max}}{S} \qquad (5\text{-}85)$$

式中 $n_{居\max}$——医院服务范围内居住地块的最多个数；

$\quad S_{r医}$——医院服务范围辐射的用地规模；

$\quad S_{R房\max}$——居住区中住宅用地占居住用地的最大比例；

$\quad S$——地块的净用地面积。

将式 5-85、式 5-84、式 5-83 综合后代入式 5-82，得

$$n_{需\max}^{床} = \frac{R_{医} \times \varphi \times S_{r医} \times S_{R房\max}}{1000 \times A_{人}} \qquad (5\text{-}86)$$

式中 $n_{配\max}^{床}$——医院服务半径内最多的规划居民人口所需病床数量；

$\quad R_{医}$——医院模型下的容积率；

$\quad \varphi$——千人指标床位数；

$\quad S_{r医}$——医院服务范围辐射的用地规模；

$\quad S_{R房\max}$——居住区中住宅用地占居住用地的最大比例；

$\quad A_{人}$——人均住宅建筑面积。

其次，医院服务半径内规范限定的最大规模的医院用地对应的最多病床数量为居住区层面医院的最大用地规模与最小床均用地面积的商，由此得

$$n_{规\max}^{床} = \frac{S_{R医\max}}{S_{e床\min}} \qquad (5\text{-}87)$$

式中 $n_{规\max}^{床}$——医院服务半径内规范限定的最大规模的医院用地对应的最多病床数量；

$\quad S_{R医\max}$——居住区层面医院的最大用地规模；

$\quad S_{e床\min}$——医院最小床均用地面积。

其中，规范限定的居住区层面医院的最大用地规模为：医院服务范围辐射的用地规模与居住区中居住区级公建用地占居住用地规模的最大比例及医院的总用地规模占居住区级公建用地规模的最大比例的乘积，由此得

$$S_{R医\max} = S_{r医} \times S_{R公\max} \times S_{R疗\max} \qquad (5\text{-}88)$$

式中 $S_{R医\max}$——居住区层面医院的最大用地规模；

$\quad S_{r医}$——医院服务范围辐射的用地规模；

$\quad S_{R公\max}$——居住区中居住区级公建用地占居住用地规模的最大比例；

$\quad S_{R疗\max}$——医院的总用地规模占居住区级公建用地规模的最大比例。

将式 5-88 代入式 5-87，得

$$n_{规\max}^{床} = \frac{S_{r医} \times S_{R公\max} \times S_{R疗\max}}{S_{e床\min}} \qquad (5\text{-}89)$$

式中 $n_{规\max}^{床}$——医院服务半径内规范限定的最大规模的医院用地对应的最多病床数量；

$\quad S_{r医}$——医院服务范围辐射的用地规模；

$\quad S_{R公\max}$——居住区中居住区级公建用地占居住用地规模的最大比例；

$\quad S_{R疗\max}$——医院的总用地规模占居住区级公建用地规模的最大比例；

$\quad S_{e床\min}$——医院最小床均用地面积。

最终，将式 5-89、式 5-86 代入式 5-81，可以得到"医院—容积率"的上限理论模型：

$$R_{医} \leqslant \frac{1000 \times A_{人} \times S_{R公max} \times S_{R疗max}}{\varphi \times S_{R房max} \times S_{e床min}}$$

式中 $R_{医}$——医院模型下的容积率;

          $A_{人}$——人均住宅建筑面积;

   $S_{R公max}$——居住区中居住区级公建用地占居住用地规模的最大比例;

   $S_{R疗max}$——医院的总用地规模占居住区级公建用地规模的最大比例;

          φ——千人指标床位数;

   $S_{R房max}$——居住区中住宅用地占居住用地的最大比例;

   $S_{e床min}$——医院最小床均用地面积。

5.3.5 模型简化与容积率值域计算

（1）实效模型的简化

"医院—容积率"的下限实效模型为：

$$R_{医} \geqslant \frac{1000 \times A_{人} \times (n_{医min} \times n_{院} + n_{专min} \times n_{专} + n_{卫min} \times n_{心})}{\Sigma S \times \varphi}$$

其中，人均住宅建筑面积 $A_{人}$、一座医院的最小规模 $n_{医min}$、一座专科医院的最小规模 $n_{专min}$、一座社区卫生服务中心的最小规模 $n_{卫min}$、千人指标床位数 φ 均为定值。因此，医院实效模型下的容积率下限值为与医院服务半径内综合医院的个数 $n_{院}$、专科医院个数 $n_{专}$、社区卫生服务中心的个数 $n_{心}$ 和所有居住地块的用地面积 ΣS 相关的函数。

根据前文已知，$A_{人}=30\text{m}^2/\text{人}$，$n_{医min}=200$ 床，$n_{专min}=60$ 床，$n_{卫min}=5$ 床，$\varphi=7$ 人/千人。那么，"医院—容积率"的下限实效模型可以简化为：

$$R_{医} \geqslant \frac{85.71 \times n_{院} + 25.71 \times n_{专} + 2.14 \times n_{心}}{\Sigma S}$$

式中 $R_{医}$——医院模型下的容积率;

       $n_{院}$——医院服务半径内综合医院的个数;

       $n_{专}$——医院服务半径内专科医院的个数;

       $n_{心}$——医院服务半径内社区卫生服务中心的个数;

        S——单个地块的净用地面积，hm^2。

"医院—容积率"的上限实效模型为：

$$R_{医} \leqslant \frac{1000 \times A_{人} \times (\Sigma S_{医} \times S_{e专min} \times S_{e卫min} + \Sigma S_{专} \times S_{e床min} \times S_{e卫min} + \Sigma S_{卫} \times S_{e床min} \times S_{e专min})}{S_{e床min} \times S_{e专min} \times S_{e卫min} \times \Sigma S \times \varphi}$$

其中，人均住宅建筑面积 $A_{人}$、专科医院最小床均用地面积 $S_{e专min}$、社区卫生服务中心最小床均用地面积 $S_{e卫min}$、综合医院最小床均用地面积 $S_{e床min}$、千人指标床位数 φ 均为定值。因此，医院实效模型下的容积率上限值为与一个医院服务半径内的所有综合医院总用地规模 $\Sigma S_{医}$、所有专科医院总用地规模 $\Sigma S_{专}$ 和所有社区卫生中心总用地规模 $\Sigma S_{卫}$，以及所有居住地块的用地规模 ΣS 相关的函数。

根据前文已知，$A_{人}=30\text{m}^2/\text{人}$，$S_{e专min}=28\text{m}^2/\text{床}$，$S_{e卫min}=83.3\text{m}^2/\text{床}$，$S_{e床min}=32\text{m}^2/\text{床}$，$\varphi=7$ 人/千人。那么，"医院—容积率"的下限实效模型可以简化为：

$$R_{医} \leqslant \frac{133.93 \times \Sigma S_{医} + 153.06 \times \Sigma S_{专} + 51.45 \times \Sigma S_{卫}}{\Sigma S}$$

式中 $R_{医}$ ——医院模型下的容积率；

  $S_{医}$ ——医院服务半径内单个综合医院的用地面积；

  $S_{专}$ ——医院服务半径内单个专科医院的用地面积；

  $S_{卫}$ ——医院服务半径内单个社区卫生中心的用地面积；

  S ——单个地块的净用地面积，hm^2。

（2）理论模型下的容积率值域计算

"医院—容积率"的上限理论模型为：

$$R_{医} \geqslant \frac{1000 \times A_{人} \times n_{规min}^{床}}{\varphi \times \pi r_{医}^2 \times S_{R房min}}$$

根据前文已知，人均住宅建筑面积 $A_{人}=30m^2/$人，医院服务半径内规范限定的一所医院对应的最小病床数量 $n_{规min}^{床}=200$ 床，千人指标床位数 $\varphi=7$ 人/千人，医院最适宜的服务半径 $r_{医}=1000m$，根据居住区规范表 3.0.2（居住区用地平衡控制指标），居住区中住宅用地占居住用地的最小比例 $S_{R房min}=50\%$。将上述数据代入"医院—容积率"的下限理论模型，得 $R_{中} \geqslant 0.6$。因此，医院理论模型下的容积率下限值为 0.6。

"医院—容积率"的上限理论模型为：

$$R_{医} \leqslant \frac{1000 \times A_{人} \times S_{R公max} \times S_{R疗max}}{\varphi \times S_{R房max} \times S_{e床min}}$$

根据前文已知，人均住宅建筑面积 $A_{人}=30m^2/$人；根据居住区规范表 3.0.2（居住区用地平衡控制指标），居住区中居住区级公建用地占居住用地的最大比例 $S_{R公max}=25\%$；在人口规模一定的情况下，医院的总用地规模占居住区级公建用地规模的最大比例 $S_{R疗max}$，与居住区层面医院的总用地面积千人指标占居住区级公建用地面积千人总指标的比例相同，即 $S_{R疗max}=11\%$；千人指标床位数 $\varphi=7$ 人/千人；根据居住区规范表 3.0.2（居住区用地平衡控制指标），居住区中住宅用地占居住用地的最大比例 $S_{R房max}=60\%$；医院最小床均用地面积 $S_{e床min}32m^2/$床。将上述数据代入"医院—容积率"的下限理论模型，得 $R_{医} \leqslant 6.1$。

综上所述，在理想状况下，即在医院服务半径内居住地块和医院的用地规模均达到规范要求极限规模的状况下，医院理论模型下的容积率值域区间为（0.6，6.1）。

5.4 本章小结

在现实状况下，居住地块所在片区的小学、中学、医院的用地规模、布局状况已经既定，这时基于片区层面公共利益因子构建的单因子模型为实效模型，其中采用的居住地块和小学、中学、医院的用地规模需要以现实状况调查统计的结果为准。但为了避免土地使用布局层面居住区各类用地的用地规模与配比情况对居住地块开发强度绩效的影响，同时为了探讨期望绩效下的开发强度值域化，本章基于片区层面公共利益因子还构建了理论模型，即构建居住地块和公共利益因子的用地规模达到规范要求极限规模状况下的模型。基于小学因子的下限实效模型为与小学服务半径内的小学校个数 $n_{小}$ 和所有居住地块的用地面积 ΣS 相关的函数，即 $R_{小} \geqslant \frac{27 \times n_{小}}{\Sigma S}$（$S$ 单位为 hm^2）；上限实效模型为与小学服务半径内的所有小学总用地规模 $\Sigma S_小$ 和所有居住地块的用地规模 ΣS 相关的函数，即 $R_小 \leqslant \dfrac{53.19 \times \Sigma S_小}{\Sigma S}$（$S$ 单位为 hm^2）。在理想状况下，小学理论模型下的容积率值域区间为（0.6，6.7）。基于中学因子的下限实效模型为与中学服务半径内的中学学校个数 $n_中$ 和所有居住地块的用地面积 ΣS 相关的函数，即 $R_中 \geqslant \dfrac{45 \times n_中}{\Sigma S}$（$S$ 单位为 hm^2）；上限实效模型为与中学服务半径内的所有中学总用地规模 $\Sigma S_中$ 和所有居住地块的用地规模 ΣS 相关的函数，即 $R_中 \leqslant \dfrac{49.5 \times \Sigma S_中}{\Sigma S}$（$S$ 单位为 hm^2）。在理想状况下，中学理论模型下的容积率值域区间为（0.3，7.8）。基于医院因子的下限实效模型为与医院服务半径内综合医院的个数 $n_院$、专科医院个数 $n_专$、社区卫生服务中心的个数 $n_心$ 和所有居住地块的用地面积 ΣS 相关的函数，即 $R_医 \geqslant \dfrac{85.71 \times n_院 + 25.71 \times n_专 + 2.14 \times n_心}{\Sigma S}$（$S$ 单位为 hm^2）；上限实效模型为与医院服务半径内的所有综合医院总用地规模 $\Sigma S_医$、所有专科医院总用地规模 $\Sigma S_专$ 和所有社区卫生中心总用地规模 $\Sigma S_卫$，以及所有居住地块的用地规模 ΣS 相关的函数，即 $R_医 \leqslant \dfrac{133.93 \times \Sigma S_医 + 153.06 \times \Sigma S_专 + 51.45 \times \Sigma S_卫}{\Sigma S}$（$S$ 单位为 hm^2）。在理想状况下，医院理论模型下的容积率值域区间为（0.6，6.1）。

6 公共利益单因子影响下的开发强度绩效的分析

6.1 开发强度绩效的衡量与表达方法

开发强度绩效的成果与成效最终体现在以容积率为核心的开发强度指标上。公共利益因子和容积率单因子模型的构建，已探讨了各公共利益因子完全满足规范要求时，即期望绩效下的开发强度指标（$R_{日}$、$R_{绿}$、$R_{车}$、$R_{小}$、$R_{中}$、$R_{医}$，可统称为 $R_{公}$）。基于此，居住地块开发强度的当前绩效（PE）可通过居住地块的现状住宅容积率指标（R_r）和基于各公共利益因子的期望绩效下的住宅容积率指标（$R_{公}$）的数理关系来衡量与表达。其中，当前绩效 PE 以百分数表示，为介于（0，100%）之间的非负数。

首先，期望绩效下开发强度指标 $R_{公}$ 的指标数值为容积率的"弹性范围或区间"——"值域化"，即 $R_{公}$ 为介于期望绩效下的住宅容积率最小值 $R_{公min}$ 和最大值 $R_{公max}$ 之间的数值。那么，当现状住宅容积率指标 R_r 在 $R_{公}$ 的指标值域区间内时，居住地块开发强度的当前绩效就达到了期望绩效，即开发强度的当前绩效 PE 为 100%。由此得，当 $R_{公min} \leqslant R_r \leqslant R_{公max}$ 时，

$$PE = 100\% \tag{6-1}$$

式中　PE——居住地块开发强度的当前绩效。

当现状住宅容积率指标 R_r 大于期望绩效下住宅容积率的最大值 $R_{公max}$ 时，居住地块开发强度的当前绩效未达到期望绩效，即当 $R_r > R_{公max}$ 时，开发强度的当前绩效 $PE < 100\%$。这时当前绩效 PE 计算方法如下：

$$PE = 1 \div \frac{R_r}{R_{公max}} \tag{6-2}$$

式中　PE——居住地块开发强度的当前绩效；

　　　R_r——居住地块的现状住宅容积率；

　　　$R_{公max}$——期望绩效下住宅容积率的最大值。

式（6-2）可以简化为：

$$PE = \frac{R_{公max}}{R_r} \tag{6-3}$$

式中　PE——居住地块开发强度的当前绩效；

　　　R_r——居住地块的现状住宅容积率；

　　　$R_{公max}$——期望绩效下住宅容积率的最大值。

这时，$\dfrac{R_r}{R_{公max}}$ 的数值越大，即住宅容积率指标 R_r 突破期望绩效下住宅容积率的最大值 $R_{公max}$ 的量越大，则 PE 的数值越小，当前绩效越低。

当现状住宅容积率指标 R_r 小于期望绩效下住宅容积率的最小值 $R_{公min}$ 时，居住地块开发强度的当前绩效也未达到期望绩效，即当 $R_r < R_{公min}$ 时，开发强度的当前绩效 $PE <$

100%。这时当前绩效 PE 计算方法如下：

$$PE = \frac{R_r}{R_{公min}}$$

（6-4）

式中　PE——居住地块开发强度的当前绩效；

　　　R_r——居住地块的现状住宅容积率；

　　$R_{公min}$——期望绩效下住宅容积率的最小值。

这时，$\frac{R_r}{R_{公min}}$ 的数值越小，即住宅容积率指标 R_r 较期望绩效下住宅容积率的最小值 $R_{公min}$ 越小，则 PE 的数值越小，当前绩效越低。

其次，开发强度绩效为地块所在片区土地使用布局影响下的控规层面的"理论达到"，而非修规层面的"方案达到"或实际建设中的"实际达到"。这也就是说，开发强度绩效在地块自身层面为不受公共利益因子具体现状影响的"理论达到"；而在片区层面则为地块所在片区土地使用布局制约下的公共利益因子影响下的"理论达到"。因此，对于开发强度绩效而言，基于地块自身层面公共利益因子的期望绩效下住宅容积率指标可采用前文"基于地块层面公共利益因子的开发强度'值域化'模型"进行计算；而基于片区层面公共利益因子的期望绩效下住宅容积率指标应采用前文"片区层面单因子实效模型"进行计算。

同时，依照片区层面公共利益因子单因子模型构建的基本思路（详见5.1.2、5.2.2、5.3.2），片区层面单因子模型均假定公共利益因子服务半径内居住地块的开发强度受公共利益因子的均等影响，即片区层面单因子模型下同一公共利益因子服务半径内的每个居住地块的容积率是相同的，所以基于片区层面公共利益因子的容积率指标数值为公共利益因子服务半径覆盖范围内所有居住地块容积率指标的平均值。那么，当单个居住地块的现状住宅容积率指标 R_r 突破基于片区层面公共利益因子的期望绩效下住宅容积率的值域区间时，若片区层面小学、中学、医院这些公共利益因子相应服务半径内的所有居住地块对应的中小学生的现状总人数及所需医院病床数（综合表示为 $N_{觅}$）未突破当前小学、中学、医院可容纳或提供的中小学生总人数及医院病床数的极限值（最大值表示为 $N_{规max}^{公}$，最小值表示为 $N_{规min}^{公}$），则依照式 6-3、式 6-4 计算出的相应居住地块的开发强度当前绩效 PE 数值即使小于 100%，其开发强度绩效其实仍已达到了期望绩效，这时开发强度的当前绩效 PE 应修正为 100%。由此得，当 $R_r > R_{公max}$ 或 $R_r < R_{公min}$ 时，若 $N_{规min}^{公} \leqslant N_{觅} \leqslant N_{规max}^{公}$，则 PE 应修正为 100%，即 $PE = 100\%$；若 $N_{觅} > N_{规max}^{公}$ 或 $N_{觅} < N_{规min}^{公}$，则居住地块开发强度的当前绩效 PE 仍采用式 6-3、式 6-4 计算。

综上所述，开发强度当前绩效的衡量和表达方法可以总结为表 6-1。

开发强度当前绩效计算方法一览表

表 6-1

项　目	层　面	初步计算		修　正
开发强度 当前绩效 PE	地块层面	$R_{公min} \leqslant R_r \leqslant R_{公max}$	$PE = 100\%$	无
		$R_r > R_{公max}$	$PE = \frac{R_{公max}}{R_r}$	
		$R_r < R_{公min}$	$PE = \frac{R_r}{R_{公min}}$	

续表

项　目	层　面	初步计算		修　正
开发强度 当前绩效 PE	片区层面	$R_{公min}{\leqslant}R_r{\leqslant}R_{公max}$	$PE=100\%$	无
		$R_r>R_{公max}$	$PE=\dfrac{R_{公max}}{R_r}$	若 $N_{规min}^{公}{\leqslant}N_{观}^{公}{\leqslant}N_{规max}^{公}$， 则 PE 修正为 100%
		$R_r<R_{公min}$	$PE=\dfrac{R_r}{R_{公min}}$	

注：PE——居住地块开发强度的当前绩效；$R_{公min}$——期望绩效下住宅容积率的最小值；R_r——居住地块的现状住宅容积率；$R_{公max}$——期望绩效下住宅容积率的最大值；$N_{观}^{公}$——片区层面公共利益因子服务半径内的所有居住地块对应的小学生、中学生、医院床位数的现状总数量；$N_{规min}^{公}$——片区层面小学、中学、医院应容纳的小学生、中学生、医院床位数总数量的最小值；$N_{规max}^{公}$——片区层面小学、中学、医院可容纳或提供的小学生、中学生、医院床位数总数量的最大值。

6.2　地块层面公共利益因子影响下的绩效分析

6.2.1　基于住宅建筑日照因子的绩效分析

（1）住宅建筑日照因子配建状况分析

自 2000 年以来，西安市开始率先在各新区逐步实施基于日照分析软件的日照审查制度，要求居住类建筑必须编制"日照审查报告"。各新区根据日照审查的需求颁布了内部使用的"日照审核管理规定"，如《西安高新区日照审核管理规定》、《西安曲江新区日照审核管理规定》等，这些规定依照相关规范制定，与新近出台的《西安市规划局建设项目日照分析技术管理办法》的规定内容基本一致。因此，本研究选取的典型样本大多都有规范要求基本一致的"日照审查报告"，若按照满足大寒日有效日照时间 8～16 时内 2h 建筑日照的要求衡量，典型样本的住宅建筑日照基本都符合规范的要求。但是，为了避免无效日照产生的"东晒、西晒"等"朝向"问题，本研究将建筑日照大寒日有效时间限定为 9～15 时，若以此衡量，西安市当前住宅建筑日照则主要存在"朝向"问题。

居住区资料集 2.8.3 节"朝向"规定：西安地区住宅建筑的最佳朝向为"南偏东10°"，适宜朝向为"南、南偏西"，不宜朝向为"西、西北"。仅从每幢住宅建筑的布局进行直观判断，典型样本的地块面积越小，以东西朝向作为主朝向的住宅建筑越多。而若这些东西向的住宅建筑，主要为套均面积较小的套型时，那么这些套型能享受的建筑日照基本仅为"东西晒"。根据笔者对典型样本的粗略统计，典型样本居住地块中，明显以东西向为主要朝向的住宅建筑的数量平均约占住宅建筑总数量的 5%，用地面积较小的地块内东西朝向的住宅建筑幢数最多的能达到地块内住宅建筑总幢数的 10%。总之，因为有日照审查制度的保障，典型样本当前的住宅建筑日照问题主要为朝向问题。

（2）典型样本开发强度的绩效分析

住宅建筑日照因子影响下的单因子模型主要受住宅建筑日照和住宅建筑层数的影响，当住宅建筑密度 Mr 在规范限定的 15%～33% 之间，住宅建筑层数 n 在 3～35 层之间时，住宅容积率为住宅平均层数与住宅建筑密度的乘积，即 $R_日=n×Mr$，这时住宅容积率 $R_日$ 的值域区间为（0.5，7.0）。因此，基于住宅建筑日照因子的开发强度绩效的分析，首先应结合前文典型案例的绩效调查情况，根据《陕西省城市规划管理技术规定》2.5 条规定的"城市各类建筑的建筑密度上限表（表3-8）"，对居住地块当前的住宅建筑密度进行修正；然后，根据修正后的住宅建筑密度，运用住宅建筑日照因子影响下的单因子模型计算期望绩效下的住宅容积率；最终，运用开发强度当前绩效的计算方法，进行基于住宅建筑日照因子的开发强度当前绩效，即 $PE_日$ 的计算与分析。具体计算与分析过程见表6-2、表6-3。

住宅建筑日照因子影响下的典型样本开发强度绩效分析表一　　　　　　表 6-2

序号	地块编号	用地面积 S（hm²）	住宅平均层数 n（层）	住宅建筑密度 M_r（%）		住宅容积率 R_r	期望绩效下的住宅容积率 $R_日$		当前绩效 $PE_日$
				现状	修正		下限值	上限值	
1	2	2.50	8	25	24	2.3		1.9	83
2	3	3.33	11	25	20	2.9		2.2	76
3	12	3.34	22	11	—	3.6		2.4	67
4	13	4.68	17	19	—	3.2		3.2	100
5	14	2.27	11	26	20	3.7		2.2	59
6	18	2.01	15	23	20	3.7		3.0	81
7	21	5.33	14	25	20	3.1		2.8	90
8	22	4.16	24	18	—	4.2		4.3	100
9	23	9.07	19	11	—	2.0		2.1	100
10	28	7.72	12	26	20	3.1		2.4	77
11	29	2.00	16	24	20	3.8		3.2	84
12	31	4.29	19	24	20	4.4		3.8	86
13	33	3.85	16	16	—	2.5		2.6	100
14	35	3.35	13	22	20	2.8		2.6	93
15	36	3.30	15	33	20	5.0		3.0	60
16	51	2.71	20	14	—	2.9		2.8	97
17	54	9.50	13	16	—	2.1		2.1	100
18	57	3.16	18	16	—	2.9	0.5	2.9	100
19	60	3.55	24	19	—	4.7		4.6	98
20	62	4.32	17	30	20	5.2		3.4	65
21	63	3.72	12	32	20	3.8		2.4	63
22	68	2.47	26	23	20	6.1		5.2	85
23	69	6.71	15	23	20	3.4		3.0	88
24	79	3.97	21	20	—	4.2		4.2	100
25	81	3.88	10	24	20	2.6		2.0	77
26	84	4.42	23	18	—	4.2		4.1	98
27	86	3.53	14	13	—	1.8		1.8	100
28	87	3.02	24	26	20	6.1		4.8	79
29	89	2.93	12	17	—	2.0		2.0	100
30	90	9.50	13	15	—	1.9		2.0	100
31	92	4.48	21	29	20	6.1		4.2	69
32	93	8.87	16	22	20	5.1		3.2	63
33	96	5.65	26	11	—	2.7		2.9	100
34	97	3.53	25	15	—	3.9		3.8	97

序号	地块编号	用地面积	住宅平均层数	住宅建筑密度		住宅容积率	期望绩效下的住宅容积率		当前绩效
		S (hm²)	n (层)	M_r (%)		R_r	$R_日$		$PE_日$
				现状	修正		下限值	上限值	
35	99	2.71	21	13	—	3.0		2.7	90
36	100	2.00	16	16	—	3.8		2.6	68
37	102	8.76	18	19	—	3.3		3.4	100
38	103	2.25	15	25	20	2.7		3.0	100
39	105	6.61	30	22	20	3.8		6.0	100
40	107	9.55	33	15	—	3.4		5.0	100
41	108	8.32	32	23	20	3.3		6.4	100
42	109	7.72	4	26	—	0.8		1.0	100
43	110	7.95	4	25	—	0.6		1.0	100
44	111	9.51	4	28	26	0.7		1.0	100
45	113	6.97	30	13	—	3.7		3.9	100
46	114	5.18	21	19	—	2.4		4.0	100
47	115	6.32	20	18	—	2.7		3.6	100
48	119	9.29	11	17	—	2.3		1.9	83
49	121	5.69	15	25	20	2.6		3.0	100
50	122	3.31	32	40	20	2.9	0.5	6.4	100
51	123	3.60	18	28	20	3.0		3.6	100
52	124	7.41	10	26	20	2.7		2.0	74
53	125	3.36	5	22	—	1.1		1.1	100
54	126	5.09	6	26	—	1.4		1.6	100
55	127	6.30	6	26	—	1.3		1.6	100
56	131	3.80	27	14	—	4.0		3.8	95
57	133	6.10	12	28	20	3.4		2.4	71
58	134	4.00	12	17	—	2.3		2.0	87
59	135	4.40	14	32	20	4.4		2.8	64
60	136	6.40	8	21	—	1.9		1.7	89
61	137	2.79	4	27	26	1.0		1.0	100
62	139	4.87	3	28	—	1.1		0.8	73
63	141	3.25	12	18	—	2.1		2.2	100
64	143	7.56	32	15	—	3.0		4.8	100
65	144	2.00	25	20	—	4.0		5.0	100
66	145	6.38	25	19	—	2.9		4.8	100

住宅建筑日照因子影响下的典型样本开发强度绩效分析表二（高新区）　　表 6-3

序号	地块编号	用地面积	住宅平均层数	住宅建筑密度		住宅容积率	期望绩效下的住宅容积率		当前绩效
		S (hm²)	n (层)	M_r (%)		R_r	$R_日$		$PE_日$
				现状	修正		下限值	上限值	
1	B1-19	4.02	8	19	—	2.8		1.5	54
2	B1-25	8.05	3	39	33	1.1	0.5	1.0	91
3	B1-27	4.46	18	12	—	2.2		2.2	100

序号	地块编号	用地面积 S（hm²）	住宅平均层数 n（层）	住宅建筑密度 M_r（%）		住宅容积率 R_r	期望绩效下的住宅容积率 $R_日$		当前绩效 $PE_日$
				现状	修正		下限值	上限值	
4	B1-29	3.67	8	13	—	3.3		1.0	30
5	B2-04	3.00	8	34	24	3.0		1.9	63
6	B2-40	3.62	7	27	24	1.9		1.7	89
7	B2-48	3.21	23	10	—	2.3		2.3	100
8	B2-49	4.00	7	33	24	2.3		1.7	74
9	B4-18	2.77	18	17	—	2.6		3.1	100
10	B4-19	3.22	13	14	—	1.7		1.8	100
11	B5-05	5.82	7	31	24	1.7		1.7	100
12	B5-13	2.75	7	24	—	2.0		1.7	85
13	B5-16	2.84	12	22	20	2.2		2.4	100
14	B5-20	4.40	12	16	—	2.0		1.9	95
15	B5-36	3.35	12	20	—	2.7		2.4	89
16	B5-46	3.83	7	22	—	1.3		1.5	100
17	B5-49	2.24	14	33	20	4.0		2.8	70
18	B8-4	2.66	23	22	20	5.2		4.6	88
19	B8-15	3.42	30	19	—	5.9		5.7	97
20	B8-23	4.38	19	31	20	5.9		3.8	64
21	B9-1	2.41	16	11	—	3.5		1.8	51
22	B9-4	2.10	23	23	20	6.6		4.6	70
23	B10-11	2.20	12	19	—	1.9	0.5	2.3	100
24	B10-12	2.03	6	19	—	1.1		1.1	100
25	B10-14	4.74	16	15	—	2.7		2.4	89
26	B10-19	2.87	13	18	—	3.5		2.3	66
27	B12-10	3.07	12	17	—	3.0		2.0	67
28	B12-29	2.17	19	18	—	3.8		3.4	89
29	B12-34	2.12	19	17	—	3.7		3.2	86
30	B12-38	9.80	12	21	20	2.7		2.4	89
31	B12-39	3.66	18	25	20	4.4		3.6	82
32	B12-41	2.19	17	20	—	3.9		3.4	87
33	B12-44	6.95	16	12	—	2.5		1.9	76
34	B12-45	2.40	16	12	—	2.5		1.9	76
35	B13-14	6.39	11	23	20	2.7		2.2	81
36	B14-29	9.95	9	28	24	2.7		2.2	81
37	B14-35	2.22	7	18	—	1.3		1.3	100
38	B17-21	3.96	6	19	—	1.1		1.1	100
39	B18-06	7.78	16	11	—	2.0		1.8	90
40	B18-09	5.52	15	15	—	2.4		2.3	96
41	B18-10	2.81	11	18	—	2.0		2.0	100
42	B18-14	6.15	17	14	—	2.0		2.4	100
43	B19-18	3.96	15	12	—	1.8		1.8	100

序号	地块编号	用地面积 S（hm²）	住宅平均层数 n（层）	住宅建筑密度 Mr（%） 现状	住宅建筑密度 Mr（%） 修正	住宅容积率 Rr	期望绩效下的住宅容积率 R日 下限值	期望绩效下的住宅容积率 R日 上限值	当前绩效 PE日
44	B20-05	3.16	21	22	20	4.2		4.2	100
45	B20-09	5.03	17	11	—	2.1		1.9	90
46	YH-34	2.10	8	30	24	2.4		1.9	79
47	YH-46	8.58	25	17	—	3.4		4.3	100
48	YH-75	5.14	25	17	—	5.7		4.3	75
49	YH-94	4.46	27	17	—	5.1		4.6	90
50	YH-150	6.00	11	17	—	1.9		1.9	100
51	YH-153	6.20	24	13	—	3.1	0.5	3.1	100
52	C12-31	4.20	5	20	—	1.0		1.0	100
53	C13-08	4.01	11	25	20	2.7		2.2	81
54	C13-04	9.34	9	23	—	2.0		2.1	100
55	C13-04	7.81	3	28	—	0.9		0.8	89
56	C13-04	10.00	9	23	—	2.1		2.1	100
57	C13-04	4.69	8	27	24	2.2		1.9	86
58	C13-04	4.95	10	22	20	2.1		2.0	95
59	未编号2	2.50	20	20	—	2.0		4.0	100
60	未编号3	2.00	8	25	24	2.0		1.9	95
61	未编号4	3.24	16	20	—	3.2		3.2	100
62	C5-01	2.88	12	17	—	2.5		2.0	80

按照西安市相关城市规划审批管理办法的规定，任何居住开发建设项目在取得正式的建筑工程许可证以前都需要进行日照分析，无法满足日照条件的项目不予审批通过。因此，原则上说，本研究选取的所有居住地块典型样本的容积率都应该能够符合西安市日照标准的要求，即开发强度绩效达到100%。但是，通过计算与分析，住宅建筑日照因子影响下的128个典型样本的开发强度当前绩效的平均值未达到100%，约为89%。其中，高新区内的62个典型样本的开发强度当前绩效的平均值约为88%。在128个典型样本中，当前绩效达到100%的样本仅有56个，约占典型样本总数的44%。其中，高新区内的62个典型样本中仅有37%，即23个样本的开发强度当前绩效达到了100%。仅从这点来看，典型样本的开发强度当前绩效 PE 大多未达到期望绩效。然而，开发强度当前绩效的平均值达到了89%，这说明典型样本的开发强度突破日照要求的情况是有限的。而典型样本的开发强度绩效未达到100%，主要与以下两方面原因有关：一方面，本研究构建的住宅建筑日照因子影响下的单因子模型采用了更高的日照标准，将大寒日有效日照时间从8~16时缩减为9~15时；另一方面，住宅建筑日照因子影响下的单因子模型均按周边为居住地块的情况，即周边地块对样本地块影响较大的情况进行模型构建。因此，住宅建筑日照因子影响下开发强度的当前绩效虽然未达到期望绩效，但是绩效整体较高。

6.2.2 基于组团绿地因子的绩效分析

（1）组团绿地因子配建状况分析

组团绿地因子直接可量化的指标要求为居住区规范7.0.5条规定的人均组团绿地不小

于 0.5m²/人。通过对"典型样本指标统计表"（附录 5、附录 6）的分析，128 个居住地块典型样本中，有 3 个样本的人均组团绿地指标超过 4.0m²/人，这 3 个样本均为以多层建筑为主的高档住宅区；有近 43%，即 55 个样本的人均组团绿地指标不足 0.5m²/人，这 55 个样本的平均人均组团绿地指标仅为 0.28m²/人，其中甚至有 7 个样本人均组团绿地为 0（图 6-1、表 6-4、表 6-5）。倘若再严格以居住区规范 7.0.4.1 条规定的组团绿地的设置应满足有不少于 1/3 的绿地面积在标准的建筑日照阴影线范围之外的要求来衡量既有样本，则不满足组团绿地规范要求的样本数量可能将更多。由此可见，当前居住地块的规划建设对绿地相关指标中最具有实质意义的人均公园绿地指标关注不足。究其原因，可能有 2 个层面：浅层面源于规范设置的问题，居住区规范虽然以强制性条文对公园绿地的相关规划要求进行了详细规定，但在 11.0.1 条"居住区综合技术经济指标系列一览表"中仅纳入了绿地率指标，却未纳入公园绿地指标，这导致相关规划的编制、审批对公园绿地指标要求不够重视；深层面则源于规划师的认识问题，公园绿地指标要求被忽视的问题其实源于部分规划设计人员对于绿地率与公园绿地关系的误解，即简单地认为只要规范的绿地率指标要求在规划设计中得到了满足，则公园绿地指标的要求应该也会随之满足。然而，典型样本的绿地率与人均公园绿地 2 个指标的比照再次证明，绿地率与公园绿地是两个无高关联性的指标，在公园绿地规模为 0 的情况下，绿地率指标仍可能满足居住区规范 7.0.2.3 条规定的新区建设的绿地率不应低于 30% 的要求（图 6-1）。总之，组团绿地因子的当前配置状况堪忧，亟待通过开发强度绩效首先在控规开发强度控制层面确保组团绿地的合理配置。

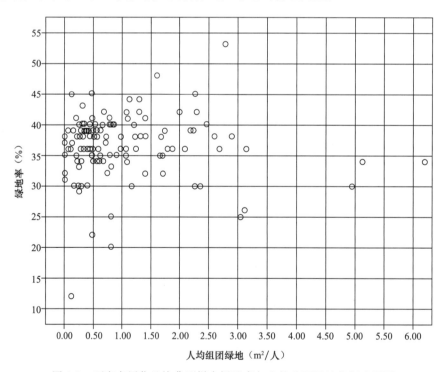

图 6-1　西安市居住地块典型样本绿地率与人均公园绿地指标比照图

（2）典型样本开发强度的绩效分析

组团绿地因子影响下的单因子上限模型仅与地块用地规模 S 相关，即 $R_绿 \geqslant \dfrac{2.4}{S}$（$S$ 单位为 hm²）；下限模型则是基于住宅建筑日照因子模型的修正模型，可表示为与住宅平均层数 n、住宅建筑密度 M_r 相关的函数，即 $R_{绿}=\dfrac{180\times n\times M_r}{180+n}$。组团绿地模型下住宅容积率 $R_{绿}$ 的值域区间为（0.4，5.9）。因此，基于组团绿地因子的绩效分析，应以基于住宅建筑日照因子的绩效分析中的住宅建筑密度修正结果为基础，运用组团绿地因子影响下的单因子模型计算期望绩效下的住宅容积率，然后再运用开发强度当前绩效的计算方法，进行组团绿地因子影响下的开发强度当前绩效，即 $PE_{绿}$ 的计算与分析。具体计算与分析过程见表 6-4、表 6-5。

组团绿地因子影响下的典型样本开发强度绩效分析表一　　　　表 6-4

序号	地块编号	用地面积	组团绿地面积		住宅平均层数	住宅建筑密度		住宅容积率	期望绩效下的住宅容积率		当前绩效
		S（hm²）	G		N（层）	M_r（%）		R_r	$R_{绿}$		$PE_{绿}$（%）
			总量（hm²）	人均（m²）		现状	修正		下限值	上限值	
1	2	2.50	0.11	0.76	8	25	24	2.3	1.0	1.8	78
2	3	3.33	0.15	0.37	11	25	20	2.9	0.7	2.1	72
3	12	3.34	0.13	0.33	22	11	—	3.6	0.7	2.2	61
4	13	4.68	0.21	0.43	17	19	—	3.2	0.5	3.0	94
5	14	2.27	0.12	0.37	11	26	20	3.7	1.1	2.1	57
6	18	2.01	0.40	2.26	15	23	20	3.7	1.2	2.8	76
7	21	5.33	0.24	0.71	14	25	20	3.1	0.5	2.6	84
8	22	4.16	0.19	0.32	24	18	—	4.2	0.6	3.8	90
9	23	9.07	2.65	2.78	19	11	—	2.0	0.3	1.9	95
10	28	7.72	0.15	0.22	12	26	20	3.1	0.3	2.3	74
11	29	2.00	0.04	0.15	16	24	20	3.8	1.2	2.9	76
12	31	4.29	0.05	0.06	19	24	20	4.4	0.6	3.4	77
13	33	3.85	0.04	0.12	16	16	—	2.5	0.6	2.4	96
14	35	3.35	0.00	0.00	22	20	20	2.8	0.7	2.4	86
15	36	3.30	0.00	0.00	15	33	20	5.0	0.7	2.8	56
16	51	2.71	0.07	0.25	20	14	—	2.9	0.9	2.5	86
17	54	9.50	0.04	0.06	13	16	—	2.1	0.9	1.9	90
18	57	3.16	0.14	0.43	18	16	—	2.9	0.8	2.6	90
19	60	3.55	0.26	0.47	24	19	—	4.7	0.7	4.0	85
20	62	4.32	0.37	0.50	17	30	20	5.2	0.6	3.1	60
21	63	3.72	0.22	0.50	12	32	20	3.8	0.6	2.3	61
22	68	2.47	0.18	0.47	26	23	20	6.1	1.0	4.5	74
23	69	6.71	0.29	0.50	15	23	20	3.4	0.4	2.8	82
24	79	3.97	0.25	0.49	21	20	—	4.2	0.6	3.8	90
25	81	3.88	0.17	0.49	10	24	20	2.6	0.6	1.9	73
26	84	4.42	0.20	0.22	23	18	—	4.2	0.5	3.7	88
27	86	3.53	0.16	0.63	14	13	—	1.8	0.7	1.7	94
28	87	3.02	0.14	0.16	24	26	20	6.1	0.8	4.2	69

序号	地块编号	用地面积 S（hm²）	组团绿地面积 G		住宅平均层数 N（层）	住宅建筑密度 M$_r$（%）		住宅容积率 R$_r$	期望绩效下的住宅容积率 R$_绿$		当前绩效 PE$_绿$（%）
			总量（hm²）	人均（m²）		现状	修正		下限值	上限值	
29	89	2.93	0.13	0.64	12	17	—	2.0	0.8	1.9	95
30	90	9.50	0.43	0.60	13	15	—	1.9	0.3	1.8	95
31	92	4.48	0.20	0.26	21	29	20	6.1	0.5	3.8	62
32	93	8.87	0.40	0.25	16	22	20	5.1	0.3	2.9	57
33	96	5.65	0.25	0.34	26	11	—	2.7	0.4	2.5	93
34	97	3.53	0.16	0.30	25	15	—	3.9	0.7	3.3	85
35	99	2.71	0.12	0.62	21	13	—	3.0	0.9	2.4	80
36	100	2.00	0.09	0.40	16	16	—	3.8	1.2	2.4	63
37	102	8.76	1.68	1.70	18	19	—	3.3	0.3	3.1	94
38	103	2.25	0.51	2.88	15	25	20	2.7	1.1	2.8	100
39	105	6.61	1.05	1.32	30	22	20	3.8	0.4	5.1	100
40	107	9.55	1.30	1.39	33	15	—	3.4	0.3	4.2	100
41	108	8.32	1.16	1.34	32	23	20	3.3	0.3	5.4	100
42	109	7.72	0.00	0.00	4	26	—	0.8	0.3	1.0	100
43	110	7.95	0.00	0.00	4	25	—	0.6	0.3	1.0	100
44	111	9.51	0.00	0.00	4	28	26	0.7	0.3	1.0	100
45	113	6.97	0.27	0.28	30	13	—	3.7	0.3	3.3	89
46	114	5.18	0.26	0.71	21	19	—	2.4	0.5	3.6	100
47	115	6.32	0.28	0.53	20	18	—	2.7	0.4	3.2	100
48	119	9.29	0.42	0.89	11	17	—	2.3	0.3	1.8	78
49	121	5.69	0.59	2.23	15	25	20	2.6	0.4	2.8	100
50	122	3.31	0.52	2.26	32	40	20	2.9	0.7	5.4	100
51	123	3.60	0.47	1.87	18	28	20	3.0	0.7	3.3	100
52	124	7.41	0.69	1.38	10	26	20	2.7	0.3	1.9	70
53	125	3.36	0.37	6.21	5	22	—	1.1	0.7	1.1	100
54	126	5.09	0.20	0.77	6	26	—	1.4	0.5	1.5	100
55	127	6.30	0.00	0.00	6	26	—	1.3	0.4	1.5	100
56	131	3.80	0.60	1.60	27	14	—	4.0	0.6	3.3	83
57	133	6.10	0.87	1.29	12	28	20	3.4	0.4	2.3	68
58	134	4.00	0.00	0.00	12	17	—	2.3	0.6	1.9	83
59	135	4.40	0.27	0.37	14	32	20	4.4	0.5	2.6	59
60	136	6.40	0.32	1.22	8	21	—	1.9	0.4	1.6	84
61	137	2.79	0.13	2.60	4	27	26	1.0	0.9	1.0	100
62	139	4.87	0.12	1.79	3	28	—	1.1	0.5	0.8	73
63	141	3.25	0.43	3.13	12	18	—	2.1	0.7	2.0	95
64	143	7.56	0.45	0.55	32	15	—	3.0	0.3	4.1	100
65	144	2.00	0.11	0.13	25	20	—	4.0	1.2	4.4	100
66	145	6.38	0.30	0.28	25	19	—	2.9	0.4	4.2	100

序号	地块编号	用地面积	组团绿地面积		住宅平均层数	住宅建筑密度		住宅容积率	期望绩效下的住宅容积率		当前绩效
		S（hm²）	G		N（层）	M_r（%）		R_r	$R_绿$		$PE_绿$（%）
			总量（hm²）	人均（m²）		现状	修正		下限值	上限值	
1	B1-19	4.02	0.32	1.08	8	19	—	2.8	0.6	1.5	54
2	B1-25	8.05	0.11	0.39	3	39	33	1.1	0.3	1.0	91
3	B1-27	4.46	0.15	0.46	18	12	—	2.2	0.5	2.0	91
4	B1-29	3.67	0.25	0.47	8	13	—	3.3	0.7	1.0	30
5	B2-04	3.00	0.05	0.10	8	34	24	3.0	0.8	1.8	60
6	B2-40	3.62	0.24	1.06	7	27	24	1.9	0.7	1.6	84
7	B2-48	3.21	0.51	2.18	23	10	—	2.3	0.7	2.0	87
8	B2-49	4.00	0.29	0.98	7	33	24	2.3	0.6	1.6	70
9	B4-18	2.77	0.26	0.81	18	17	—	2.6	0.9	2.8	100
10	B4-19	3.22	0.47	2.68	13	14	—	1.7	0.7	1.7	100
11	B5-05	5.82	0.08	0.26	7	31	24	1.7	0.4	1.6	94
12	B5-13	2.75	0.27	1.06	7	24	—	2.0	0.9	1.6	80
13	B5-16	2.84	0.32	2.28	12	22	20	2.2	0.8	2.3	100
14	B5-20	4.40	0.22	0.58	12	16	—	2.0	0.5	1.8	90
15	B5-36	3.35	0.22	0.78	12	20	—	2.7	0.7	2.3	85
16	B5-46	3.83	0.27	1.16	7	22	—	1.3	0.6	1.5	100
17	B5-49	2.24	0.38	3.04	14	33	20	4.0	1.1	2.6	65
18	B8-4	2.66	0.25	0.57	23	22	20	5.2	0.9	4.1	79
19	B8-15	3.42	0.13	0.21	30	19	—	5.9	0.7	4.9	83
20	B8-23	4.38	0.42	1.06	19	31	20	5.9	0.5	3.4	58
21	B9-1	2.41	0.18	0.78	16	11	—	3.5	1.0	1.6	46
22	B9-4	2.10	0.30	0.66	23	23	20	6.6	1.1	4.1	62
23	B10-11	2.20	0.17	1.29	12	19	—	1.9	1.1	2.1	100
24	B10-12	2.03	0.36	4.95	6	19	—	1.1	1.1	1.1	100
25	B10-14	4.74	0.18	0.44	16	15	—	2.7	0.5	2.2	81
26	B10-19	2.87	0.04	0.12	13	18	—	3.5	0.8	2.2	63
27	B12-10	3.07	0.61	2.08	12	17	—	3.0	0.8	1.9	63
28	B12-29	2.17	0.43	1.65	19	18	—	3.8	1.1	3.1	82
29	B12-34	2.12	0.58	2.35	19	17	—	3.7	1.1	2.9	78
30	B12-38	9.80	0.50	0.60	12	21	20	2.7	0.2	2.3	85
31	B12-39	3.66	0.40	0.79	18	25	20	4.4	0.7	3.3	75
32	B12-41	2.19	0.22	0.79	17	20	—	3.9	1.1	3.1	79
33	B12-44	6.95	0.20	0.35	16	12	—	2.5	0.3	1.8	72
34	B12-45	2.40	0.48	2.46	16	12	—	2.5	1.0	1.8	72
35	B13-14	6.39	0.66	1.20	11	23	20	2.7	0.4	2.1	78
36	B14-29	9.95	0.25	0.29	9	28	24	2.7	0.2	2.1	78
37	B14-35	2.22	0.04	0.47	7	18	—	1.3	1.1	1.2	92
38	B17-21	3.96	0.71	5.11	6	19	—	1.1	0.6	1.1	100

序号	地块编号	用地面积	组团绿地面积		住宅平均层数	住宅建筑密度		住宅容积率	期望绩效下的住宅容积率		当前绩效
		S（hm^2）	G		N（层）	M_r（%）		R_r	$R_绿$		$PE_绿$（%）
			总量（hm^2）	人均（m^2）		现状	修正		下限值	上限值	
39	B18-06	7.78	0.27	0.73	16	11	—	2.0	0.3	1.6	80
40	B18-09	5.52	0.32	0.97	15	15	—	2.4	0.4	2.1	88
41	B18-10	2.81	0.04	0.27	11	18	—	2.0	0.9	1.9	95
42	B18-14	6.15	0.60	1.99	17	14	—	2.0	0.4	2.2	100
43	B19-18	3.96	0.58	3.11	15	12	—	1.8	0.6	1.7	94
44	B20-05	3.16	0.45	1.11	21	22	20	4.2	0.8	3.8	90
45	B20-09	5.03	0.20	0.66	17	11	—	2.1	0.5	1.7	81
46	YH-34	2.10	0.06	0.39	8	30	24	2.4	1.1	1.8	75
47	YH-46	8.58	0.25	0.20	25	17	—	3.4	0.3	3.7	100
48	YH-75	5.14	0.80	0.83	25	17	—	5.7	0.5	3.7	65
49	YH-94	4.46	0.20	0.30	27	17	—	5.1	0.5	4.0	78
50	YH-150	6.00	0.45	1.69	11	17	—	1.9	0.4	1.8	95
51	YH-153	6.20	0.41	0.81	24	13	—	3.1	0.4	2.8	90
52	C12-31	4.20	0.04	0.23	5	20	—	1.0	0.6	1.0	100
53	C13-08	4.01	0.34	1.23	11	25	20	2.7	0.6	2.1	78
54	C13-04	9.34	0.25	0.52	9	23	—	2.0	0.3	2.0	100
55	C13-04	7.81	0.25	1.38	3	28	—	0.9	0.3	0.8	89
56	C13-04	10.00	0.55	1.08	9	23	—	2.1	0.2	2.0	95
57	C13-04	4.69	0.46	1.74	8	27	24	2.2	0.5	1.8	82
58	C13-04	4.95	0.44	1.67	10	22	20	2.1	0.5	1.9	90
59	未编号 2	2.50	0.05	0.47	20	20	—	2.0	1.0	3.6	100
60	未编号 3	2.00	0.06	0.69	8	25	24	2.0	1.2	1.8	90
61	未编号 4	3.24	0.10	0.45	16	20	—	3.2	0.7	2.9	91
62	C5-01	2.88	0.05	0.32	12	17	—	2.5	0.8	1.9	76

通过计算与分析，组团绿地因子影响下的 128 个典型样本的开发强度当前绩效的平均值未达到 100%，约为 84%。其中，高新区内的 62 个典型样本的开发强度当前绩效的平均值约为 83%。在 128 个典型样本中，当前绩效达到 100% 的样本仅有 31 个，约占典型样本总数的 24%。其中，高新区内的 62 个典型样本中仅有 19%，即 12 个样本的开发强度当前绩效达到了 100%。另外，受到确保 1/3 组团级公园绿地面积在标准日照阴影线范围之外的约束条件影响，当样本居住地块内的住宅平均层数和建筑密度越大时，开发强度当前绩效与期望绩效的差距越大。而典型样本居住地块的住宅平均层数整体较高，且部分地块的住宅建筑密度突破了规范要求，因此很大一部分样本的当前绩效低于 80%。总之，组团绿地因子影响下开发强度的当前绩效大多未达到期望绩效，当前绩效整体较低。

6.2.3 基于停车位因子的绩效分析

（1）停车位因子配建状况分析

停车位因子直接可量化的指标要求为相关规范中的地上停车率，以及户均或每百平方米住宅建筑面积应配建的停车位个数。在地上停车率方面，居住区规范 8.0.6.2 条、《陕西省城市规划管理技术规定》5.9 条均规定：居住区内地面停车率不宜超过 10%。通过对"典型样本指标统计表"（附录 5、附录 6）的分析，128 个居住地块典型样本中，有近 44%，即 56 个样本的地上停车率大于 10%，这 56 个样本的平均地上停车率为 22%，其中地上停车率超过 50% 的主要为低层居住地块（图 6-2、表 6-6、表 6-7）。在每百平方米住宅建筑面积应配建的停车位数量方面，《陕西省城市规划管理技术规定》5.6 条规定：普通住宅建筑的停车位最低控制指标为 0.8 车位/100m²。通过对"典型样本指标统计表"（附录 5、附录 6）的分析，128 个居住地块典型样本中，有近 70%，即 88 个样本的停车位不足 0.8 车位/100m²，这 88 个样本的平均停车位指标仅为 0.4 车位/100m²，其中最低的停车位指标仅为 0.01 车位/100m²（表 6-6、表 6-7 中四舍五入后表示为 0.0）（图 6-2、表 6-6、表 6-7）。由此可见，当前居住地块的地上停车率普遍偏高，同时停车位配置却严重不足。究其原因，可能有两方面：一方面，居住地块规划建设对停车率指标控制不严格，导致配建停车位个数不足，特别是地下停车位配建数量偏低；另一方面，居住地块的开发强度过高，导致停车位无法满足配建要求。总之，停车位因子的当前配置严重不足，亟待通过开发强度绩效首先在开发强度控制层面确保停车位的合理配置。

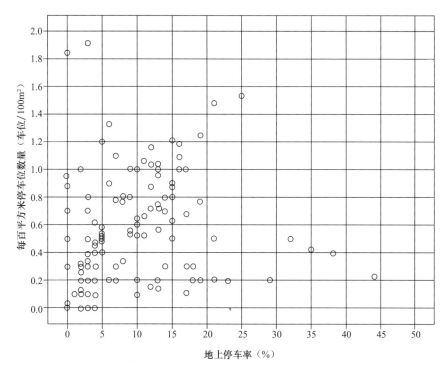

图 6-2　西安市居住地块典型样本地上停车率（50% 以下）与每百平方米停车位数量散点图

（2）典型样本开发强度的绩效分析

停车位因子影响下的单因子下限模型也仅与地块用地规模 S 相关，即 $R_车 \geqslant \dfrac{2.5}{S}$（$S$ 单位为 hm²）；上限模型则为与地下车库的层数 $n_库$、住宅建筑密度 M_r 相关的函数，即 $R_车 \leqslant$

$7.76 \times n_库 \times (1-M_r)$。当地下车库的层数 $n_库 = 1$ 层时，停车位模型下住宅容积率 $R_车$ 的值域区间为（0.4，6.6）；当地下车库的层数 $n_库 = 2$ 层时，$R_车$ 为（0.4，13.2）。因此，基于停车位因子的绩效分析，也应以基于住宅建筑日照因子的绩效分析中的住宅建筑密度修正结果为基础，运用停车位因子影响下的单因子模型计算期望绩效下的住宅容积率，然后再运用开发强度当前绩效的计算方法，进行停车位因子影响下的开发强度当前绩效，即 $PE_车$ 的计算与分析。具体计算与分析过程见表 6-6、表 6-7。

停车位因子影响下的典型样本开发强度绩效分析表一　　　　表 6-6

序号	地块编号	用地面积 S (hm²)	停车位总数 P (个)	地上停车率 (%)	百平方米停车位数 (辆/100m²)	住宅建筑密度 M_r (%)		住宅容积率 R_r	期望绩效下的住宅容积率 $R_车$			当前绩效 $PE_车$ (%)
						现状	修正		下限值	$n_库=1$ 上限值	$n_库=2$ 上限值	
1	2	2.50	60	1	0.1	25	24	2.3	1.0	5.9	11.8	100
2	3	3.33	314	2	0.3	25	20	2.9	0.8	6.2	12.4	100
3	12	3.34	611	5	0.5	11	—	3.6	0.7	6.9	13.8	100
4	13	4.68	826	5	0.5	19	—	3.2	0.5	6.3	12.6	100
5	14	2.27	281	3	0.3	26	20	3.7	1.1	6.2	12.4	100
6	18	2.01	289	3	0.4	23	20	3.7	1.2	6.2	12.4	100
7	21	5.33	293	3	0.3	25	20	3.1	0.5	6.2	12.4	100
8	22	4.16	1368	7	0.8	18	—	4.2	0.6	6.4	12.7	100
9	23	9.07	718	2	0.3	11	—	2.0	0.5	6.9	13.8	100
10	28	7.72	76	0	0.0	26	20	3.1	0.5	6.2	12.4	100
11	29	2.00	447	5	0.6	24	20	3.8	1.3	6.2	12.4	100
12	31	4.29	1115	5	0.5	24	20	4.4	0.6	6.2	12.4	100
13	33	3.85	564	5	0.6	16	—	2.5	0.6	6.5	13.0	100
14	35	3.35	438	4	0.5	22	20	2.8	0.7	6.2	12.4	100
15	36	3.30	1268	8	0.8	33	20	5.0	0.8	6.2	12.4	100
16	51	2.71	308	4	0.4	14	—	2.9	0.9	6.7	13.3	100
17	54	9.50	1626	8	0.8	16	—	2.1	0.3	6.5	13.0	100
18	57	3.16	482	9	0.5	16	—	2.9	0.6	6.5	13.0	100
19	60	3.55	862	10	0.5	19	—	4.7	0.7	6.3	12.6	100
20	62	4.32	1611	14	0.7	30	20	5.2	0.6	6.2	12.4	100
21	63	3.72	12	0	0.0	32	20	3.8	0.7	6.2	12.4	100
22	68	2.47	943	15	0.6	23	20	6.1	1.0	6.2	12.4	100
23	69	6.71	1527	17	0.7	23	20	3.4	0.4	6.2	12.4	100
24	79	3.97	1084	13	0.6	20	—	4.2	0.6	6.2	12.4	100
25	81	3.88	130	2	0.1	24	20	2.6	0.6	6.2	12.4	100
26	84	4.42	1782	13	1.0	18	—	4.2	0.6	6.4	12.7	100
27	86	3.53	741	19	1.2	13	—	1.8	0.7	6.8	13.5	100
28	87	3.02	1201	9	0.6	26	20	6.1	0.8	6.2	12.4	100
29	89	2.93	430	13	0.7	17	—	2.0	0.9	6.4	12.9	100
30	90	9.50	1626	15	0.9	15	—	1.9	0.3	6.6	13.2	100

序号	地块编号	用地面积 S (hm²)	停车位总数 P (个)	地上停车率 (%)	百平方米停车位数 (辆/100m²)	住宅建筑密度 M_r (%) 现状	住宅建筑密度 M_r (%) 修正	住宅容积率 R_r	期望绩效下的住宅容积率 $R_车$ 下限值	期望绩效下的住宅容积率 $R_车$ $n_库=1$ 上限值	期望绩效下的住宅容积率 $R_车$ $n_库=2$ 上限值	当前绩效 $PE_车$ (%)
31	92	4.48	1388	11	0.5	29	20	6.1	0.6	6.2	12.4	100
32	93	8.87	2695	11	0.7	22	20	5.1	0.3	6.2	12.4	100
33	96	5.65	1350	12	0.7	11	—	2.7	0.4	6.9	13.8	100
34	97	3.53	817	10	0.6	15	—	3.9	0.7	6.6	13.2	100
35	99	2.71	469	15	0.9	13	—	3.0	0.9	6.8	13.5	100
36	100	2.00	447	13	0.8	16	—	3.8	1.3	6.5	13.0	100
37	102	8.76	981	8	0.3	19	—	3.3	0.3	6.3	12.6	100
38	103	2.25	530	0	0.9	25	20	2.7	1.1	6.2	12.4	100
39	105	6.61	2719	16	1.1	22	20	3.8	0.4	6.2	12.4	100
40	107	9.55	3398	12	1.0	15	—	3.4	0.3	6.6	13.2	100
41	108	8.32	2913	11	1.1	23	20	3.3	0.3	6.2	12.4	100
42	109	7.72	66	17	0.1	26	—	0.8	0.3	5.7	11.5	100
43	110	7.95	64	13	0.1	25	—	0.6	0.3	5.8	11.6	100
44	111	9.51	61	10	0.1	28	26	0.7	0.3	5.7	11.5	100
45	113	6.97	2253	12	0.9	13	—	3.7	0.4	6.8	13.5	100
46	114	5.18	1484	15	1.2	19	—	2.4	0.5	6.3	12.6	100
47	115	6.32	1964	12	1.2	18	—	2.7	0.4	6.4	12.7	100
48	119	9.29	3102	21	1.5	17	—	2.3	0.3	6.4	12.9	100
49	121	5.69	515	35	0.4	25	20	2.6	0.4	6.2	12.4	100
50	122	3.31	1912	3	1.9	40	20	2.9	0.8	6.2	12.4	100
51	123	3.60	564	10	0.5	28	20	3.0	0.7	6.2	12.4	100
52	124	7.41	2070	13	1.0	26	20	2.7	0.3	6.2	12.4	100
53	125	3.36	82	44	0.2	22	—	1.1	0.7	6.1	12.1	100
54	126	5.09	102	13	0.1	26	—	1.4	0.5	5.7	11.5	100
55	127	6.30	124	12	0.2	26	—	1.3	0.4	5.7	11.5	100
56	131	3.80	700	4	0.5	14	—	4.0	0.7	6.7	13.3	100
57	133	6.10	1167	4	0.6	28	20	3.4	0.4	6.2	12.4	100
58	134	4.00	585	10	0.6	17	—	2.3	0.6	6.4	12.9	100
59	135	4.40	2860	25	1.5	32	20	4.4	0.6	6.2	12.4	100
60	136	6.40	917	19	0.8	21	—	1.9	0.4	6.1	12.3	100
61	137	2.79	260	172	0.9	27	26	1.0	0.9	5.7	11.5	100
62	139	4.87	320	147	0.6	28	—	1.1	0.5	5.6	11.2	100
63	141	3.25	902	6	1.3	18	—	2.1	0.8	6.4	12.7	100
64	143	7.56	2637	16	1.2	15	—	3.0	0.3	6.6	13.2	100
65	144	2.00	760	0	1.0	20	—	4.0	1.3	6.2	12.4	100
66	145	6.38	3364	0	1.8	19	—	2.9	0.4	6.3	12.6	100

注：1. 当 $n_库=2$ 时，各地块期望绩效下停车位的最少个数为当 $n_库=1$ 时的2倍；

2. 表中的当前绩效 $PE_车=100\%$ 时，表示 $n_库=1$、$n_库=2$ 时 $PE_车$ 均达到了100%。

序号	地块编号	用地面积 S (hm²)	停车位总数 P (个)	地上停车率 (%)	百平方米停车位数 (辆/100m²)	住宅建筑密度 M_r（%） 现状	修正	住宅容积率 R_r	期望绩效下的住宅容积率 $R_车$ 下限值	$n_库=1$ 上限值	$n_库=2$ 上限值	当前绩效 $PE_车$ （%）
1	B1-19	4.02	367	4	0.3	19	—	2.8	0.6	6.3	12.6	100
2	B1-25	8.05	400	4	0.4	39	33	1.1	0.3	5.2	10.4	100
3	B1-27	4.46	380	4	0.4	12	—	2.2	0.6	6.8	13.7	100
4	B1-29	3.67	556	3	0.5	13	—	3.3	0.7	6.8	13.5	100
5	B2-04	3.00	222	2	0.3	34	24	3.0	0.8	5.9	11.8	100
6	B2-40	3.62	150	21	0.2	27	24	1.9	0.7	5.9	11.8	100
7	B2-48	3.21	189	3	0.3	10	—	2.3	0.8	7.0	14.0	100
8	B2-49	4.00	267	3	0.3	33	24	2.3	0.6	5.9	11.8	100
9	B4-18	2.77	160	10	0.2	17	—	2.6	0.9	6.4	12.9	100
10	B4-19	3.22	95	13	0.2	14	—	1.7	0.8	6.7	13.3	100
11	B5-05	5.82	159	10	0.2	31	24	1.7	0.4	5.9	11.8	100
12	B5-13	2.75	103	10	0.2	24	—	2.0	0.9	5.9	11.8	100
13	B5-16	2.84	146	23	0.2	22	20	2.2	0.9	6.2	12.4	100
14	B5-20	4.40	1055	5	1.2	16	—	2.0	0.6	6.5	13.0	100
15	B5-36	3.35	472	21	0.5	20	—	2.7	0.7	6.2	12.4	100
16	B5-46	3.83	590	7	1.1	22	—	1.3	0.7	6.1	12.1	100
17	B5-49	2.24	165	4	0.2	33	20	4.0	1.1	6.2	12.4	100
18	B8-4	2.66	83	1	0.1	22	20	5.2	0.9	6.2	12.4	100
19	B8-15	3.42	1600	8	0.8	19	—	5.9	0.7	6.3	12.6	100
20	B8-23	4.38	995	38	0.4	31	20	5.9	0.6	6.2	12.4	100
21	B9-1	2.41	197	7	0.2	11	—	3.5	1.0	6.9	13.8	100
22	B9-4	2.10	586	4	0.4	23	20	6.6	1.2	6.2	12.4	94//100
23	B10-11	2.20	330	14	0.8	19	—	1.9	1.1	6.3	12.6	100
24	B10-12	2.03	181	9	0.8	19	—	1.1	1.2	6.3	12.6	100
25	B10-14	4.74	180	3	0.1	15	—	2.7	0.5	6.6	13.2	100
26	B10-19	2.87	500	5	0.5	18	—	3.5	0.9	6.4	12.7	100
27	B12-10	3.07	703	3	0.8	17	—	3.0	0.8	6.4	12.9	100
28	B12-29	2.17	657	8	0.8	18	—	3.8	1.2	6.4	12.7	100
29	B12-34	2.12	620	15	0.8	17	—	3.7	1.2	6.4	12.9	100
30	B12-38	9.80	2623	9	1.0	21	20	2.7	0.3	6.2	12.4	100
31	B12-39	3.66	31	2	0.0	25	20	4.4	0.7	6.2	12.4	100
32	B12-41	2.19	863	17	1.0	20	—	3.9	1.1	6.2	12.4	100
33	B12-44	6.95	1765	10	1.0	12	—	2.5	0.4	6.8	13.7	100
34	B12-45	2.40	610	16	1.0	12	—	2.5	1.0	6.8	13.7	100
35	B13-14	6.39	832	15	0.5	23	20	2.7	0.4	6.2	12.4	100
36	B14-29	9.95	2612	2	1.0	28	24	2.7	0.3	5.9	11.8	100
37	B14-35	2.22	141	32	0.5	18	—	1.3	1.1	6.4	12.7	100
38	B17-21	3.96	440	13	1.0	19	—	1.1	0.6	6.3	12.6	100

序号	地块编号	用地面积 S (hm²)	停车位总数 P (个)	地上停车率 (%)	百平方米停车位数 (辆/100m²)	住宅建筑密度 M_r (%) 现状	住宅建筑密度 M_r (%) 修正	住宅容积率 R_r	期望绩效下的住宅容积率 $R_车$ 下限值	期望绩效下的住宅容积率 $R_车$ 上限值 $n_库=1$	期望绩效下的住宅容积率 $R_车$ 上限值 $n_库=2$	当前绩效 $PE_车$ (%)
39	B18-06	7.78	324	3	0.2	11	—	2.0	0.3	6.9	13.8	100
40	B18-09	5.52	204	2	0.2	15	—	2.4	0.5	6.6	13.2	100
41	B18-10	2.81	162	7	0.3	18	—	2.0	0.9	6.4	12.7	100
42	B18-14	6.15	78	2	0.1	14	—	2.0	0.4	6.7	13.3	100
43	B19-18	3.96	290	5	0.4	12	—	1.8	0.6	6.8	13.7	100
44	B20-05	3.16	54	4	0.0	22	20	4.2	0.8	6.2	12.4	100
45	B20-09	5.03	25	3	0.0	11	—	2.1	0.5	6.9	13.8	100
46	YH-34	2.10	90	19	0.2	30	24	2.4	1.2	5.9	11.8	100
47	YH-46	8.58	2100	3	0.7	17	—	3.4	0.3	6.4	12.9	100
48	YH-75	5.14	600	2	0.2	17	—	5.7	0.5	6.4	12.9	100
49	YH-94	4.46	280	4	0.1	17	—	5.1	0.5	6.4	12.9	100
50	YH-150	6.00	220	10	0.2	17	—	1.9	0.4	6.4	12.9	100
51	YH-153	6.20	1800	6	0.9	13	—	3.1	0.4	6.8	13.5	100
52	C12-31	4.20	100	18	0.2	20	—	1.0	0.6	6.2	12.4	100
53	C13-08	4.01	250	6	0.2	25	20	2.7	0.6	6.2	12.4	100
54	C13-04	9.34	532	0	0.3	23	—	2.0	0.3	6.0	12.0	100
55	C13-04	7.81	533	0	0.7	28	—	0.9	0.3	5.6	11.2	100
56	C13-04	10.00	730	0	0.3	23	—	2.1	0.3	6.0	12.0	100
57	C13-04	4.69	534	0	0.5	27	24	2.2	0.5	5.9	11.8	100
58	C13-04	4.95	532	0	0.5	22	20	2.1	0.5	6.2	12.4	100
59	未编号 2	2.50	150	18	0.3	20	—	2.0	1.0	6.2	12.4	100
60	未编号 3	2.00	80	29	0.2	25	24	2.0	1.3	5.9	11.8	100
61	未编号 4	3.24	300	14	0.3	20	—	3.2	0.8	6.2	12.4	100
62	C5-01	2.88	230	17	0.3	17	—	2.5	0.9	6.4	12.9	100

注: 1. 当 $n_库=2$ 时，各地块期望绩效下停车位的最少个数为当 $n_库=1$ 时的 2 倍；

2. 表中的当前绩效 $PE_车=100\%$ 时，表示 $n_库=1$、$n_库=2$ 时 $PE_车$ 均达到了 100%；"94//100" 则表示 $n_库=1$ 时，$PE_车=94\%$，$n_库=2$ 时，$PE_车=100\%$。

通过计算与分析，在地下车库的层数 $n_库=1$ 层时，128 个典型样本中仅有 1 个样本的停车位因子影响下的开发强度当前绩效未达到 100%；在 $n_库=2$ 层时，则所有样本的当前绩效达到了 100%。由此可见，一方面，在当前规范要求下，建设 1 层地下车库已基本能满足组团规模居住地块的停车需求；另一方面，典型样本的停车位因子当前配置严重不足的问题根源并不在开发强度控制方面，而在修规方案、实际建设、停车率指标要求等方面。

从西安市新建居住地块地下停车位的建设实际情况来看，由于受到各种条件（包括地块形状、车库柱网排布、停车方式、单个停车位面积等）的影响，目前西安市对于居住地块内地下车库的建设在一定程度上还没有实现对空间最经济的利用，从而导致居住地块内实际的停车位数量要少于"理想"状态下的停车位数量。可见，对于居住地块来说，应加强地下车库布置方式、停车位面积、层数等方面的综合改进，以此来增加相同地块面积下的停车位数量，从而有效地保障地块容积率与停车位因子的合理配建。此外，造成目前实际车位数量"紧张"状况的另一个原因是居住地块样本的现状停车率远远没有达到 0.8 个/100㎡ 建筑面积的标准。经统计分析，128 个典型样本居住地块的平均停车率不足 0.6 个/100㎡ 建筑面积；在 128 个样本中，现状只有约 30% 的地块，即 40 个地块的停车率达到 0.8 个/100㎡ 建筑面积。因此，目前居住地块普遍存在的"停车难"问题的解决途径应为：一方面，通过各种技术手段尽最大可能地实现对居住地块的用地特别是地下空间的集约化、紧凑化利用；另一方面，在居住地块规划管理过程中，应严格把控停车率指标以提高停车位配比。

6.3 片区层面公共利益因子影响下的绩效分析

基于片区层面公共利益因子的典型样本的研究区域为高新区的一二期、电子城、中央商务区，这一区域基本为现状建成区，也是高新区内现状居住地块分布最为集中、连片的区域，区域总用地规模约为 28.00km²。其中，居住地块总用地规模约为 407.75hm²（不包括居住用地中组团级以上的道路用地、公共服务设施用地、公园绿地等），具体包括用地编号在 B1~B20 之间的 121 个备选样本（含 45 个典型样本）。根据研究样本统计，高新区研究区域内的居住地块现状可居住人口规模，即居住户数与户均人口数之乘积，约为 32.00 万人。至 2012 年底，研究区域内的现状常住人口规模约为 25.00 万人（图 6-3，附录 4）。

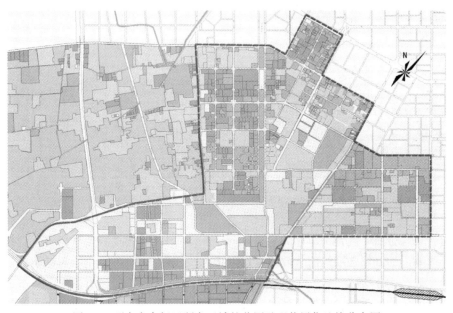

图 6-3 西安市高新区研究区域的范围及现状居住地块分布图

6.3.1 基于小学因子的绩效分析

（1）研究区域的小学现状概况

研究区域内现状共布局有 15 所完全小学，2 所九年制学校，邻近区域内对研究区域有影响的现状小学还有 1 所完全小学（图 6-4、表 6-8）。根据在校生统计，研究区域内的小学生共计 17186 人，生均学校用地面积平均为 12.1m²，生均校舍建筑面积平均为 6.0m²。至 2012 年底，高新区研究区域内现状常住人口规模约为 25.00 万人，据此计算研究区域内的小学在校生现状千人指标为 69 人/千人。

图 6-4 西安市高新区研究区域内的现状小学分布图

西安市高新区研究区域内的现状小学统计表   表 6-8

学制	学校名称	用地面积（hm²）	建筑面积（万 m²）	班级数量（班）	学生人数（人）	每班学生数（人/班）	生均用地面积（m²/人）	生均建筑面积（m²/人）
完全小学	西安高新第一小学	2.61	1.55	52	2901	56	9.0	5.3
	西安高新第二小学	1.93	1.62	36	1968	53	9.3	8.2
	雁塔区东辛庄小学	0.50	0.14	7	400	57	12.5	3.5
	雁塔区甘家寨小学	0.44	0.18	17	983	58	4.5	1.9
	雁塔区科创路小学	0.63	—	24	1314	55	4.8	—
	雁塔区南窑头小学	0.44	0.21	12	499	42	8.8	4.1
	西安高新第三小学	2.85	0.61	20	1001	50	28.5	6.1
	电子城小学	0.93	0.46	24	1200	50	7.8	3.9
	西北工业大学附属小学融侨分校	1.20	0.70	24	1200	50	10.0	5.8
	东仪路小学	0.42	0.24	12	680	57	6.2	3.5
	雁塔区双水磨小学	1.13	—	14	755	54	15.0	—
	雁塔区丈八沟小学	0.83	—	6	325	54	25.5	—
	雁塔区木塔寨小学	0.54	—	16	1023	64	5.3	—
	西安高新第四小学	1.65	0.87	15	620	41	26.6	14.0
	西安高新第五小学	1.30	0.83	24	新建小校，2011 开始招生，现约有学生 900 人。

学制	学校名称	用地面积（hm²）	建筑面积（万 m²）	班级数量（班）	学生人数（人）	每班学生数（人/班）	生均用地面积（m²/人）	生均建筑面积（m²/人）
九年制学校	西安高新第二学校	1.90	1.90	25（34）	1117（1581）	45	12.0	12.0
	西安南苑中学	0.78	0.34	6（22）	300（1100）	50	7.1	3.1
总计		20.09	—	334	17186	—	—	—
平均值		1.18	—	20	1011	52	12.1	6.0
研究区域外对研究样本有影响的学校								
小学	雁塔区鱼化小学	1.80	1.55	25	1171	47	15.4	5.3

注：九年制学校的指标中，"（ ）"内的数值代表总指标，"（ ）"外的数值代表与"小学"相关的指标。

（2）小学因子配建状况分析

小学因子可量化的指标要求主要为相关规范中的学校规模（班级数量）、每班学生人数、生均学校用地面积、生均校舍建筑面积。

在"班级数量"，即"学校规模"方面，《城市普通中小学校校舍建设标准》第六条规定了各类学校的最佳规模：完全小学为 12 班、18 班、24 班、30 班，九年制学校为 18 班、27 班、36 班、45 班。研究范围内的 15 所小学中，现状有 2 所规模过大，2 所规模过小。其中，规模过大的学校最大的规模超出了规范要求 1.7 倍，规模过小的学校最小的规模仅为规范要求的 50%（表 6-9）。总之，研究范围内小学的学校规模总体较为合理，但规模分布不均的情况较为明显。

在"每班学生人数"，即"班额"方面，《中小学校设计规范》（GB 50099—2011）3.0.1 条规定：完全小学应为每班 45 人，非完全小学应为每班 30 人；九年制学校中 1~6 年级应与完全小学相同，7~9 年级应与初级中学相同。研究范围内的 15 所小学中，现状仅有 4 所小学的班额合理，11 所超过班额上限值，其中班额过大的学校最大的每班学生数超出了规范要求近 1.5 倍；研究范围内的 2 所九年制学校中，1 所九年制学校小学部班额偏大（表 6-9）。总之，研究范围内小学的班额整体较规范要求大，这表明现状小学已存在较为明显的超负荷运转状况。

西安市高新区研究区域内小学的学校规模与班额分析表　　　　　　　表 6-9

学制	学校名称	学校规模（班级数量）分析（班）			每班学生数分析（人/班）		
		班级数量	规范指标	现状与规范指标差值	每班学生数	规范指标	现状与规范指标差值
完全小学	西安高新第一小学	52	12~30	22	56	45	11
	西安高新第二小学	36	12~30	6	53	45	8
	雁塔区东辛庄小学	7	12~30	−5	57	45	12
	雁塔区甘家寨小学	17	12~30	0	58	45	13
	雁塔区科创路小学	24	12~30	0	55	45	10
	雁塔区南窑头小学	12	12~30	0	42	45	−3
	西安高新第三小学	20	12~30	0	50	45	5
	电子城小学	24	12~30	0	50	45	5

学制	学校名称	学校规模（班级数量）分析（班）			每班学生数分析（人/班）		
		班级数量	规范指标	现状与规范指标差值	每班学生数	规范指标	现状与规范指标差值
完全小学	西北工业大学附属小学融侨分校	24	12～30	0	50	45	5
	东仪路小学	12	12～30	0	57	45	12
	雁塔区双水磨小学	14	12～30	0	45	45	0
	雁塔区丈八沟小学	6	12～30	—6	54	45	9
	雁塔区木塔寨小学	16	12～30	0	64	45	19
	西安高新第四小学	15	12～30	0	41	45	—4
	西安高新第五小学	24	12～30	0	—	45	—
九年制学校	西安高新第二学校	34	18～45	0	小45/初52	小45/初50	小0/初2
	西安南苑中学	22	18～45	0	50	小45/初50	小5/初0

注：学校规模的负值指现状指标比规范指标下限值小的量，正值指现状指标比规范指标上限值大的量；班额（每班学生数）的负值指现状指标比规范指标小的量，正值指现状指标比规范指标大的量。

在"生均学校用地面积"方面，《中小学校设计规范》（GB 50099—2011）和原《中小学校建筑设计规范》（GBJ 99—86）中的相关规定对生均学校用地面积的下限予以了限定（表5-1）。研究范围内的15所小学中，现状有8所小学的生均学校用地面积较规范下限值小，其中最小的生均学校用地面积仅为规范要求的44%；研究范围内的2所九年制学校中，有1所的生均学校用地面积较规范下限值小，仅达到规范要求的66%（表6-10）。总之，研究范围内小学的生均学校用地面积整体较规范要求小，生均学校用地面积作为衡量学校与服务人口配比状况的重要指标，在很大程度上表明现状小学存在较为严重的超负荷运转状况。

在"生均校舍建筑面积"方面，《城市普通中小学校校舍建设标准》第十一条规定了小学校生均建筑面积的下限指标（表5-2）。研究范围内的15所小学中，现状有8所小学的生均校舍建筑面积较规范下限值小，其中最小的生均校舍建筑面积仅为规范要求的35%；研究范围内的2所九年制学校中，有1所的生均校舍建筑面积较规范下限值小，仅达到规范要求的33%（表6-10）。总之，研究范围内小学的生均校舍建筑面积整体较规范要求小，这也一定程度表明现状小学已存在超负荷运转状况。

西安市高新区研究区域内小学的生均用地面积与生均建筑面积分析表　　表6-10

学制	学校名称	班级数量（班）	生均用地面分析（m²/人）			生均建筑面积分析（m²/人）		
			生均用地面积	规范指标	现状与规范指标差值	生均建筑面积	规范指标	现状与规范指标差值
完全小学	西安高新第一小学	52	9.0	9.4	—0.4	5.3	7.2	—1.9
	西安高新第二小学	36	9.3	9.4	—0.1	8.2	7.2	1.0
	雁塔区东辛庄小学	7	12.5	11.3	1.2	3.5	10.0	—6.5
	雁塔区甘家寨小学	17	4.5	10.3	—5.8	1.9	8.3	—6.4
	雁塔区科创路小学	24	4.8	9.4	—4.6	—	—	—
	雁塔区南窑头小学	12	8.8	11.3	—2.5	4.1	10.0	—5.9
	西安高新第三小学	20	28.5	10.3	18.2	6.1	8.3	—2.2
	电子城小学	24	7.8	9.4	—1.6	3.9	7.9	—4.0
	西北工业大学附属小学融侨分校	24	10.0	9.4	0.6	5.8	7.9	—2.1

学制	学校名称	班级数量（班）	生均用地面分析（m²/人）			生均建筑面积分析（m²/人）		
			生均用地面积	规范指标	现状与规范指标差值	生均建筑面积	规范指标	现状与规范指标差值
完全小学	东仪路小学	12	6.2	11.3	−5.1	3.5	7.9	−4.4
	雁塔区双水磨小学	14	15.0	11.3	3.7	—	—	—
	雁塔区丈八沟小学	6	25.5	11.3	14.2	—	—	—
	雁塔区木塔寨小学	16	5.3	10.3	−5.0	—	—	—
	西安高新第四小学	15	26.6	10.3	16.3	14.0	10.0	4.0
	西安高新第五小学	24	—	—	—	—	—	—
九年制学校	西安高新第二学校	34	12.0	10.1	1.9	12.0	8.0	4.0
	西安南苑中学	22	7.1	10.8	−3.7	3.1	9.3	−6.2

注：负值指现状指标比规范指标下限值小的量，正值指现状指标比规范指标下限值大的量。

（3）小学服务半径与服务地块划分

在"服务半径"方面，《中小学校设计规范》（GB 50099—2011）第4.1.4条规定："城镇完全小学的服务半径宜为500m。"同时，其条文说明4.1.4条解释：学校服务半径的有关规定，旨在强调学校布局应做到小学生上学时间控制在步行10min左右。所以，根据人步行速度4~6km/h计算，小学校的服务半径最大可达到1000m。本研究中，若依照500m的小学服务半径划分研究区域内每个小学服务的居住地块，则研究区域内的居住地块并不能完全被小学服务范围所覆盖；同时，研究区域内还存在部分小学距离较近，500m的服务半径重叠的问题（图6-5）。因此，本研究结合高新区小学学区现状划分状况，以小学服务范围不跨越城市主干道路为基本原则，按最大1000m的小学校服务半径调整每个小学的服务范围；同时，将距离较近的小学纳入一个适当扩大的服务半径内，据此研究区域基本能达到小学校服务的"全覆盖"（图6-6）。

图6-5　西安市高新区研究区域内小学适宜半径下的服务范围图

图 6-6　西安市高新区研究区域内的小学服务范围调整图

　　根据调整后的小学服务半径，研究区域可以被划分为 8 个小学服务区。考虑到研究区域及其周边区域的小学服务范围与居住地块需要完全对应，所以在与高新区鱼化综合片区相邻的 2 个服务区中，将鱼化综合片区中临近的小学、居住地块纳入统一考虑。8 个小学服务区与各区所含居住地块情况详见图 6-7、附录 7。其中，学校用地规模的计算中，九年制学校小学部的用地按小学部班级数占学校总班级数比例计算。

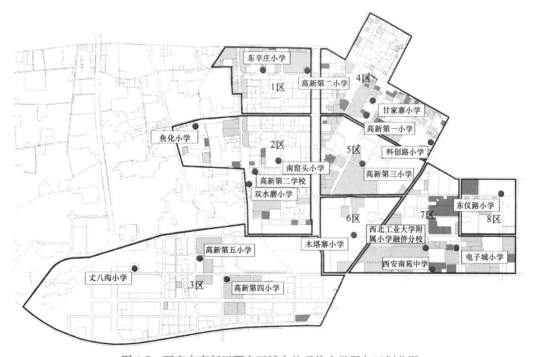

图 6-7　西安市高新区研究区域内的现状小学服务区划分图

153

（4）研究区域典型样本开发强度绩效的初步分析

基于小学因子的下限实效模型为与小学服务半径内的小学校个数 $n_{小}$ 和所有居住地块的用地面积 ΣS 相关的函数，即 $R_{小} \geqslant \dfrac{27 \times n_{小}}{\Sigma S}$（$S$ 单位为 hm^2）；上限实效模型为与小学服务半径内的所有小学总用地规模 $\Sigma S_{小}$ 和所有居住地块的用地规模 ΣS 相关的函数，即 $R_{小} \leqslant \dfrac{53.19 \times \Sigma S_{小}}{\Sigma S}$（$S$ 单位为 hm^2）。在理想状况下，小学理论模型下的容积率值域区间为（0.6，6.7）。根据研究区域内的小学及其服务范围对应的居住地块的划分（附录7），运用上述"小学—容积率"实效模型，可计算出每个小学服务片区内居住地块住宅容积率的值域区间。但由于小学服务片区划分的局限性，根据实效模型计算出的个别小学服务片区居住地块住宅容积率的上下限可能会突破理想状态下容积率的上下限数值，甚至出现下限值大于上限值的状况。这主要是因为个别小学服务片区对研究区域外的区域也有服务作用，但这一服务作用难以在小学片区划分层面完全得到统计。因此，在各小学服务片区居住地块住宅容积率值域区间计算后，需要以小学理论模型下的容积率值域区间对基于实效模型的计算数值进行修正。具体计算见表6-11。

各小学服务片区居住地块住宅容积率值域区间计算与修正一览表　　　表6-11

服务片区序号	小　学		居住地块					
	学校数量	总用地规模	地块数量	总用地规模	容积率 $R_{小}$ 下限		容积率 $R_{小}$ 上限	
	$n_{小}$（所）	$\Sigma S_{小}$（hm^2）	（块）	ΣS（hm^2）	计算值	修正	计算值	修正
1	2	2.43	19	62.01	0.9	—	2.1	—
2	4	4.52	14	63.03	1.7	—	3.8	—
3	3	3.78	13	68.38	1.2	—	2.9	—
4	3	3.68	44	61.72	1.3	—	3.2	—
5	1	2.85	13	62.22	0.4	0.6	2.4	—
6	1	0.54	1	5.03	5.4	—	5.7	—
7	3	2.34	24	114.78	0.7	—	1.1	—
8	1	0.42	1	1.03	26.2	0.6	21.7	6.7

注：$n_{小}$、$\Sigma S_{小}$、ΣS 的统计数据详见附录7。

根据上述各小学服务片区居住地块住宅容积率值域区间计算与修正的结果，可以对研究区域内的典型地块进行小学因子影响下的开发强度当前绩效，即 $PE_{小}$ 的计算与分析，具体见表6-12。

小学因子影响下研究区域内的典型样本开发强度绩效初步分析表　　　表6-12

小学服务片区序号	用地编号	用地面积	住宅容积率	期望绩效下的住宅容积率		当前绩效
		S（hm^2）	Rr	$R_{小}$		$PE_{小}$（%）
				下限值	上限值	
1	B1-19	4.02	2.8	0.9	2.1	75
	B1-25	8.05	1.1	0.9	2.1	100
	B1-27	4.46	2.2	0.9	2.1	95
	B1-29	3.67	3.3	0.9	2.1	64

小学服务片区序号	用地编号	用地面积	住宅容积率	期望绩效下的住宅容积率		当前绩效
		S（hm²）	R_r	$R_小$		$PE_小$（%）
				下限值	上限值	
2	B4-18	2.77	2.6	1.7	3.8	100
	B4-19	3.22	1.7	1.7	3.8	100
	B10-11	2.20	1.9	1.7	3.8	100
	B10-12	2.03	1.1	1.7	3.8	65
	B10-14	4.74	2.7	1.7	3.8	100
	B10-19	2.87	3.5	1.7	3.8	100
3	B17-21	3.96	1.1	1.2	2.9	92
	B18-06	7.78	2.0	1.2	2.9	100
	B18-09	5.52	2.4	1.2	2.9	100
	B18-10	2.81	2.0	1.2	2.9	100
	B18-14	6.15	2.0	1.2	2.9	100
	B19-18	3.96	1.8	1.2	2.9	100
	B20-05	3.16	4.2	1.2	2.9	69
4	B2-04	3.00	3.0	1.3	3.2	100
	B2-40	3.62	1.9	1.3	3.2	100
	B2-48	3.21	2.3	1.3	3.2	100
	B2-49	4.00	2.3	1.3	3.2	100
	B5-05	5.82	1.7	1.3	3.2	100
	B5-13	2.75	2.0	1.3	3.2	100
	B5-16	2.84	2.2	1.3	3.2	100
	B5-36	3.35	2.7	1.3	3.2	100
	B5-46	3.83	1.3	1.3	3.2	100
	B5-49	2.24	4.0	1.3	3.2	80
5	B5-20	4.40	2.0	0.6	2.4	100
	B8-4	2.66	5.2	0.6	2.4	46
	B8-15	3.42	5.9	0.6	2.4	41
	B8-23	4.38	5.9	0.6	2.4	41
	B9-1	2.41	3.5	0.6	2.4	69
6	B20-09	5.03	2.1	5.4	5.7	39
7	B9-4	2.10	6.6	0.7	1.1	17
	B12-10	3.07	3.0	0.7	1.1	37
	B12-29	2.17	3.8	0.7	1.1	29
	B12-34	2.12	3.7	0.7	1.1	30
	B12-38	9.80	2.7	0.7	1.1	41
	B12-39	3.66	4.4	0.7	1.1	25
	B12-41	2.19	3.9	0.7	1.1	28
	B12-44	6.95	2.5	0.7	1.1	44
	B12-45	2.40	2.5	0.7	1.1	44
	B13-14	6.39	2.7	0.7	1.1	41
	B14-29	9.95	2.7	0.7	1.1	41
	B14-35	2.22	1.3	0.7	1.1	85

（5）研究区域典型样本开发强度绩效的修正

对于小学因子而言，因为小学因子模型假定小学服务半径内居住地块的开发强度受小学因子的均等影响，即小学因子模型下同一小学服务半径内的每个居住地块的容积率是相同的，所以基于小学因子的容积率指标数值为小学服务半径覆盖范围内所有居住地块容积率指标的平均值。那么，当单个居住地块的现状住宅容积率指标 Rr 突破基于小学因子的期望绩效下住宅容积率的值域区间时（表 6-12），若小学因子模型构建的基本思路得到了满足，即小学服务半径内的现状所有居住地块所含小学生规模 $N_{观}^{小}$ 能与小学服务半径内学校的规范要求所容纳小学生规模 $N_{规}^{小}$ 相匹配，则这时表 6-12 中对应居住地块的开发强度的当前绩效 PE 即使小于 100%，小学服务半径内居住地块的开发强度当前绩效其实仍已达到了期望绩效，那么这时开发强度的当前绩效 PE 应修正为 100%。

对小学因子模型构建基本思路的衡量，具体通过小学因子实效模型的式 5-7、式 5-11 计算小学服务半径内学校的规范要求学生规模。其中，最小规模 $N_{规min}^{小}$ 为小学校的数量与最少班级数及每班班额的乘积；最大规模 $N_{规max}^{小}$ 为小学服务片区内所有小学校的总用地规模与最小生均学校用地面积的商。而小学服务半径内的现状所有居住地块所含小学生规模 $N_{观}^{小}$ 为所有居住地块的总居住人口规模与小学生千人指标的乘积。具体计算见表 6-13。通过计算可知，小学服务片区 2、3、5 的 $N_{规min}^{小} \leqslant N_{观}^{小} \leqslant N_{规max}^{小}$，所以这 3 个小学服务片区内的居住地块的开发强度当前绩效 PE 应修正为 100%，具体修正结果见表 6-14 中的"修正值"。

小学因子影响下研究区域内的典型样本开发强度绩效修正分析表　　表 6-13

服务片区	小　　学				居住地块		绩效是否需要修正
	学校数量	总用地规模	学生规模（人）		居住人口	学生规模	
	$n_小$（所）	$\Sigma S_小$（hm²）	$N_{规min}^{小}$ 下限	$N_{规max}^{小}$ 上限	N（人）	$N_{观}^{小}$（人）	
1	2	2.43	1080	2585	51914	3115	否
2	4	4.52	2160	4809	40774	2446	是
3	3	3.78	1620	4021	44870	2692	是
4	3	3.68	1620	3915	71389	4283	否
5	1	2.85	540	3032	46640	2798	是
6	1	0.54	540	574	3021	181	否
7	3	2.34	1620	2489	96394	5784	否
8	1	0.42	447	447	1830	110	否

注：$n_小$、$\Sigma S_小$、N 的统计数据详见附录 7。

小学因子影响下研究区域内的典型样本开发强度绩效分析表　　表 6-14

小学服务片区序号	用地编号	住宅容积率	期望绩效下的住宅容积率		当前绩效	
		R_r	$R_小$		$PE_小$（%）	修正值 $PE_小$（%）
			下限值	上限值		
1	B1-19	2.8	0.9	2.1	75	—
	B1-25	1.1	0.9	2.1	100	—
	B1-27	2.2	0.9	2.1	95	—
	B1-29	3.3	0.9	2.1	64	—

小学服务片区序号	用地编号	住宅容积率 R_r	期望绩效下的住宅容积率 $R_小$		当前绩效	
			下限值	上限值	$PE_小$（%）	修正值 $PE_小$（%）
2	B4-18	2.6	1.7	3.8	100	—
	B4-19	1.7	1.7	3.8	100	—
	B10-11	1.9	1.7	3.8	100	—
	B10-12	1.1	1.7	3.8	65	100
	B10-14	2.7	1.7	3.8	100	—
	B10-19	3.5	1.7	3.8	100	—
3	B17-21	1.1	1.2	2.9	92	100
	B18-06	2.0	1.2	2.9	100	—
	B18-09	2.4	1.2	2.9	100	—
	B18-10	2.0	1.2	2.9	100	—
	B18-14	2.0	1.2	2.9	100	—
	B19-18	1.8	1.2	2.9	100	—
	B20-05	4.2	1.2	2.9	69	100
4	B2-04	3.0	1.3	3.2	100	—
	B2-40	1.9	1.3	3.2	100	—
	B2-48	2.3	1.3	3.2	100	—
	B2-49	2.3	1.3	3.2	100	—
	B5-05	1.7	1.3	3.2	100	—
	B5-13	2.0	1.3	3.2	100	—
	B5-16	2.2	1.3	3.2	100	—
	B5-36	2.7	1.3	3.2	100	—
	B5-46	1.3	1.3	3.2	100	—
	B5-49	4.0	1.3	3.2	80	—
5	B5-20	2.0	0.6	2.4	100	—
	B8-4	5.2	0.6	2.4	46	100
	B8-15	5.9	0.6	2.4	41	100
	B8-23	5.9	0.6	2.4	41	100
	B9-1	3.5	0.6	2.4	69	100
6	B20-09	2.1	5.4	5.7	39	—
7	B9-4	6.6	0.7	1.1	17	—
	B12-10	3.0	0.7	1.1	37	—
	B12-29	3.8	0.7	1.1	29	—
	B12-34	3.7	0.7	1.1	30	—
	B12-38	2.7	0.7	1.1	41	—
	B12-39	4.4	0.7	1.1	25	—
	B12-41	3.9	0.7	1.1	28	—
	B12-44	2.5	0.7	1.1	44	—
	B12-45	2.5	0.7	1.1	44	—
	B13-14	2.7	0.7	1.1	41	—
	B14-29	2.7	0.7	1.1	41	—
	B14-35	1.3	0.7	1.1	85	—

　　通过修正，小学因子影响下的研究区域内 45 个典型样本的开发强度当前绩效的平均值未达到 100%，约为 80%。仅从这点来看，小学因子影响下典型样本的开发强度当前绩效 PE 似乎与期望绩效有一定差距。但是，一方面，在 45 个典型样本中，当前绩效达到 100% 的样本有 28 个，约占典型样本总数的 62%，这说明大部分样本的小学因子影响下的

开发强度当前绩效是合理的；另一方面，从小学因子影响下的开发强度当前绩效的数值分布角度来分析，那些当前绩效较低的地块多集中在小学服务片区7，呈现出明显的分布不均现象。因此，小学因子影响下开发强度当前绩效的平均值虽然未达到100%，但是绩效较低的地块往往集中在某一小学校服务片区内，从达到期望绩效的样本数量角度来看，小学因子影响下的当前绩效整体较高。

6.3.2 基于中学因子的绩效分析

（1）研究区域的中学现状概况

研究区域内现状共布局有4所完全中学，2所九年制学校，1初级中学，1所高级中学，邻近区域内对研究区域有影响的现状学校还有1所初级中学（图6-8、表6-15）。根据在校生统计，研究区域内的中学生共计12606人，生均学校用地面积平均为11.4m²，生均校舍建筑面积平均为8.8m²。至2012年底，高新区研究区域内现状常住人口规模约为25.00万人，据此计算研究区域内的中学在校生现状千人指标为50人/千人。

图6-8 西安市高新区研究区域内的现状中学分布图

西安市高新区研究区域内的现状中学统计表 表6-15

学制	学校名称	用地面积（hm²）	建筑面积（万m²）	班级数量（班）	学生人数（人）	每班学生数（人/班）	生均用地面积（m²/人）	生均建筑面积（m²/人）
完全中学	西安高新第三中学	3.33	3.40	36	新建学校，2009开始招生，现有初中8个班，360人；高中9个班，402人			
	西安电子科技中学	2.20	1.48	35	1500	43	14.7	9.9
	西安市第四十六中学	2.13	1.10	24	1086	45	19.6	10.1
	西京公司子校	1.09	1.10	52	2500	48	4.4	4.4

学制	学校名称	用地面积（hm²）	建筑面积（万 m²）	班级数量（班）	学生人数（人）	每班学生数（人/班）	生均用地面积（m²/人）	生均建筑面积（m²/人）
九年制学校	西安高新第二学校	1.90	1.90	9（34）	464（1581）	45	12.0	12.0
	西安南苑中学	0.78	0.34	16（22）	800（1100）	50	7.1	3.1
初级中学	西安高新一中初中部	2.38	2.08	63	3525	56	6.8	5.9
高级中学	西安高新一中高中部	3.04	3.13	37	1969	53	15.4	15.9
	总计	16.85	14.53	272	12606	385	80.0	61.3
	平均值	2.11	1.82	34	1576	48	11.4	8.8
研究区域外对研究样本有影响的学校								
初级中学	西安市第十四中学	1.80	0.80	18	815	45	22.1	9.8

注：九年制学校的指标中，"（ ）"内的数值代表总指标，"（ ）"外的数值代表与"中学"相关的指标。

（2）中学因子配建状况分析

中学因子可量化的指标要求主要为相关规范中的学校规模（班级数量）、每班学生人数、生均学校用地面积、生均校舍建筑面积。

在"班级数量"，即"学校规模"方面，《城市普通中小学校校舍建设标准》第六条规定了各类学校的最佳规模：九年制学校为18班、27班、36班、45班，初级中学为12班、18班、24班、30班，完全中学为18班、24班、30班、36班，高级中学为18班、24班、30班、36班。研究范围内的中学中，有1所完全中学和初级中学与高级中学的学校规模偏大，其中初级中学的规模超出规范要求的2.1倍（表6-16）。总之，研究范围内中学的学校规模总体较为合理，但规模分布不均的情况较为明显。

西安市高新区研究区域内中学的学校规模与班额分析表　　表6-16

学制	学校名称	学校规模（班级数量）分析（班）			每班学生数分析（人/班）		
		班级数量	规范指标	现状与规范指标差值	每班学生数	规范指标	现状与规范指标差值
完全中学	西安高新第第三中学	36	18～36	0	45	50	−5
	西安电子科技中学	35	18～36	0	43	50	−7
	西安市第四十六中学	24	18～36	0	45	50	−5
	西京公司子校	52	18～36	16	48	50	−2
九年制学校	西安高新第二学校	34	18～45	0	小45/初52	小45/初50	小0/初2
	西安南苑中学	22	18～45	0	50	小45/初50	小5/初0
初级中学	西安高新一中初中部	63	12～30	33	56	50	6
高级中学	西安高新一中高中部	37	18～36	1	53	50	3

注：学校规模的负值指现状指标比规范指标下限值小的量，正值指现状指标比规范指标上限值大的量；班额（每班学生数）的负值指现状指标比规范指标小的量，正值指现状指标比规范指标大的量。

在"每班学生人数"，即"班额"方面，《中小学校设计规范》（GB 50099—2011）3.0.1条规定：完全中学、初级中学、高级中学应为每班50人；九年制学校中1～6年级应与完全小学相同，7～9年级应与初级中学相同。研究范围内的中学中，完全中学和九年制学校中学部班额较为合理，其他的中学班额均偏大（表6-16）。总之，研究范围内中学的班额整体较为合理，仅有个别中学的班额超过了规范要求。

在"生均学校用地面积"方面，《中小学校设计规范》（GB 50099—2011）和原《中小学校建筑设计规范》（GBJ 99—86）中的相关规定对中学生均学校用地面积的下限予以了限定（表5-3）。研究范围内的中学中，现状有1所完全中学，1所九年制学校和初级中学的生均学校用地面积较规范下限值小，其中最小的生均学校用地面积仅为规范要求的44%。总之，研究范围内中学的生均学校用地面积大多较规范要求小，生均学校用地面积作为衡量学校与服务人口配比状况的重要指标，在很大程度上表明现状中学存在较为严重的超负荷运转状况。

在"生均校舍建筑面积"方面，《城市普通中小学校校舍建设标准》第十一条规定了中学校生均建筑面积的下限指标（表5-4）。研究范围内的中学中，现状有1所完全中学，1所九年制学校和初级中学的生均学校用地面积较规范下限值小，其中最小的生均校舍建筑面积仅为规范要求的33%（表6-17）。总之，研究范围内中学的生均校舍建筑面积大多较规范要求小，这也一定程度表明现状中学已存在超负荷运转状况。

西安市高新区研究区域内中学的生均用地面积与生均建筑面积分析表　　表6-17

学制	学校名称	班级数量（班）	生均用地面分析（m²/人）			生均建筑面积分析（m²/人）		
			生均用地面积	规范指标	现状与规范指标差值	生均建筑面积	规范指标	现状与规范指标差值
完全中学	西安高新第三中学	36	—	—	—	—	—	—
	西安电子科技中学	35	14.7	10.1	4.6	9.9	8.8	1.1
	西安市第四十六中学	24	19.6	10.8	8.8	10.1	9.9	0.2
	西京公司子校	52	4.4	10.1	−5.7	4.4	8.8	−4.4
九年制学校	西安高新第二学校	34	12.0	10.1	1.9	12.0	8.0	4.0
	西安南苑中学	22	7.1	10.8	−3.7	3.1	9.3	−6.2
初级中学	西安高新一中初中部	63	6.8	10.1	−3.3	5.9	9.0	−3.1
高级中学	西安高新一中高中部	37	15.4	10.1	5.3	15.9	8.9	7.0

注：负值指现状指标比规范指标下限值小的量，正值指现状指标比规范指标下限值大的量。

（3）中学服务半径与服务地块划分

在"服务半径"方面，《中小学校设计规范》（GB 50099—2011）第4.1.4条规定："城镇初级中学的服务半径宜为1000m。"同时，其条文说明4.1.4条解释：学校服务半径的有关规定，旨在强调学校布局应做到中学生上学控制在步行15～20min左右。所以，根据人步行速度4～6km/h计算，中学的服务半径最大可达到2000m。本研究中，若依照1000m的中学服务半径划分研究区域内每个中学服务的居住地块，则研究区域内的居住地块并不能完全被中学服务范围所覆盖；同时，研究区域内还存在部分中学距离较近，1000m的服务半径重叠的问题（图6-9）。因此，本研究结合高新区初级中学、高级中学的配比情况，以及中学学区现状划分状况，以中学服务范围不跨越研究区域内交通功能最强的城市主干道路为基本原则，按最大 2000m 的中学服务半径调整每个中学的服务范围；同时，将距离较近的中学纳入一个适当扩大的服务半径内，据此研究区域基本能达到中学服务的"全覆盖"（图 6-10）。

图 6-9　西安市高新区研究区域内中学适宜半径下的服务范围图

图 6-10　西安市高新区研究区域内的中学服务范围调整图

根据调整后的中学服务半径，研究区域可以被划分为 4 个中学服务区。考虑到研究区域及其周边区域的中学服务范围与居住地块需要完全对应，所以在与高新区鱼化综合片区相邻的服务区中，将鱼化综合片区内临近的中学、居住地块纳入统一考虑。4 个中学服务区与各区所含居住地块情况详见图 6-11、附录 8。其中，学校用地规模的计算中，九年制学校初中部的用地按初中部班级数占学校总班级数比例计算。

图 6-11　西安市高新区研究区域内的现状中学服务区划分图

（4）研究区域典型样本开发强度绩效的初步分析

基于中学因子的下限实效模型为与中学服务半径内的中学学校个数 $n_{中}$ 和所有居住地块的用地面积 ΣS 相关的函数，即 $R_{中} \geqslant \dfrac{45 \times n_{中}}{\Sigma S}$（$S$ 单位为 hm²）；上限实效模型为与中学服务半径内的所有中学总用地规模 $\Sigma S_{中}$ 和所有居住地块的用地规模 ΣS 相关的函数，即 $R_{中} \leqslant \dfrac{49.5 \times \Sigma S_{中}}{\Sigma S}$（$S$ 单位为 hm²）。在理想状况下，中学理论模型下的容积率值域区间为（0.3，7.8）。根据研究区域内的中学及其服务范围对应的居住地块的划分（附录 8），运用上述"中学—容积率"实效模型，可计算出每个中学服务片区内居住地块住宅容积率的值域区间。但与小学研究中的情况一样，由于中学服务片区划分的局限性，根据实效模型计算出的个别中学服务片区居住地块住宅容积率的上下限可能会突破理想状态下容积率的上下限数值，甚至出现下限值大于上限值的状况。因此，在各中学服务片区居住地块住宅容积率值域区间计算后，需要以中学理论模型下的容积率值域区间对基于实效模型的计算数值进行修正。具体计算见表 6-18。

各中学服务片区居住地块住宅容积率值域区间计算与修正一览表   表 6-18

服务片区序号	中学			居住地块				
	学校数量	总用地规模	地块数量	总用地规模	容积率 $R_{中}$ 下限		容积率 $R_{中}$ 上限	
	$n_{中}$（所）	$\Sigma S_{中}$（hm²）	（块）	ΣS（hm²）	计算值	修正	计算值	修正
1	2	2.3	33	125.04	0.7	—	0.9	—
2	1	3.33	13	68.38	0.7	—	2.4	—
3	2	5.42	58	128.97	0.7	—	2.1	—
4	4	5.99	25	115.81	1.6	—	2.6	—

注：$n_{中}$、$\Sigma S_{中}$、ΣS 的统计数据详见附录 8。

根据上述各中学服务片区居住地块住宅容积率值域区间计算与修正的结果，可以对研究区域内的典型地块进行中学因子影响下的开发强度当前绩效，即 $PE_{中}$ 的计算与分析，具体见表 6-19。

中学因子影响下研究区域内的典型样本开发强度绩效初步分析表   表 6-19

中学服务片区序号	用地编号	用地面积	住宅容积率	期望绩效下的住宅容积率		当前绩效
		S（hm²）	R_r	$R_{中}$		$PE_{中}$（%）
				下限值	上限值	
1	B1-19	4.02	2.8	0.7	0.9	32
	B1-25	8.05	1.1	0.7	0.9	82
	B1-27	4.46	2.2	0.7	0.9	41
	B1-29	3.67	3.3	0.7	0.9	27
	B4-18	2.77	2.6	0.7	0.9	35
	B4-19	3.22	1.7	0.7	0.9	53
	B10-11	2.20	1.9	0.7	0.9	47
	B10-12	2.03	1.1	0.7	0.9	82
	B10-14	4.74	2.7	0.7	0.9	33
	B10-19	2.87	3.5	0.7	0.9	26
2	B17-21	3.96	1.1	0.7	2.4	100
	B18-06	7.78	2.0	0.7	2.4	100
	B18-09	5.52	2.4	0.7	2.4	100
	B18-10	2.81	2.0	0.7	2.4	100
	B18-14	6.15	2.0	0.7	2.4	100
	B19-18	3.96	1.8	0.7	2.4	100
	B20-05	3.16	4.2	0.7	2.4	57
3	B2-04	3.00	3.0	0.7	2.1	70
	B2-40	3.62	1.9	0.7	2.1	100
	B2-48	3.21	2.3	0.7	2.1	91
	B2-49	4.00	2.3	0.7	2.1	91
	B5-05	5.82	1.7	0.7	2.1	100
	B5-13	2.75	2.0	0.7	2.1	100
	B5-16	2.84	2.2	0.7	2.1	95
	B5-36	3.35	2.7	0.7	2.1	78
	B5-46	3.83	1.3	0.7	2.1	100

中学服务片区序号	用地编号	用地面积 S（hm²）	住宅容积率 R_r	期望绩效下的住宅容积率 $R_中$		当前绩效 $PE_中$（%）
				下限值	上限值	
3	B5-49	2.24	4.0	0.7	2.1	53
	B5-20	4.40	2.0	0.7	2.1	100
	B8-4	2.66	5.2	0.7	2.1	40
	B8-15	3.42	5.9	0.7	2.1	36
	B8-23	4.38	5.9	0.7	2.1	36
	B9-1	2.41	3.5	0.7	2.1	60
	B20-09	5.03	2.1	0.7	2.1	100
4	B9-4	2.10	6.6	1.6	2.6	39
	B12-10	3.07	3.0	1.6	2.6	87
	B12-29	2.17	3.8	1.6	2.6	68
	B12-34	2.12	3.7	1.6	2.6	70
	B12-38	9.80	2.7	1.6	2.6	96
	B12-39	3.66	4.2	1.6	2.6	59
	B12-41	2.19	3.9	1.6	2.6	67
	B12-44	6.95	2.5	1.6	2.6	100
	B12-45	2.40	2.5	1.6	2.6	100
	B13-14	6.39	2.7	1.6	2.6	96
	B14-29	9.95	2.7	1.6	2.6	96
	B14-35	2.22	1.3	1.6	2.6	81

（5）研究区域典型样本开发强度绩效的修正

对于中学因子而言，与小学因子情况类似，因为中学因子模型也假定中学服务半径内居住地块的开发强度受中学因子的均等影响，即中学因子模型下同一中学服务半径内的每个居住地块的容积率是相同的，所以基于中学因子的容积率指标数值为中学服务半径覆盖范围内所有居住地块容积率指标的平均值。那么，当单个居住地块的现状住宅容积率指标 R_r 突破基于中学因子的期望绩效下住宅容积率的值域区间时（表6-19），若中学因子模型构建的基本思路得到了满足，即中学服务半径内的现状所有居住地块所含中学生规模 $N_{观}^{中}$ 能与中学服务半径内学校的规范要求所容纳中学生规模 $N_{规}^{中}$ 相匹配，则这时表6-19中对应居住地块的开发强度的当前绩效 PE 即使小于100%，中学服务半径内居住地块的开发强度当前绩效其实仍已达到了期望绩效，那么这时开发强度的当前绩效 PE 应修正为100%。

对中学因子模型构建基本思路的衡量，具体通过中学因子实效模型的式5-38、式5-42计算中学服务半径内学校的规范要求学生规模。其中，最小规模 $N_{规min}^{中}$ 为中学的数量与最少班级数及每班班额的乘积；最大规模 $N_{规max}^{中}$ 为中学服务片区内所有中学校的总用地规模与最小生均学校用地面积的商。而中学服务半径内的现状所有居住地块所含中学生规模 $N_{观}^{中}$ 为所有居住地块的总居住人口规模与中学生千人指标的乘积。具体计算见表6-20。通过计算可知，中学服务片区2、4的 $N_{规min}^{中} \leqslant N_{观}^{中} \leqslant N_{规max}^{中}$，所以这2个中学服务片区内的居住地块的开发强度当前绩效 PE 应修正为100%，具体修正结果见表6-21中的"修正值"。

中学因子影响下研究区域内的典型样本开发强度绩效修正分析表 表 6-20

服务片区	中　学				居住地块		绩效是否需要修正
	学校数量	总用地规模	学生规模（人）		居住人口	学生规模	
	$n_{中}$（所）	$\Sigma S_{中}$（hm²）	$N_{规min}^{中}$下限	$N_{规max}^{中}$上限	N（人）	$N_{观}^{中}$（人）	
1	2	2.3	1800	2277	92688	5561	否
2	1	3.33	900	3297	44870	2692	是
3	2	5.42	1800	5366	121050	7263	否
4	4	5.99	3600	5931	98224	5893	是

注：$n_{中}$、$\Sigma S_{中}$、N 的统计数据详见附录 8。

中学因子影响下研究区域内的典型样本开发强度绩效分析表 表 6-21

中学服务片区序号	用地编号	住宅容积率	期望绩效下的住宅容积率		当前绩效	
		R_r	$R_{中}$		$PE_{中}$（%）	修正值 $PE_{中}$（%）
			下限值	上限值		
1	B1-19	2.8	0.7	0.9	32	—
	B1-25	1.1	0.7	0.9	82	—
	B1-27	2.2	0.7	0.9	41	—
	B1-29	3.3	0.7	0.9	27	—
	B4-18	2.6	0.7	0.9	35	—
	B4-19	1.7	0.7	0.9	53	—
	B10-11	1.9	0.7	0.9	47	—
	B10-12	1.1	0.7	0.9	82	—
	B10-14	2.7	0.7	0.9	33	—
	B10-19	3.5	0.7	0.9	26	—
2	B17-21	1.1	0.7	2.4	100	—
	B18-06	2.0	0.7	2.4	100	—
	B18-09	2.4	0.7	2.4	100	—
	B18-10	2.0	0.7	2.4	100	—
	B18-14	2.0	0.7	2.4	100	—
	B19-18	1.8	0.7	2.4	100	—
	B20-05	4.2	0.7	2.4	57	100
3	B2-04	3.0	0.7	2.1	70	—
	B2-40	1.9	0.7	2.1	100	—
	B2-48	2.3	0.7	2.1	91	—
	B2-49	2.3	0.7	2.1	91	—
	B5-05	1.7	0.7	2.1	100	—
	B5-13	2.0	0.7	2.1	100	—
	B5-16	2.2	0.7	2.1	95	—
	B5-36	2.7	0.7	2.1	78	—
	B5-46	1.3	0.7	2.1	100	—
	B5-49	4.0	0.7	2.1	53	—

中学服务片区序号	用地编号	住宅容积率 R_r	期望绩效下的住宅容积率 $R_中$		当前绩效 $PE_中$（%）	修正值 $PE_中$（%）
			下限值	上限值		
3	B5-20	2.0	0.7	2.1	100	—
	B8-4	5.2	0.7	2.1	40	—
	B8-15	5.9	0.7	2.1	36	—
	B8-23	5.9	0.7	2.1	36	—
	B9-1	3.5	0.7	2.1	60	—
	B20-09	2.1	0.7	2.1	100	—
4	B9-4	6.6	1.6	2.6	39	100
	B12-10	3.0	1.6	2.6	87	100
	B12-29	3.8	1.6	2.6	68	100
	B12-34	3.7	1.6	2.6	70	100
	B12-38	2.7	1.6	2.6	96	100
	B12-39	4.4	1.6	2.6	59	100
	B12-41	3.9	1.6	2.6	67	100
	B12-44	2.5	1.6	2.6	100	—
	B12-45	2.5	1.6	2.6	100	—
	B13-14	2.7	1.6	2.6	96	100
	B14-29	2.7	1.6	2.6	96	100
	B14-35	1.3	1.6	2.6	81	100

通过修正，中学因子影响下的研究区域内的 45 个典型样本的开发强度当前绩效的平均值未达到 100%，约为 80%。仅从这点来看，中学因子影响下典型样本的开发强度当前绩效 PE 似乎与期望绩效有一定差距。但是，一方面，在 45 个典型样本中，当前绩效达到 100% 的样本有 25 个，约占典型样本总数的近 56%，这说明一半以上样本的中学因子影响下的开发强度当前绩效是合理的；另一方面，从中学因子影响下的开发强度当前绩效的数值分布角度来分析，那些当前绩效较低的地块多集中在中学服务片区 1、3，呈现出明显的分布不均现象。因此，中学因子影响下开发强度当前绩效的平均值虽然未达到 100%，但是绩效较低的地块往往集中在某一中学校服务片区内，从达到期望绩效的样本数量角度来看，中学因子影响下的当前绩效整体较高。

6.3.3 基于医院因子的绩效分析

（1）研究区域的医疗卫生设施现状概况

研究区域内的现状医疗卫生设施包括：综合医院 4 座，专科医院 4 座，门诊 10 处，社区卫生服务中心 6 处，社区卫生服务站 7 处。其中，医院因子仅包括医疗卫生设施中设置有病床的医院和社区卫生服务中心。邻近区域内对研究区域有影响的医疗卫生设施包括：综合医院 1 座，专科医院 1 座（图 6-12，表 6-22）。

图 6-12　西安市高新区研究区域内的现状医疗卫生设施分布图

西安市高新区研究区域内的现状医疗卫生设施统计表　　　　表 6-22

类　　型	名　　称	等　级	用地面积 （hm²）	建筑面积 （万 m²）	病床数 （床）	医护人员数 （人）
综合医院	高新医院	三级甲等	4.00	6.00	760	215
	陕西同济医院	二级甲等	0.42	0.18	200	308
	陕西省博爱医院	二级甲等	1.67	5.90	400	400
	兵器工业五二一医院	二级甲等	4.67	2.34	650	725
专科医院	俪人医院	三级甲等	0.19	1.00	100	300
	西安莲湖太长医院	—	0.11	0.38	70	100
	西安健桥医院	一级	0.09	0.30	80	110
	体育医院	—	1.30	0.41	100	150
门诊		10 处				
社区卫生服务中心		6 处（每处约占地 0.20hm²，30 床）				
社区卫生服务站		7 处				
研究区域外对研究样本有影响的医疗卫生设施						
综合医院	陕西省交通医院	二级甲等	1.67	2.97	204	270
专科医院	西安市第八医院	三级甲等	0.90	1.00	350	300

（2）医院因子配建状况分析

医院因子可量化的指标要求主要为相关规范中的医院规模（病床数量）、千人指标床位数、床均用地面积、床均建筑面积。

在"医院规模"，即病床数量方面，综合医院、专科医院、社区卫生服务中心的规范要求不同。根据《综合医院建设标准》（建标110—2008）第十条规定，综合医院的建设规模按病床数量应在200～1000床之间。参考《中医医院建设标准》第十一条规定，专科医院的建设规模按病床数量应在60～500床之间。根据《城市社区卫生服务中心基本标准》第二条规定，城市社区卫生服务中心床位数应在5～50床之间。根据上述规范要求进行衡量，研究区域内医疗卫生设施的规模按病床数量均符合规范要求。

在"千人指标床位数"方面，城市公共服务设施规划规范第7.0.1条规定，200万以上人口的城市，千人指标床位数应大于等于7床/千人。研究区域内的医院和社区卫生服务中心现状共设置有病床2500张。至2012年底，高新区研究区域内现状常住人口规模约为25.00万人，依据现状居住人口测算研究区域的每千人指标床位数约为10床/千人；若依据研究区域内现状居住地块可居住人口规模32.00万人计算，研究区域的每千人指标床位数约为7.8床/千人，上述测算结果均符合规范要求。

在"床均建筑面积"方面，综合医院、专科医院、社区卫生服务中心的规范要求不同。根据《综合医院建设标准》（建标110—2008）第十六条规定，综合医院的建筑面积指标应符合表5-5规定。参考《中医医院建设标准》第十七条规定，专科医院的建筑面积指标应符合表5-6规定。研究范围内的7座医院中，5座医院的床均建筑面积均较规范值小，其中最小的床均建筑面积仅为规范要求的11％（表6-23）。总之，研究范围内医院的床均建筑面积整体较规范要求小，这也一定程度表明现状医院已存在超负荷运转状况。

西安市高新区研究区域内医院的床均用地面积与床均建筑面积分析表　　　　表6-23

类 型	名 称	病床数（床）	床均用地面积分析（m²/人）			床均建筑面积（m²/人）		
			床均用地面积	规范指标	现状与规范指标差值	床均建筑面积	规范指标	现状与规范指标差值
综合医院	高新医院	760	53	35～111	0	79	88	−9
	陕西同济医院	200	21	32～117	−11	9	80	−71
	陕西省博爱医院	400	42	33～115	0	148	83	65
	兵器工业五二一医院	650	72	34～113	0	36	86	−50
专科医院	俪人医院	100	19	29～125	−10	100	72～75	25
	西安莲湖太长医院	70	16	28～120	−12	54	69～72	−15
	西安健桥医院	80	11	28～125	−17	38	69～75	−31
	体育医院	100	130	29～125	5	41	72～75	0
社区卫生服务中心	共6处	30	67	83.3～106	−16.3	—	—	—

注：负值指现状指标的未达标量，正值指现状指标的超标量。

在"床均用地面积"方面，综合医院规定了用地指标上限，其他类型的医疗卫生设施没有明确的用地指标要求。因为规范中的"床均用地面积"指标多依据"床均建筑面积"并结合医院适宜的容积率标准（0.6～2.5）而制定，所以综合医院、专科医院、社区卫生服务中心的床均用地面积要求可以依据既有规范的相关要求推算而得。研究范围内的4座综合医院床均用地面积虽然多在规范要求内，但整体指标均接近规范要求的下限，其中有1座综合医院的最小床均用地面积仅为规范要求下限值的66％；研究范围内的4座专科医院中，有3座的床均用地面积小于规范要求的下限值，其中最小的床均用地面积仅为规范要求下限值的 39%；研究范围内的 6 处社区卫生服务中心的床均用地面积均小于规范要求的下限值，现状指标约为规范要求下限值的 80%（表 6-23）。总之，研究范围内医疗卫生设施的床均用地面积整体较规范要求小，床均用地面积作为衡量医疗卫生设施与服务人口配比状况的重要指标，在很大程度上表明现状医疗卫生设施，特别是各类医院存在较为严重的超负荷运转状况。

（3）医疗卫生设施服务半径与服务地块划分

在"服务半径"方面，居住区规范规定医院在居住区级设置，服务半径在 1000m 左右；《西安市社区卫生服务中心基本标准》规定，社区卫生服务中心应使社区居民能够步行 10min 左右抵达，根据人步行速度 4～6km/h 计算，社区卫生服务中心的服务半径为 800～1000m。因此，医院—社区卫生服务中心作为两级医疗救治体系，功能上虽然存在区别（"大病进医院、小病进社区卫生服务中心"），但是服务范围近似。《西安市城市社区卫生服务发展规划（2007—2010）》提出在西安中心城区构筑"15 分钟健康服务圈"，因此以医院为主的医院卫生设施的服务半径最大可以扩展至 1500～2000m。本研究中，若依照 1000m 的服务半径划分研究区域内每个医院服务的居住地块，则研究区域内的居住地块并不能完全被医院服务范围所覆盖；同时，研究区域内还存在部分医院距离较近，1000m 的服务半径重叠的问题（图 6-13）。因此，本研究以最大 2000m 的医院服务半径调整每个医院的服务范围；同时，将距离较近的医院纳入一个适当扩大的服务半径内，据此研究区域基本能达到医院服务的"全覆盖"（图 6-14）。

图 6-13　西安市高新区研究区域内医疗卫生设施适宜半径下的服务范围图

根据调整后的医疗卫生设施服务半径，研究区域可以被划分为 5 个医疗卫生服务区（以下简称"医院服务区"）。考虑到研究区域及其周边区域的医院服务范围与居住地块需要完全对应，所以在与高新区鱼化综合片区相邻的服务区中，将鱼化综合片区内临近的医

图 6-14　西安市高新区研究区域内的医疗卫生设施服务范围调整图

院、居住地块纳入统一考虑。5 个医院服务区与各区所含居住地块情况详见图 6-15、附录 9。其中，医院用地规模的计算中，依据服务范围覆盖面积在研究区域内的面积比例（图 6-13），陕西省交通医院取 1/3 用地纳入研究区域内紧邻的医院服务区，西安市第八医院取 1/4 纳入研究区域内紧邻的医院服务区。

图 6-15　西安市高新区研究区域内的现状医疗卫生设施服务区划分图

（4）研究区域典型样本开发强度绩效的初步分析

基于医院因子的下限实效模型为与医院服务半径内综合医院的个数 $n_{院}$、专科医院个数 $n_{专}$、社区卫生服务中心的个数 $n_{心}$ 和所有居住地块的用地面积 ΣS 相关的函数，即 $R_{医} \geqslant \dfrac{85.71 \times n_{院} + 25.71 \times n_{专} + 2.14 \times n_{心}}{\Sigma S}$（$S$ 单位为 hm^2）；上限实效模型为与医院服务半径内的所有综合医院总用地规模 $\Sigma S_{医}$、所有专科医院总用地规模 $\Sigma S_{专}$ 和所有社区卫生中心总用地规模 $\Sigma S_{卫}$，以及所有居住地块的用地规模 ΣS 相关的函数，即 $R_{医} \leqslant \dfrac{133.93 \times \Sigma S_{医} + 153.06 \times \Sigma S_{专} + 51.45 \times \Sigma S_{卫}}{\Sigma S}$（$S$ 单位为 hm^2）。在理想状况下，医院理论模型下的容积率值域区间为（0.6，6.1）。根据研究区域内的医疗卫生设施及其服务范围对应的居住地块的划分（附录9），运用上述"医院—容积率"实效模型，可计算出每个医院服务片区内居住地块住宅容积率的值域区间。但与中小学研究中的情况类似，由于医院一般在服务居住区的同时还具有城市层面的服务功能，所以医院服务片区划分的局限性较大，根据实效模型计算出的个别医院服务片区居住地块住宅容积率的上下限可能会突破理想状态下容积率的上下限数值，甚至出现下限值大于上限值的状况。因此，在各医院服务片区居住地块住宅容积率值域区间计算后，需要以医院理论模型下的容积率值域区间对基于实效模型的计算数值进行修正。具体计算见表6-24。

各医院服务片区居住地块住宅容积率值域区间计算与修正一览表　　表6-24

服务片区序号	综合医院		专科医院		社区卫生中心		居住地块					
	数量	总用地规模	数量	总用地规模	数量	总用地规模	地块数量	总用地规模	容积率 $R_{医}$ 下限		容积率 $R_{医}$ 上限	
	$n_{院}$（座）	$\Sigma S_{医}$（hm^2）	$n_{专}$（座）	$\Sigma S_{专}$（hm^2）	$n_{心}$（座）	$\Sigma S_{卫}$（hm^2）	（块）	ΣS（hm^2）	计算值	修正	计算值	修正
1	—	—	1	0.11	—	—	7	6.08	4.2	0.6	2.8	
2	1	4.00	1	0.09	1	0.20	55	157.73	0.7	—	3.5	—
3	0（1）	0.56	1	1.30	—	—	17	80.22	0.3	0.6	3.4	—
4	1	0.42	1	0.19	—	—	25	78.36	1.4	0.6	1.1	
5	2（3）	6.57	—	—	5	1.00	25	115.81	1.6	—	8.0	6.1

注：1. 综合医院的"数量"指标中，"（ ）"内的指标代表服务片区内的医院与对服务片区有影响的研究范围以外的医院的总数量，"（ ）"外的指标代表服务片区内的医院数量；
　　2. $n_{院}$、$\Sigma S_{医}$、$n_{专}$、$\Sigma S_{专}$、$n_{心}$、$\Sigma S_{卫}$、ΣS 的统计数据详见附录9。

根据上述各医院服务片区居住地块住宅容积率值域区间计算与修正的结果，可以对研究区域内的典型地块进行医院因子影响下的开发强度当前绩效，即 $PE_{医}$ 的计算与分析，具体见表6-25。

医院因子影响下研究区域内的典型样本开发强度绩效初步分析表　　表6-25

医院服务片区序号	用地编号	用地面积	住宅容积率	期望绩效下的住宅容积率		当前绩效
		S（hm^2）	R_r	$R_{医}$		$PE_{医}$（%）
				下限值	上限值	
2	B1-19	4.02	2.8	0.7	3.5	100
	B1-25	8.05	1.1	0.7	3.5	100
	B1-27	4.46	2.2	0.7	3.5	100

医院服务片区序号	用地编号	用地面积 S（hm²）	住宅容积率 R_r	期望绩效下的住宅容积率 $R_医$		当前绩效 $PE_医$（%）
				下限值	上限值	
2	B1-29	3.67	3.3	0.7	3.5	100
	B2-04	3.00	3.0	0.7	3.5	100
	B2-40	3.62	1.9	0.7	3.5	100
	B4-18	2.77	2.6	0.7	3.5	100
	B4-19	3.22	1.7	0.7	3.5	100
	B5-05	5.82	1.7	0.7	3.5	100
	B5-13	2.75	2.0	0.7	3.5	100
	B5-16	2.84	2.2	0.7	3.5	100
	B5-20	4.40	2.0	0.7	3.5	100
	B8-4	2.66	5.2	0.7	3.5	67
	B8-15	3.42	5.9	0.7	3.5	59
3	B10-11	2.20	1.9	0.6	3.4	100
	B10-12	2.03	1.1	0.6	3.4	100
	B10-14	4.74	2.7	0.6	3.4	100
	B10-19	2.87	3.5	0.6	3.4	97
	B17-21	3.96	1.1	0.6	3.4	100
	B18-06	7.78	2.0	0.6	3.4	100
	B18-09	5.52	2.4	0.6	3.4	100
	B18-10	2.81	2.0	0.6	3.4	100
	B18-14	6.15	2.0	0.6	3.4	100
	B19-18	3.96	1.8	0.6	3.4	100
	B20-05	3.16	4.2	0.6	3.4	81
4	B2-48	3.21	2.3	0.6	1.1	48
	B2-49	4.00	2.3	0.6	1.1	48
	B5-36	3.35	2.7	0.6	1.1	41
	B5-46	3.83	1.3	0.6	1.1	85
	B5-49	2.24	4.0	0.6	1.1	28
	B8-23	4.38	5.9	0.6	1.1	19
	B9-1	2.41	3.5	0.6	1.1	31
	B20-09	5.03	2.1	0.6	1.1	52
5	B9-4	2.10	6.6	1.6	6.1	92
	B12-10	3.07	3.0	1.6	6.1	100
	B12-29	2.17	3.8	1.6	6.1	100
	B12-34	2.12	3.7	1.6	6.1	100
	B12-38	9.80	2.7	1.6	6.1	100
	B12-39	3.66	4.4	1.6	6.1	100
	B12-41	2.19	3.9	1.6	6.1	100
	B12-44	6.95	2.5	1.6	6.1	100
	B12-45	2.40	2.5	1.6	6.1	100
	B13-14	6.39	2.7	1.6	6.1	100
	B14-29	9.95	2.7	1.6	6.1	100
	B14-35	2.22	1.3	1.6	6.1	81

注：医院服务片区 1 内没有典型样本地块，因此表中不予考虑。

（5）研究区域典型样本开发强度绩效的修正

对于医院因子而言，与中小学因子情况类似，因为医院因子模型也假定医院服务半径内居住地块的开发强度受医院因子的均等影响，即医院因子模型下同一医院服务半径内的每个居住地块的容积率是相同的，所以基于医院因子的容积率指标数值为医院服务半径覆盖范围内所有居住地块容积率指标的平均值。那么，当单个居住地块的现状住宅容积率指标 Rr 突破基于医院因子的期望绩效下住宅容积率的值域区间时（表 6-25），若医院因子模型构建的基本思路得到了满足，即医院服务半径内的现状所有居住地块所需医院病床数量 $N_{现}^{医}$ 能与医院服务半径内各类医疗卫生设施的规范要求所能提供的病床数量 $N_{规}^{医}$ 相匹配，则这时表 6-25 中对应居住地块的开发强度的当前绩效 PE 即使小于 100%，医院服务半径内居住地块的开发强度绩效其实仍已达到了期望绩效，那么这时开发强度的当前绩效 PE 应修正为 100%。

对医院因子模型构建基本思路的衡量，具体通过医院因子实效模型的式 5-67、式 5-73 计算医院服务半径内各类医疗卫生设施的规范要求所能提供的病床数量。其中，最小病床数量 $N_{规min}^{医}$ 为各类医疗卫生设施的数量与各类医疗卫生设施的最小规模，即最少病床数量的乘积；最大规模 $N_{规max}^{医}$ 为医院服务片区内所有医院的总用地规模与最小床均用地面积的商。而医院服务半径内的现状所有居住地块所需医院病床数量 $N_{现}^{医}$ 为所有居住地块的总居住人口规模与千人床位数指标的乘积。具体计算见表 6-26。通过计算可知，医院服务片区 2、3、5 的 $N_{规min}^{医} \leqslant N_{现}^{医} \leqslant N_{规max}^{医}$，所以这 3 个医院服务片区内的居住地块的开发强度当前绩效 PE 应修正为 100%，具体修正结果见表 6-27 中的"修正值"。

医院因子影响下研究区域内的典型样本开发强度绩效修正分析表　　　表 6-26

服务片区	综合医院		专科医院		社区卫生中心		医疗卫生设施总床位数（床）		居住地块		绩效是否需要修正
	数量	总用地规模	数量	总用地规模	数量	总用地规模			居住人口	需求床位数	
	$n_{院}$（座）	$\Sigma S_{医}$（hm²）	$n_{专}$（座）	$\Sigma S_{专}$（hm²）	$n_{心}$（座）	$\Sigma S_{卫}$（hm²）	$n_{规min}^{床}$ 下限	$n_{规max}^{床}$ 上限	N（人）	$n_{现}^{床}$（床）	
1	0	0.00	1	0.11	0	0.00	39	39	28762	201	否
2	1	4.00	1	0.09	1	0.20	265	1306	125971	882	是
3	0（1）	0.56	1	1.30	0	0.00	60	639	54266	380	是
4	1	0.42	1	0.19	0	0.00	119	199	49610	347	否
5	2（3）	6.57	0	0.00	5	1.00	425	2173	98224	688	是

注：1. 综合医院的"数量"指标中，"（ ）"内的指标代表服务片区内的医院与对服务片区有影响的研究范围以外的医院的总数量，"（ ）"外的指标代表服务片区内的医院数量；
　　2. $n_{院}$、$\Sigma S_{医}$、$n_{专}$、$\Sigma S_{专}$、$n_{心}$、$\Sigma S_{卫}$、ΣS、N 的统计数据详见附录 9。

医院因子影响下研究区域内的典型样本开发强度绩效分析表　　　表 6-27

医院服务片区序号	用地编号	住宅容积率	期望绩效下的住宅容积率		当前绩效	
		R_r	$R_{医}$		$PE_{医}$（%）	修正值 $PE_{医}$（%）
			下限值	上限值		
2	B1-19	2.8	0.7	3.5	100	—
	B1-25	1.1	0.7	3.5	100	—
	B1-27	2.2	0.7	3.5	100	—

医院服务片区序号	用地编号	住宅容积率 R_r	期望绩效下的住宅容积率 $R_医$		当前绩效	
			下限值	上限值	$PE_医$（%）	修正值 $PE_医$（%）
2	B1-29	3.3	0.7	3.5	100	—
	B2-04	3.0	0.7	3.5	100	—
	B2-40	1.9	0.7	3.5	100	—
	B4-18	2.6	0.7	3.5	100	—
	B4-19	1.7	0.7	3.5	100	—
	B5-05	1.7	0.7	3.5	100	—
	B5-13	2.0	0.7	3.5	100	—
	B5-16	2.2	0.7	3.5	100	—
	B5-20	2.0	0.7	3.5	100	—
	B8-4	5.2	0.7	3.5	67	100
	B8-15	5.9	0.7	3.5	59	100
3	B10-11	1.9	0.6	3.4	100	—
	B10-12	1.1	0.6	3.4	100	—
	B10-14	2.7	0.6	3.4	100	—
	B10-19	3.5	0.6	3.4	97	100
	B17-21	1.1	0.6	3.4	100	—
	B18-06	2.0	0.6	3.4	100	—
	B18-09	2.4	0.6	3.4	100	—
	B18-10	2.0	0.6	3.4	100	—
	B18-14	2.0	0.6	3.4	100	—
	B19-18	1.8	0.6	3.4	100	—
	B20-05	4.2	0.6	3.4	81	100
4	B2-48	2.3	0.6	1.1	48	—
	B2-49	2.3	0.6	1.1	48	—
	B5-36	2.7	0.6	1.1	41	—
	B5-46	1.3	0.6	1.1	85	—
	B5-49	4.0	0.6	1.1	28	—
	B8-23	5.9	0.6	1.1	19	—
	B9-1	3.5	0.6	1.1	31	—
	B20-09	2.1	0.6	1.1	52	—
5	B9-4	6.6	1.6	6.1	92	100
	B12-10	3.0	1.6	6.1	100	—
	B12-29	3.8	1.6	6.1	100	—
	B12-34	3.7	1.6	6.1	100	—
	B12-38	2.7	1.6	6.1	100	—
	B12-39	4.4	1.6	6.1	100	—
	B12-41	3.9	1.6	6.1	100	—
	B12-44	2.5	1.6	6.1	100	—

医院服务片区序号	用地编号	住宅容积率 R_r	期望绩效下的住宅容积率 $R_医$		当前绩效	
			下限值	上限值	$PE_医$（％）	修正值 $PE_医$（％）
5	B12-45	2.5	1.6	6.1	100	—
	B13-14	2.7	1.6	6.1	100	—
	B14-29	2.7	1.6	6.1	100	—
	B14-35	1.3	1.6	6.1	81	100

注：医院服务片区1内没有典型样本地块，因此表中不予考虑。

通过修正，医院因子影响下的研究区域内的 45 个典型样本的开发强度当前绩效的平均值未达到 100％，约为 90％。从这点来看，医院因子影响下典型样本的开发强度当前绩效 PE 较小学因子、中学因子的高。一方面，在 45 个典型样本中，当前绩效达到 100％ 的样本有 37 个，约占典型样本总数的 82％，这说明大多数样本在医院因子影响下的开发强度当前绩效是合理的；另一方面，从医院因子影响下的开发强度当前绩效的数值分布角度来分析，那些当前绩效较低的地块多集中在医院服务片区 4，呈现出明显的分布不均现象。因此，医院因子影响下开发强度当前绩效的平均值虽然未达到 100％，但是绩效较低的地块往往集中在某一医院服务片区内，从达到期望绩效的样本数量角度来看，医院因子影响下的当前绩效整体较高。

6.4 本章小结

本章基于公共利益单因子模型，计算并分析了单因子影响下的典型样本的开发强度当前绩效。居住地块开发强度的当前绩效（PE）可通过居住地块的现状住宅容积率指标（R_r）和基于各公共利益因子的期望绩效下的住宅容积率指标（$R_公$）的数理关系来衡量与表达。当 $R_{公min} \leqslant R_r \leqslant R_{公max}$ 时，$PE = 100％$；当 $R_r >$ 期望绩效下住宅容积率的最大值 $R_{公max}$ 时，$PE = \dfrac{R_{公max}}{R_r}$；当 $R_r <$ 期望绩效下住宅容积率的最小值 $R_{公min}$ 时，$PE = \dfrac{R_r}{R_{公min}}$。对于片区层面公共利益因子而言，当片区层面小学、中学、医院这些公共利益因子相应服务半径内的所有居住地块对应的中小学生的现状总人数及所需医院病床数未突破当前小学、中学、医院可容纳或提供的中小学生总人数及医院病床数的极限值时，其对应样本的开发强度当前绩效 PE 需修正为 100％。

在地块自身层面，通过 128 个典型样本的分析，住宅建筑日照因子影响下的开发强度当前绩效的平均值约为 89％；在 128 个典型样本中，当前绩效达到 100％ 的样本仅有 56 个，约占典型样本总数的 44％。组团绿地因子影响下的开发强度当前绩效的平均值约为 84％；在 128 个典型样本中，当前绩效达到 100％ 的样本仅有 31 个，约占典型样本总数的 24％。停车位因子影响下的开发强度当前绩效，在地下车库的层数 $n_库 = 1$ 层时已基本都达到了 100％。这说明，目前居住地块普遍存在的"停车难"问题主因并不在开发强度指标方面，问题的根源在修规方案、实际建设、停车率指标要求等方面。在居住地块规划管理过程中，应通过对居住地块地下空间的集约化、紧凑化利用及严格把控停车率指标以提高停车位配比。

在片区层面，通过对西安市高新区研究区域内的 45 个典型样本的分析，小学因子影响下的开发强度当前绩效的平均值约为 80％。但是，当前绩效达到 100％的样本有 28 个，约占典型样本总数的 62％；同时，当前绩效较低的地块多集中在小学服务片区 7。所以，小学因子影响下开发强度的当前绩效整体仍较高。中学因子影响下的开发强度当前绩效的平均值约为 80％。但是，当前绩效达到 100％的样本有 25 个，约占典型样本总数的近56％；同时，当前绩效较低的地块多集中在中学服务片区 1、3。所以，中学因子影响下开发强度的当前绩效整体较高。医院因子影响下的开发强度当前绩效的平均值约为 90％。同时，当前绩效达到 100％的样本有 37 个，约占典型样本总数的 82％，且当前绩效较低的地块多集中在医院服务片区 4。所以，医院因子影响下开发强度的当前绩效整体较高。

7 开发强度的综合绩效与"值域化"

7.1 已建居住地块开发强度当前绩效的综合评价

7.1.1 基于地块层面公共利益因子的绩效评价

基于地块层面公共利益因子的 128 个典型样本开发强度绩效的评价是对住宅建筑日照因子、组团绿地因子、停车位因子共 3 个因子影响下的开发强度绩效分析结果的综合。通过上一章单因子绩效分析的结果可知，地块层面的 3 个因子中，基于停车位因子的开发强度当前绩效最佳；同时，因为基于组团绿地因子的"值域化"模型一定程度上是住宅建筑日照因子的修正模型，所以基于组团绿地因子的开发强度当前绩效相对最低。因此，在地块自身层面，对于开发强度有最大影响的因子为组团绿地因子。但是，若要细化评价每个研究样本受地块层面公共利益因子影响的情况则需通过对单因子影响下绩效分析结果的综合计算进行判断。128 个典型样本的地块自身层面公共利益因子影响下的开发强度当前绩效的评价结果详见表 7-1、表 7-2。

地块层面公共利益因子影响下的典型样本开发强度绩效评价表一　　表 7-1

序号	地块编号	住宅容积率 R_r	当前绩效			
			$PE_日$	$PE_绿$	$PE_车$	$PE_地$
			（%）			
1	2	2.3	83	78	100	87
2	3	2.9	76	72	100	83
3	12	3.6	67	61	100	76
4	13	3.2	100	94	100	98
5	14	3.7	59	57	100	72
6	18	3.7	81	76	100	86
7	21	3.1	90	84	100	91
8	22	4.2	100	90	100	97
9	23	2.0	100	95	100	98
10	28	3.1	77	74	100	84
11	29	3.8	84	76	100	87
12	31	4.4	86	77	100	88
13	33	2.5	100	96	100	99
14	35	2.8	93	86	100	93
15	36	5.0	60	56	100	72
16	51	2.9	97	86	100	94
17	54	2.1	100	90	100	97

序号	地块编号	住宅容积率	当前绩效			
		R_r	$PE_日$	$PE_绿$	$PE_车$	$PE_地$
			(%)			
18	57	2.9	100	90	100	97
19	60	4.7	98	85	100	94
20	62	5.2	65	60	100	75
21	63	3.8	63	61	100	75
22	68	6.1	85	74	100	86
23	69	3.4	88	82	100	90
24	79	4.2	100	90	100	97
25	81	2.6	77	73	100	83
26	84	4.2	98	88	100	95
27	86	1.8	100	94	100	98
28	87	6.1	79	69	100	83
29	89	2.0	100	95	100	98
30	90	1.9	100	95	100	98
31	92	6.1	69	62	100	77
32	93	5.1	63	57	100	73
33	96	2.7	100	93	100	98
34	97	3.9	97	85	100	94
35	99	3.0	90	80	100	90
36	100	3.8	68	63	100	77
37	102	3.3	100	94	100	98
38	103	2.7	100	100	100	100
39	105	3.8	100	100	100	100
40	107	3.4	100	100	100	100
41	108	3.3	100	100	100	100
42	109	0.8	100	100	100	100
43	110	0.6	100	100	100	100
44	111	0.7	100	100	100	100
45	113	3.7	100	89	100	96
46	114	2.4	100	100	100	100
47	115	2.7	100	100	100	100
48	119	2.3	83	78	100	87
49	121	2.6	100	100	100	100
50	122	2.9	100	100	100	100
51	123	3.0	100	100	100	100
52	124	2.7	74	70	100	81
53	125	1.1	100	100	100	100
54	126	1.4	100	100	100	100
55	127	1.3	100	100	100	100
56	131	4.0	95	83	100	93

序号	地块编号	住宅容积率	当前绩效			
		R_r	$PE_日$	$PE_绿$	$PE_车$	$PE_地$
			(%)			
57	133	3.4	71	68	100	80
58	134	2.3	87	83	100	90
59	135	4.4	64	59	100	74
60	136	1.9	89	84	100	91
61	137	1.0	100	100	100	100
62	139	1.1	73	73	100	82
63	141	2.1	100	95	100	98
64	143	3.0	100	100	100	100
65	144	4.0	100	100	100	100
66	145	2.9	100	100	100	100
平均值			90	85	100	92

注：$PE_日$——基于住宅建筑日照因子的开发强度当前绩效，$PE_绿$——基于组团因子的开发强度当前绩效，$PE_车$——基于停车位因子的开发强度当前绩效，$PE_地$——基于地块自身层面公共利益因子的开发强度当前绩效。

地块层面公共利益因子影响下的典型样本开发强度绩效评价表二（高新区）　　表7-2

序号	地块编号	住宅容积率	当前绩效			
		R_r	$PE_日$	$PE_绿$	$PE_车$	$PE_地$
			(%)			
1	B1-19	2.8	54	54	100	69
2	B1-25	1.1	91	91	100	94
3	B1-27	2.2	100	91	100	97
4	B1-29	3.3	30	30	100	53
5	B2-04	3.0	63	60	100	74
6	B2-40	1.9	89	84	100	91
7	B2-48	2.3	100	87	100	96
8	B2-49	2.3	74	70	100	81
9	B4-18	2.6	100	100	100	100
10	B4-19	1.7	100	100	100	100
11	B5-05	1.7	100	94	100	98
12	B5-13	2.0	85	80	100	88
13	B5-16	2.2	100	100	100	100
14	B5-20	2.0	95	90	100	95
15	B5-36	2.7	89	85	100	91
16	B5-46	1.3	100	100	100	100
17	B5-49	4.0	70	65	100	78
18	B8-4	5.2	88	79	100	89
19	B8-15	5.9	97	83	100	93
20	B8-23	5.9	64	58	100	74
21	B9-1	3.5	51	46	100	66

序号	地块编号	住宅容积率	当前绩效			
		R_r	$PE_日$	$PE_绿$	$PE_车$	$PE_地$
			（%）			
22	B9-4	6.6	70	62	100	77
23	B10-11	1.9	100	100	100	100
24	B10-12	1.1	100	100	100	100
25	B10-14	2.7	89	81	100	90
26	B10-19	3.5	66	63	100	76
27	B12-10	3.0	67	63	100	77
28	B12-29	3.8	89	82	100	90
29	B12-34	3.7	86	78	100	88
30	B12-38	2.7	89	85	100	91
31	B12-39	4.4	82	75	100	86
32	B12-41	3.9	87	79	100	89
33	B12-44	2.5	76	72	100	83
34	B12-45	2.5	76	72	100	83
35	B13-14	2.7	81	78	100	86
36	B14-29	2.7	81	78	100	86
37	B14-35	1.3	100	92	100	97
38	B17-21	1.1	100	100	100	100
39	B18-06	2.0	90	80	100	90
40	B18-09	2.4	96	88	100	95
41	B18-10	2.0	100	95	100	98
42	B18-14	2.0	100	100	100	100
43	B19-18	1.8	100	94	100	98
44	B20-05	4.2	100	90	100	97
45	B20-09	2.1	90	81	100	90
46	YH-34	2.4	79	75	100	85
47	YH-46	3.4	100	100	100	100
48	YH-75	5.7	75	65	100	80
49	YH-94	5.1	90	78	100	89
50	YH-150	1.9	100	95	100	98
51	YH-153	3.1	100	90	100	97
52	C12-31	1.0	100	100	100	100
53	C13-08	2.7	81	78	100	86
54	C13-04	2.0	100	100	100	100
55	C13-04	0.9	89	89	100	93
56	C13-04	2.1	100	95	100	98

序号	地块编号	住宅容积率	当前绩效			
		R_r	$PE_日$	$PE_绿$	$PE_车$	$PE_地$
			(%)			
57	C13-04	2.2	86	82	100	89
58	C13-04	2.1	95	90	100	95
59	未编号2	2.0	100	100	100	100
60	未编号3	2.0	95	90	100	95
61	未编号4	3.2	100	91	100	97
62	C5-01	2.5	80	76	100	85
平均值			88	83	100	90

注：$PE_日$——基于住宅建筑日照因子的开发强度当前绩效，$PE_绿$——基于组团因子的开发强度当前绩效，$PE_车$——基于停车位因子的开发强度当前绩效，$PE_地$——基于地块层面公共利益因子的开发强度当前绩效。

通过计算与分析，地块层面公共利益因子影响下的128个典型样本的开发强度当前绩效的平均值未达到100%，约为91%。从这点来看，地块层面公共利益因子影响下典型样本的开发强度当前绩效 PE 看似较高。但是，在128个典型样本中，当前绩效达到100%的样本仅有31个，约占典型样本总数的24%。因此，地块层面公共利益因子影响下开发强度的当前绩效大多未达到期望绩效，特别是受组团绿地因子的影响，开发强度当前绩效整体偏低。

7.1.2 基于片区层面公共利益因子的绩效评价

基于片区层面公共利益因子的45个典型样本开发强度绩效的评价是对小学因子、中学因子、医院因子共3个因子影响下的开发强度绩效分析结果的综合。通过上一章单因子绩效分析的结果可知，片区层面的3个因子中，基于医院因子的开发强度绩效的最佳，基于中学因子的开发强度绩效相对最低。因此，在片区层面，对于开发强度有最大影响的因子为中学因子。但是，若要细化评价每个研究样本受片区层面公共利益因子影响的情况则需通过对单因子影响下绩效分析结果的综合计算进行判断。45个典型样本的片区层面公共利益因子影响下的开发强度当前绩效的评价结果详见表7-3。

片区层面公共利益因子影响下研究区域内的典型样本开发强度绩效评价表　　表7-3

序号	地块编号	住宅容积率	当前绩效			
		R_r	$PE_小$	$PE_中$	$PE_医$	$PE_片$
			(%)			
1	B1-19	2.8	75	32	100	69
2	B1-25	1.1	100	82	100	94
3	B1-27	2.2	95	41	100	79
4	B1-29	3.3	64	27	100	64
5	B2-04	3.0	100	70	100	90
6	B2-40	1.9	100	100	100	100
7	B2-48	2.3	100	91	48	80
8	B2-49	2.3	100	91	48	80

序号	地块编号	住宅容积率 R_r	当前绩效			
			$PE_{小}$	$PE_{中}$	$PE_{医}$	$PE_{片}$
			（%）			
9	B4-18	2.6	100	35	100	78
10	B4-19	1.7	100	53	100	84
11	B5-05	1.7	100	100	100	100
12	B5-13	2.0	100	100	100	100
13	B5-16	2.2	100	95	100	98
14	B5-20	2.0	100	100	100	100
15	B5-36	2.7	100	78	41	73
16	B5-46	1.3	100	100	85	95
17	B5-49	4.0	80	53	28	54
18	B8-4	5.2	100	40	100	80
19	B8-15	5.9	100	36	100	79
20	B8-23	5.9	100	36	19	52
21	B9-1	3.5	100	60	31	64
22	B9-4	6.6	17	100	100	72
23	B10-11	1.9	100	47	100	82
24	B10-12	1.1	100	82	100	94
25	B10-14	2.7	100	33	100	78
26	B10-19	3.5	100	26	100	75
27	B12-10	3.0	37	100	100	79
28	B12-29	3.8	29	100	100	76
29	B12-34	3.7	30	100	100	77
30	B12-38	2.7	41	100	100	80
31	B12-39	4.4	25	100	100	75
32	B12-41	3.9	28	100	100	76
33	B12-44	2.5	44	100	100	81
34	B12-45	2.5	44	100	100	81
35	B13-14	2.7	41	100	100	80
36	B14-29	2.7	41	100	100	80
37	B14-35	1.3	85	100	100	95
38	B17-21	1.1	100	100	100	100
39	B18-06	2.0	100	100	100	100
40	B18-09	2.4	100	100	100	100
41	B18-10	2.0	100	100	100	100
42	B18-14	2.0	100	100	100	100
43	B19-18	1.8	100	100	100	100
44	B20-05	4.2	100	100	100	100
45	B20-09	2.1	39	100	52	64
平均值			80	80	90	84

注：$PE_{小}$——基于小学因子的开发强度当前绩效，$PE_{中}$——基于中学因子的开发强度当前绩效，$PE_{医}$——基于医院因子的开发强度当前绩效，$PE_{片}$——基于片区层面公共利益因子的开发强度当前绩效。

通过计算与分析，片区层面公共利益因子影响下的45个典型样本的开发强度当前绩效的平均值未达到100%，约为84%。仅从这点来看，较地块层面91%的开发强度当前绩效而言，片区层面公共利益因子影响下典型样本的开发强度当前绩效 PE 并不高。另外，在45个典型样本中，当前绩效达到100%的样本仅有11个，约占典型样本总数的25%，这说明多数样本的片区层面公共利益因子影响下的开发强度当前绩效是不合理的。因此，片区层面公共利益因子影响下开发强度的当前绩效大多未达到期望绩效，并且整体较地块层面更为不合理。

7.1.3 综合绩效评价

研究样本的综合绩效评价为基于地块层面和基于片区层面公共利益因子绩效评价结果的综合。因为在开发强度绩效中，每个公共利益因子的规范要求都必须得到满足，不存在"主"与"次"等权重问题，所以基于各层面公共利益因子的绩效评价结果在综合计算时不需要考虑权重。同时，虽然基于地块层面公共利益因子的研究样本为128个，但由于基于片区层面公共利益因子的研究样本地块必须连片布局，仅有45个，所以开发强度当前绩效的综合评价也只能以45个典型样本为研究对象。45个典型样本公共利益因子影响下的开发强度当前绩效的综合评价结果详见表7-4。

公共利益因子影响下的典型样本开发强度绩效综合评价表 　　　表 7-4

序号	地块编号	地块层面				片区层面				综合绩效		
		$PE_日$	$PE_绿$	$PE_车$	$PE_地$	$PE_小$	$PE_中$	$PE_医$	$PE_片$	PE	主要影响因子	次要影响因子
		（%）				（%）				（%）		
1	B1-19	54	54	100	69	75	32	100	69	69	中	日、绿、小
2	B1-25	91	91	100	94	100	82	100	94	94	—	中
3	B1-27	100	91	100	97	95	41	100	79	88	中	—
4	B1-29	30	30	100	53	64	27	100	64	59	日、绿、中	小
5	B2-04	63	60	100	74	100	70	100	90	82	—	日、绿、中
6	B2-41	89	84	100	91	100	100	100	100	96	—	日、绿
7	B2-48	100	87	100	96	100	91	48	80	88	医	绿
8	B2-49	74	70	100	81	100	91	48	80	81	医	日、绿
9	B4-18	100	100	100	100	35	100	100	78	89	中	—
10	B4-19	100	100	100	100	53	100	100	84	92	—	中
11	B5-05	100	94	100	98	100	100	100	100	99	—	—
12	B5-13	85	80	100	88	100	100	100	100	94	—	日、绿
13	B5-16	100	100	100	100	95	100	100	98	99	—	—
14	B5-20	95	90	100	95	100	100	100	100	98	—	绿
15	B5-36	89	85	100	91	100	78	41	73	82	医	日、绿、中
16	B5-46	100	100	100	100	100	85	95	98	—	医
17	B5-49	70	65	100	78	80	53	28	54	66	医	日、绿、小、中
18	B8-4	88	79	100	89	100	40	100	80	85	中	日、绿
19	B8-15	97	83	100	93	100	36	100	79	86	中	绿
20	B8-23	64	58	100	74	100	36	19	52	63	中、医	日、绿
21	B9-1	51	46	100	66	100	60	31	64	65	绿、医	日、中

序号	地块编号	地块层面				片区层面				综合绩效		
		$PE_日$	$PE_绿$	$PE_车$	$PE_地$	$PE_小$	$PE_中$	$PE_医$	$PE_片$	PE	主要影响因子	次要影响因子
		(%)				(%)				(%)		
22	B9-4	70	62	100	77	17	100	100	72	75	小	日、绿
23	B10-11	100	100	100	100	100	47	100	82	91	中	—
24	B10-12	100	100	100	100	100	82	100	94	97	—	中
25	B10-14	89	81	100	90	100	33	100	78	84	中	日、绿
26	B10-19	66	63	100	76	100	26	100	75	76	中	日、绿
27	B12-10	67	63	100	77	37	100	100	79	78	小	日、绿
28	B12-29	89	82	100	90	29	100	100	76	83	小	日、绿
29	B12-34	86	78	100	88	30	100	100	77	82	小	日、绿
30	B12-38	89	85	100	91	41	100	100	80	86	小	日、绿
31	B12-39	82	75	100	86	25	100	100	75	80	小	日、绿
32	B12-41	87	79	100	89	28	100	100	76	82	小	日、绿
33	B12-44	76	72	100	83	44	100	100	81	82	小	日、绿
34	B12-45	76	72	100	83	44	100	100	81	82	小	日、绿
35	B13-14	81	78	100	86	41	100	100	80	83	小	日、绿
36	B14-29	81	78	100	86	41	100	100	80	83	小	日、绿
37	B14-35	100	92	100	97	85	100	100	95	96	—	小
38	B17-21	100	100	100	100	100	100	100	100	100	—	—
39	B18-06	90	80	100	90	100	100	100	100	95	—	日、绿
40	B18-09	96	88	100	95	100	100	100	100	97	—	绿
41	B18-10	100	95	100	98	100	100	100	100	99	—	—
42	B18-14	100	100	100	100	100	100	100	100	100	—	—
43	B19-18	100	94	100	98	100	100	100	100	99	—	—
44	B20-05	100	90	100	97	100	100	100	100	98	—	绿
45	B20-09	90	81	100	90	39	100	52	64	77	小	日、绿、医
	平均值	86	81	100	89	80	80	90	84	86		

注：1. $PE_日$——基于住宅建筑日照因子的开发强度当前绩效，$PE_绿$——基于组团因子的开发强度当前绩效，$PE_车$——基于停车位因子的开发强度当前绩效，$PE_地$——基于地块层面公共利益因子的开发强度当前绩效，$PE_小$——基于小学因子的开发强度当前绩效，$PE_中$——基于中学因子的开发强度当前绩效，$PE_医$——基于医院因子的开发强度当前绩效，$PE_片$——基于片区层面公共利益因子的开发强度当前绩效；

2. "主要影响因子"指单因子影响下的开发强度当前绩效 $PE \leqslant 50\%$ 的公共利益因子，"次要影响因子"指单因子影响下的开发强度当前绩效 $50\% < PE \leqslant 90\%$ 的公共利益因子。其中，"绿"代表组团绿地因子，"车"代表停车位因子，"小"代表小学因子，"中"代表中学因子，"医"代表医院因子。

通过计算与分析，公共利益因子影响下的 45 个典型样本的开发强度当前绩效的平均值未达到 100%，约为 86%。在 45 个典型样本中，当前绩效达到 100% 的样本仅有 2 个，仅占典型样本总数的 4%。

通过样本地块开发强度当前绩效的综合评价，可以得出以下几点：

1）当前居住地块公共利益缺失的问题主要源于控规开发强度控制方面。本研究为避免修规层面与实施层面对居住地块公共利益因子配建的影响，在地块自身层面以"理论达到"构建了基于地块层面公共利益因子的数学模型。因此，若现状开发强度指标突破了"理论达到"的期望绩效下的开发强度指标，即开发强度当前绩效未达到"理论达到"的期望绩效，则说明当前居住地块公共利益缺失的问题主要源于控规开发强度控制方面。根据上述综合绩效评价的统计结果，公共利益因子影响下的 45 个典型样本的开发强度当前绩效的综合平均值为 86%。由此可见，在现阶段，控规层面开发强度指标的合理编制对于保障居住地块的公共利益至关重要。

2）在现实情况下，片区层面公共利益因子对居住地块开发强度指标的影响较地块层面公共利益因子大，所以在控规中应多层面注重把控片区层面公共利益因子与其服务范围内居住地块开发强度的配比关系。根据表 7-4 统计，在上述开发强度当前绩效未达到期望绩效要求的 43 个典型样本中，27 个典型样本存在主要影响开发强度当前绩效的因子。其中，住宅建筑日照因子、组团绿地因子、停车位因子、小学因子、中学因子、医院因子作为主要影响因子的次数分别为 1 次、2 次、0 次、12 次、10 次、6 次。由此可见，对于居住地块而言，因为其所在片区的用地布局在现实中基本已经既定，即片区层面公共利益因子的用地面积较为固定，所以居住地块开发强度指标受片区层面公共利益因子的配建影响更大。因此，在控规编制中，开发强度控制应与用地控制相匹配，即控规层面的土地使用布局，特别是对公共利益因子的用地规模的细化确定，应同步考虑其服务范围内居住地块的开发强度要求，应在规范要求的公共利益因子的用地规模范围内，尽量做到公共利益因子的用地规模与居住地块开发强度指标的合理同步控制。

3）只有同步合理控制开发强度指标与公共利益因子，居住地块的公共利益才能最终得到保障。在上述开发强度当前绩效突破了期望绩效要求的 43 个典型样本中，组团绿地因子大多为次要影响开发强度当前绩效的因子（表 7-4），其作为主要影响因子的次数仅有 2 次，这说明在"理论达到"的期望绩效下，样本地块组团绿地因子的配建状况大多应该接近相关规范要求。然而，在实际情况下，组团绿地因子满足相关规范要求的样本数量却较"理论达到"情况下少很多。同样，停车位因子影响下研究样本的开发强度当前绩效，虽然在地下车库的层数 $n_库$＝1 层时基本都已达到了"理论达到"下的 100%，但是现实中却仍普遍存在"停车难"问题。由此可见，即使居住地块的开发强度在控规层面得到了合理控制，合理的开发强度指标也只是具有了保障公共利益，避免与公共利益因子规范要求出现不可调和性冲突的潜在"能力"，但是在修规方案、实际建设中各公共利益因子是否满足规范要求，这还取决于各公共利益因子的相关规范要求是否得到了有效落实。因此，对于居住地块的开发强度控制而言，开发强度指标必须和各公共利益因子同时作用才可能最终保障居住地块的公共利益。

总而言之，已建居住地块开发强度绩效的综合评价，从根本上证明了控规层面进行基于公共利益的开发强度指标"值域化"控制的必要性；同时，强调了控规层面"值域化"的控制难点在片区层面，编制控规应加强土地使用的细化布局与开发强度指标的同步调整编制；另外，开发强度绩效的合理在地块自身层面只是"理论达到"的合理，只有在对开发强度指标"值域化"控制的同时，强化落实各公共利益因子的规范要求，居住地块的公共利益才可能最终得到保障。

7.2 期望绩效下的开发强度"值域化"

开发强度绩效研究的最终目标是通过分析"当前绩效"中影响开发强度指标与公共利益因子配建关系的因素，探讨期望绩效下的开发强度指标与公共利益因子的合理配建关系，以支持后续控规开发强度的合理编制。前文通过基于各公共利益因子的开发强度"值域化"模型的构建，细化分析了影响开发强度指标与公共利益因子配建关系的因素，并在地块自身层面探讨了"理论达到"下的开发强度"值域化"模型，在地块所在片区层面分别探讨了受片区土地使用布局影响的"实效模型"和"理论达到"下的"理论模型"，这些模型实质也都是可以用于控规编制保障公共利益的开发强度"值域化"指标的模型。其中，地块层面模型和片区层面"理论模型"已提出了基于各公共利益因子的理论极限状态，即理想状态下的开发强度"值域化"；地块层面模型和片区层面"实效模型"则可用于实际居住地块或规划方案开发强度指标的"值域化"研究。

7.2.1 理想状态下的容积率"值域化"

基于地块自身层面公共利益因子的模型作为"理论达到"下的模型，实质也是"理论模型"。根据模型测算，住宅建筑日照因子影响下住宅容积率 $R_日$ 的值域区间为（0.5，7.0）；组团绿地因子影响下住宅容积率 $R_绿$ 的值域区间为（0.4，5.9）；停车位因子影响下住宅容积率 $R_车$ 的值域区间，当地下车库的层数 $n_库$＝1层时为（0.4，6.6），当地下车库的层数 $n_库$＝2层时为（0.4，13.2）。根据基于片区层面公共利益因子的"理论模型"的测算，基于小学因子理论模型下的容积率值域区间为（0.6，6.7），基于中学因子理论模型下的容积率值域区间为（0.3，7.8），基于医院因子理论模型下的容积率值域区间为（0.6，6.1）。据此计算，无论居住地块设置地下车库的层数 $n_库$＝1层或 $n_库$＝2，居住地块住宅容积率的下限受小学因子和医院因子限制，下限值为0.6；居住地块住宅容积率上限受组团绿地因子限制，上限值为5.9。因此，理想状态下居住地块的住宅容积率 Rr 的值域区间为（0.6，5.9）。

理想状态下的容积率"值域化"可以用于不清楚居住地块所在片区土地使用布局情况时独立居住地块的容积率指标编制。理想状态下居住地块的住宅容积率为"理论达到"，那么，在实际建设背景下，居住地块若要同时满足公共利益的要求，其修规方案的住宅容积率其实很难达到值域区间的极限。但是，理想状态下居住地块的住宅容积率 Rr 的值域区间跨度仍然较大，这样大跨度的容积率指标对于具体地块而言难以被合理把控，往往会造成开发强度各指标之间配比关系的不合理，因此应对容积率值域区间基于其他开发强度指标予以细分。

根据基于地块层面公共利益因子的开发强度模型可知，住宅容积率指标的大小与住宅建筑密度 Mr 和住宅平均层数 n 密切相关。当居住地块的住宅建筑密度在规范值域内随着住宅平均层数变动时（规范要求详见表3-8），即住宅建筑密度在15%≤Mr≤33%，住宅平均层数 n 在3～35变化时，住宅容积率也随之变化。其中，因为本研究将住宅建筑层高限定为2.8m/层，所以住宅平均层数实质代表了平均建筑高度指标 H。以住宅建筑日照因子研究中，住宅建筑密度 Mr、住宅平均层数 n、住宅容积率 Rr 的配比关系为研究基础（表4-2、表4-3），本研究将上述理想状态下的住宅容积率值域区间基于住宅建筑密度 Mr 和平均建筑高度 H 进行细分，形成理想状态下居住地块开发强度值域化一览表，具体见表7-5。在表7-5中，住宅建筑密度一定程度考虑居住地块的实际建设状况设定，所以参照表4-2、表4-3的研究成果，与住宅建筑密度相对应的住宅容积率值域区间较上述理想状态下的值域区间（0.6，5.9）缩小为（0.8，5.9）。

表7-5中，平均建筑高度、住宅建筑密度的区间主要依据《民用建筑设计通则》（GB 50352—2005）、《陕西省城市规划管理技术规定》和其他相关建筑防火、防震规范的要求

及居住地块的一般实际建设状况划定。平均建筑高度划分依据如下：①《民用建筑设计通则》（GB 50352—2005）3.1.2 条规定住宅建筑可依据层数分为：低层住宅（1～3 层）、多层住宅（4～6 层）、中高层住宅（7～9 层）、高层住宅（10 层及 10 层以上）；《陕西省城市规划管理技术规定》与之相对应，规定住宅建筑高度如下：低层住宅建筑高度 $H \leqslant 10\text{m}$，多层住宅 $10\text{m} < H \leqslant 24\text{m}$，中高层住宅建筑为 7～9 层，高层住宅为 10 层及 10 层以上。②"小高层"的概念虽然在国家的各类规范中均无表述，但其已基本成为住宅建筑设计与日常生活中约定俗成的概念，一般指住宅层数在 7～11 层的住宅建筑。"小高层"的层数限定主要源于《高层民用建筑设计防火规范》（GB 50045—95）（2005 年版）❶、《建筑设计防火规范》（GB 50016—2006）❷ 等住宅建筑防火规范，和《住宅建筑规范》（GB 50386—2005）、《住宅设计规范》（GB 50096—2011）等住宅设计规范及建筑防震规范对于不同层数住宅建筑的电梯间、楼梯间、楼层面积的设计限定。根据即将颁布实施的新版《建筑设计防火规范》❸，原各防火规范中以住宅建筑层数表达的有关规定将整合为以建筑高度表述的新规定，根据新规定，住宅建筑 11 层限高将以建筑高度限高 32m 表述；另外，根据上述各规范，18 层为住宅建筑的另外一个限值，新版《建筑设计防火规范》中将住宅建筑 18 层限高以建筑高度限高 60m 表述；同时，新版《建筑设计防火规范》将 10 层及 10 层以上的高层住宅建筑以建筑高度大于 27m 表述。❹ 因此，在表 7-5 中，平均建筑高度划分为 8～10m（低层）、11～18m（多层）、19～27m（中高层，含 7～9 层的小高层）、28～32m（10～11 层的小高层）、33～60m（11 层以上至 18 层的高层）、61～100m（18 层以上至 35 层的高层）6 个区间。住宅建筑密度的区间则参照居住区规范及《陕西省城市规划管理技术规定》表 2.5（即本书表 3-8）的规定，同时考虑居住地块的一般实际建设状况，与平均建筑高度对应设置，即非别墅类的低层（8～10m）住宅建筑密度一般为 26%～33%，多层（11～18m）住宅建筑密度一般为 19%～26%，中高层（19～27m）住宅建筑密度一般为 15%～24%，高层（大于 27m）住宅建筑密度一般为 15%～20%。

在使用开发强度值域化一览表（表 7-5）时，居住地块的开发强度指标在满足一览表要求的同时，其住宅建筑日照、组团绿地、停车位，以及配建的小学、中学、医院等公共利益因子应同时满足相关规范中的要求（具体要求见前文各公共利益因子的"配建要求"一节）；其次，相邻居住地块若使用同一指标区间，还应规定两者的修规方案应有一定差异，以此避免因指标区间相同造成的居住地块建设的千篇一律。另外，在编制近期建设规划的相关开发强度指标时，可将"值域化"指标视为"控制性指标"，即刚性指标，在不突破值域区间极限值的情况下，相关规划可根据近期建设需求编制开发强度的定值，即"引导性指标"，以此完善开发强度"值域化"控制方法。❺

❶ 国家技术监督局，中华人民共和国建设部．高层民用建筑设计防火规范 GB 50045—95（2005 年版）[S]．北京：中国建筑工业出版社，2005。

❷ 中华人民共和国建设部，中华人民共和国国家质量监督检验检疫总局．住宅设计规范建筑设计防火规范 GB 50016—2006 [S]．北京：中国建筑工业出版社，2006。

❸ 住房和城乡建设部于 2009 年发布 [2009] 94 号文件，拟将《建筑设计防火规范》（GB 50016—2006）、《高层民用建筑设计防火规范》（GB 50045—95）两者整合修订为新版《建筑设计防火规范》，新规范拟在 2013 年颁布。

❹ 王长川．《建筑设计防火规范》《高层民用建筑设计防火规范》整合意见讲稿 [Z]．2012。

❺ 黄明华，屈雯，王阳，丁亮．控制和引导双视角下容积率控制方法初探——以准格尔旗西城区为例 [C] // 中国城市规划学会．多元与包容——2012 年中国城市规划年会论文集．昆明：云南科技出版社，2012。

理想状态下居住地块开发强度值域化一览表

表 7-5

平均建筑高度	住宅建筑密度	住宅容积率
H（m）	M_r（%）	R_r
8～10（3层的非别墅低层）	26～29	0.8～0.9
	30～33	0.9～1.0
11～18（4～6层的多层）	19	0.8～1.2
	20	0.8～1.3
	21	0.8～1.4
	22	0.9～1.4
	23	0.9～1.5
	24	1.0～1.6
	25	1.0～1.7
	26	1.1～1.8
19～27（7～9层的中高层，含7～9层的小高层）	15	1.2～1.4
	16	1.3～1.4
	17	1.4～1.5
	18	1.4～1.6
	19	1.5～1.7
	20	1.6～1.8
	21	1.7～1.9
	22	1.8～2.0
	23	1.8～2.1
	24	2.0～2.2
28～32（10～11层的小高层）	15	1.5～1.7
	16	1.6～1.8
	17	1.7～1.9
	18	1.8～2.0
	19	1.9～2.1
	20	2.0～2.3
33～60（11层以上至18层的高层）	15	1.8～2.7
	16	1.9～2.9
	17	2.1～3.1
	18	2.2～3.3
	19	2.3～3.4
	20	2.4～3.6
61～100（18层以上至35层的高层）	15	2.9～5.3
	16	3.0～5.6
	17	3.2～5.9
	18	3.4～5.9
	19	3.6～5.9
	20	3.8～5.9

注：1. 住宅建筑密度与平均建筑高度的对应区间参照居住区规范、《陕西省城市规划管理技术规定》表2.5（即本研究中表3-8）和相关的住宅建筑设计、防火、防震规范及居住地块的一般实际建设状况制定；

2. 表中住宅容积率数值是以西安地区为基准计算的结果；

3. 居住地块开发强度指标在满足上述要求的同时，其住宅建筑日照、组团绿地、停车位，以及配建的小学、中学、医院等公共利益因子应同时满足相关规范中的要求；

4. 相邻居住地块，在使用上述同一指标区间时，修规的规划方案（住宅建筑的平面布局）应有一定差异，以此避免因指标区间相同造成的居住地块建设的千篇一律。

188

7.2.2 基于"值域化"的典型样本容积率调整分析

在开发强度"值域化"控制思路下，为使开发强度指标达到期望绩效，研究样本的现状开发强度指标可基于地块层面模型和片区层面"实效模型"计算出的期望绩效下的开发强度指标进行分析。一般情况下，现状住宅容积率指标数值不应突破期望绩效下值域区间的上限或下限。但是，对于基于片区层面公共利益因子的期望绩效下住宅容积率的值域区间而言，只要基于片区层面公共利益因子的开发强度当前绩效达到了100%，即使样本的现状住宅容积率突破了期望绩效下的住宅容积率值域区间，现状住宅容积率指标也能满足期望绩效；同时，公共服务设施应根据公众和社会的需求设立[1]，所以片区层面的公共利益因子满足规范要求的情况是可以通过片区层面用地布局的调整、城市更新等方式予以改善的。因此，本研究不对研究样本住宅容积率的调整值进行计算，仅将现状指标与基于各公共利益因子期望绩效下的指标予以罗列，以供直观分析如何通过提高某个公共利益因子的配比量以提高开发强度的当前绩效，详见表7-6。

典型样本开发强度指标调整分析表　　　　　　　　　　　　　　表7-6

序号	地块编号	住宅容积率 R_r	期望绩效下的住宅容积率												
			$R_日$		$R_绿$		$R_车$			$R_小$		$R_中$		$R_医$	
			下限值	上限值	下限值	上限值	下限值	$n_库$=1 上限值	$n_库$=2 上限值	下限值	上限值	下限值	上限值	下限值	上限值
1	B1-19	2.8		1.5	0.6	1.5	0.6	6.3	12.6	0.9	2.1	0.7	0.9	0.7	3.5
2	B1-25	1.1		1.0	0.3	1.0	0.3	5.2	10.4	0.9	2.1	0.7	0.9	0.7	3.5
3	B1-27	2.2		2.2	0.5	2.0	0.6	6.8	13.7	0.9	2.1	0.7	0.9	0.7	3.5
4	B1-29	3.3		1.0	0.7	1.0	0.7	6.8	13.5	0.9	2.1	0.7	0.9	0.7	3.5
5	B2-04	3.0		1.9	0.8	1.8	0.8	5.9	11.8	1.3	3.2	0.7	2.1	0.7	3.5
6	B2-40	1.9		1.7	0.7	1.6	0.7	5.9	11.8	1.3	3.2	0.7	2.1	0.7	3.5
7	B2-48	2.3		2.3	0.7	2.0	0.8	7	14	1.3	3.2	0.7	2.1	0.6	1.1
8	B2-49	2.3		1.7	0.6	1.6	0.7	5.9	11.8	1.3	3.2	0.7	2.1	0.6	1.1
9	B4-18	2.6		3.1	0.9	2.8	0.9	6.4	12.9	1.7	3.8	0.7	0.9	0.7	3.5
10	B4-19	1.7	0.5	1.8	0.7	1.7	0.7	6.7	13.3	1.7	3.8	0.7	0.9	0.7	3.5
11	B5-05	1.7		1.7	0.4	1.6	0.4	5.9	11.8	1.3	3.2	0.7	2.1	0.7	3.5
12	B5-13	2.0		1.7	0.9	1.6	0.9	5.9	11.8	1.3	3.2	0.7	2.1	0.7	3.5
13	B5-16	2.2		2.4	0.7	2.3	0.6	6.2	12.4	1.3	3.2	0.7	2.1	0.7	3.5
14	B5-20	2.0		1.9	0.5	1.8	0.6	6.5	13	0.6	2.4	0.7	2.1	0.7	3.5
15	B5-36	2.7		2.4	0.7	2.3	0.7	6.2	12.4	1.3	3.2	0.7	2.1	0.6	1.1
16	B5-46	1.3		1.5	0.6	1.5	0.7	6.1	12.1	1.3	3.2	0.7	2.1	0.6	1.1
17	B5-49	4.0		2.8	1.1	2.6	1.1	6.2	12.4	1.3	3.2	0.7	2.1	0.6	1.1
18	B8-4	5.2		4.6	0.9	4.1	0.9	6.2	12.4	0.6	2.4*	0.7	2.1	0.7	3.5*

---

[1] 顾朝林，甄峰，张京祥. 集聚与扩散：城市空间结构新论［M］. 南京：东南大学出版社，2000。

序号	地块编号	住宅容积率 R_r	期望绩效下的住宅容积率												
			$R_日$		$R_绿$		$R_车$			$R_小$		$R_中$		$R_医$	
			下限值	上限值	下限值	上限值	下限值	$n_库=1$ 上限值	$n_库=2$ 上限值	下限值	上限值	下限值	上限值	下限值	上限值
19	B8-15	5.9		5.7	0.7	4.9	0.7	6.3	12.6	0.6	2.4*	0.7	2.1	0.7	3.5*
20	B8-23	5.9		3.8	0.5	3.4	0.6	6.2	12.4	0.6	2.4*	0.7	2.1	0.6	1.1
21	B9-1	3.5		1.8	1.0	1.6	1	6.9	13.8	0.6	2.4*	0.7	2.1	0.6	1.1
22	B9-4	6.6		4.6	1.1	4.1	1.2	6.2	12.4	0.7	1.1	1.6	2.6*	1.6	6.1*
23	B10-11	1.9		2.3	1.1	2.1	1.1	6.3	12.6	1.7	3.8	0.7	0.9	0.6	3.4
24	B10-12	1.1		1.1	1.1	1.1	1.2	6.3	12.6	1.7*	3.8	0.7	0.9	0.6	3.4
25	B10-14	2.7		2.4	0.5	2.2	0.5	6.6	13.2	1.7	3.8	0.7	0.9	0.6	3.4
26	B10-19	3.5		2.3	0.8	2.2	0.9	6.4	12.7	1.7	3.8	0.7	0.9	0.6	3.4*
27	B12-10	3.0		2.0	0.8	1.9	0.8	6.4	12.9	0.7	1.1	1.6	2.6*	1.6	6.1
28	B12-29	3.8		3.4	1.1	3.1	1.2	6.4	12.7	0.7	1.1	1.6	2.6*	1.6	6.1
29	B12-34	3.7		3.2	1.1	2.9	1.2	6.4	12.9	0.7	1.1	1.6	2.6*	1.6	6.1
30	B12-38	2.7		2.4	0.2	2.3	0.3	6.2	12.4	0.7	1.1	1.6	2.6*	1.6	6.1
31	B12-39	4.4		3.6	0.7	3.3	0.7	6.2	12.4	0.7	1.1	1.6	2.6*	1.6	6.1
32	B12-41	3.9	0.5	3.4	1.1	3.1	1.1	6.2	12.4	0.7	1.1	1.6	2.6*	1.6	6.1
33	B12-44	2.5		1.9	0.3	1.8	0.4	6.8	13.7	0.7	1.1	1.6	2.6	1.6	6.1
34	B12-45	2.5		1.9	1.0	1.8	1	6.8	13.7	0.7	1.1	1.6	2.6	1.6	6.1
35	B13-14	2.7		2.2	0.4	2.1	0.4	6.2	12.4	0.7	1.1	1.6	2.6*	1.6	6.1
36	B14-29	2.7		2.2	0.2	2.1	0.3	5.9	11.8	0.7	1.1	1.6	2.6*	1.6	6.1
37	B14-35	1.3		1.3	1.1	1.2	1.1	6.4	12.7	0.7	1.1	1.6*	2.6	1.6*	6.1
38	B17-21	1.1		1.1	0.6	1.1	0.6	6.3	12.6	1.2*	2.9	0.7	2.4	0.6	3.4
39	B18-06	2.0		1.8	0.3	1.6	0.9	6.9	13.8	1.2	2.9	0.7	2.4	0.6	3.4
40	B18-09	2.4		2.3	0.4	2.1	0.5	6.6	13.2	1.2	2.9	0.7	2.4	0.6	3.4
41	B18-10	2.0		2.0	0.9	1.9	0.9	6.4	12.7	1.2	2.9	0.7	2.4	0.6	3.4
42	B18-14	2.0		2.4	0.4	2.2	0.4	6.7	13.3	1.2	2.9	0.7	2.4	0.6	3.4
43	B19-18	1.8		1.8	0.6	1.7	0.6	6.8	13.7	1.2	2.9	0.7	2.4	0.6	3.4
44	B20-05	4.2		4.2	0.8	3.8	0.8	6.2	12.4	1.2	2.9*	0.7	2.4*	0.6	3.4*
45	B20-09	2.1		1.9	0.5	1.7	0.5	6.9	13.8	5.4	5.7	0.7	2.1	0.6	1.1

注：1. 下划线数值代表相应片区层面公共利益因子影响下的居住地块开发强度当前绩效达到了100%；

2. "＊"数值代表居住地块现状住宅容积率突破了基于片区层面公共利益因子的期望绩效下住宅容积率值域区间的上限值或下限值。

7.3 本章小结

本章重点对45个典型样本的开发强度指标进行了综合绩效评价，典型样本的开发强度当前绩效为86％。在45个典型样本中，43个典型样本的开发强度当前绩效未达到期望绩效。由此可见，当前居住地块公共利益缺失的问题主要源于控规开发强度控制方面，所以在现阶段，控规层面开发强度指标的合理编制对于保障居住地块的公共利益至关重要；

同时，在控规编制中，开发强度控制应与用地控制相匹配，应在规范要求的公共利益因子的用地规模范围内，尽量做到公共利益因子的用地规模与居住地块开发强度指标的合理同步控制；另外，开发强度指标必须和各公共利益因子同时作用才可能最终保障居住地块的公共利益。

开发强度绩效研究的最终目标是通过分析"当前绩效"中影响开发强度指标与公共利益因子配建关系的因素，探讨期望绩效下的开发强度指标与公共利益因子的合理配建关系，以支持后续控规开发强度的合理编制。基于地块层面模型和片区层面的"理论模型"，本章提出了理想状态下的开发强度"值域化"。基于数学模型计算出的理想状态下居住地块的住宅容积率 Rr 的值域区间为（0.6，5.9）。当住宅容积率值域区间结合实际建设状况中的平均建筑高度、住宅建筑密度细分时，住宅容积率值域区间最终修正为（0.8，5.9）。理想状态下的容积率"值域化"可以用于不清楚居住地块所在片区土地使用布局情况时居住地块的容积率指标编制，但具体应结合"居住地块开发强度值域化一览表"（表 7-5）使用。

8　结　　语

　　"十八大报告"提出的"推进生态文明建设"的首要重点工作便是"优化国土空间开发格局，按照人口资源环境相均衡、经济社会生态效益相统一的原则，控制开发强度，调整空间结构"。这是"开发强度"一词首次明确出现在国家的大政方针中，可见开发强度控制确实已成为我国城市发展建设面临的重要课题。20世纪中叶以来，世界主流城市规划理论经历了"城市规划从设计到科学"、"规划师从技术专家到'沟通者'"两个"范式"的演变。❶ 面对控规中开发强度控制的当下问题，本研究探讨性地提出"开发强度绩效"概念，试图运用数学模型的方法，以维护公共利益为目标，探索建立一个便于"市场调节"的具有一定科学性的开发强度"沟通平台"，以此量化开发强度绩效，支持控规开发强度的合理编制。

8.1　研究的重要结论

　　（1）针对居住地块公共利益缺失问题，提出"开发强度绩效"概念，以期支持控规开发强度指标的科学编制

　　开发强度绩效指以开发强度指标为核心，以保障公共利益为目标，开发强度控制的结果和成效。开发强度绩效以容积率指标为核心对象，其对公共利益的保障集中体现在开发强度指标不与公共利益因子的规范要求相矛盾。开发强度绩效的"绩"具体指以容积率为核心的开发强度指标；"效"具体指开发强度控制的效果，以容积率与公共利益因子的合理配建程度作为评判。居住地块的开发强度绩效则主要以"纯住宅"对应的容积率与住宅建筑日照、组团绿地、住宅配建停车位、公共服务设施等公共利益因子的规范要求的合理配建程度进行评判。已建成的居住地块的现状容积率指标，及其与公共利益因子的当前配建状况是居住地块开发强度的"当前绩效"。当在一定的容积率指标下，公共利益因子完全能满足各类规范要求时，居住地块的开发强度就达到了"期望绩效"。开发强度绩效与传统的以对既有工作成果"下结论"为主的"评价"、"评估"概念不同，重点是针对控规层面开发强度指标编制时，忽视公共利益的保障，公共利益因子的规范要求与开发强度指标之间的配建关系未被准确把控的问题，通过分析"当前绩效"中影响开发强度指标与公共利益因子配建关系的因素，构建数学模型，探讨期望绩效下的开发强度指标与公共利益因子的合理配建关系，以支持后续控规开发强度的合理编制。

　　（2）构建公共利益因子与容积率"值域化"数学模型，维护开发强度指标公共利益特征

　　本研究从以往单一追求"经济效益"为导向的开发强度研究视角转向重点关注"公共

---

　　❶　［英］尼格尔·泰勒. 1945年后西方城市规划理论的流变［M］. 李白玉，陈贞，译. 北京：中国建筑工业出版社，2006。

利益"的开发强度绩效研究视角，以保障公共利益为"目标"，以公共利益因子为"指标"，借鉴"目标—指标—分析与评价"的管理绩效的研究思路，运用开发强度"值域化"控制方法展开研究。绩效视角下的容积率为弹性范围或区间，即"值域化"，其与公共利益因子的配建关系不受地块层面因子当前配建状况的影响，是地块所在片区土地使用布局影响下的控规层面的"理论达到"，是给予下层面规划与建设保障公共利益的可能，而非修规层面的"方案达到"或实际建设中的"实际达到"。本研究具体选取相关规范的强制性条文中与居住地块开发强度有最实质、最直接、最大影响的因子作为公共利益因子，即地块自身层面的住宅建筑日照因子、组团绿地因子、停车位因子，地块所在片区层面的小学因子、中学因子、医院因子，运用数学模型的方法，分别构建地块层面、片区层面共 6 个"公共利益因子—容积率"单因子开发强度"值域化"模型，以此确定符合公共利益因子规范要求的容积率值域区间的计算函数。

在地块层面，住宅建筑日照因子影响下的容积率 $R_日$ 为住宅平均层数 n 与住宅建筑密度 M_r 的乘积，即 $R_日 = n \times M_r$，值域区间为（0.5，7.0）；组团绿地因子影响下的容积率 $R_绿$ 下限仅与地块用地规模 S 相关，即 $R_绿 \geqslant \dfrac{2.4}{S}$（$S$ 单位为 hm^2），上限为与住宅平均层数 n、住宅建筑密度 Mr 相关的函数，即 $R_绿 \leqslant \dfrac{180 \times n \times M_r}{180 + n}$，值域区间为（0.4，5.9）；停车位因子影响下的容积率 $R_车$ 下限也仅与地块用地规模 S 相关，即 $R_车 \geqslant \dfrac{2.5}{S}$（$S$ 单位为 hm^2），上限则为与地下车库的层数 $n_库$、住宅建筑密度 M_r 相关的函数，即 $R_车 \leqslant 7.76 \times n_库 \times (1 - M_r)$，当地下车库为 1 层时值域区间为（0.4，6.6），2 层时为（0.4，13.2）。在片区层面，居住地块所在片区的小学、中学、医院的用地规模、布局状况在现实状况下已既定，这时基于片区层面公共利益因子构建的单因子模型为实效模型，容积率值域区间则需要通过构建居住地块和公共利益因子的用地规模达到规范要求极限规模状况下的理论模型予以计算。小学因子影响下的容积率 $R_小$ 下限实效模型为与小学服务半径内的小学校个数 $n_小$ 和所有居住地块的用地面积 ΣS 相关的函数，即 $R_小 \geqslant \dfrac{27 \times n_小}{\Sigma S}$（$S$ 单位为 hm^2），上限实效模型为与小学服务半径内的所有小学总用地规模 $\Sigma S_小$ 和所有居住地块的用地规模 ΣS 相关的函数，即 $R_小 \leqslant \dfrac{53.19 \times \Sigma S_小}{\Sigma S}$（$S$ 单位为 hm^2），理论模型下的容积率值域区间为（0.6，6.7）；中学因子影响下的容积率 $R_中$ 下限实效模型为与中学服务半径内的中学学校个数 $n_中$ 和所有居住地块的用地面积 ΣS 相关的函数，即 $R_中 \geqslant \dfrac{45 \times n_中}{\Sigma S}$（$S$ 单位为 hm^2），上限实效模型为与中学服务半径内的所有中学总用地规模 $\Sigma S_中$ 和所有居住地块的用地规模 ΣS 相关的函数，即 $R_中 \leqslant \dfrac{49.5 \times \Sigma S_中}{\Sigma S}$（$S$ 单位为 hm^2），理论模型下的容积率值域区间为（0.3，7.8）；医院因子影响下的容积率 $R_医$ 下限实效模型为与医院服务半径内综合医院的个数 $n_院$、专科医院个数 $n_专$、社区卫生服务中心的个数 $n_心$ 和所有居住地块的用地面积 ΣS 相关的函数，即 $R_医 \geqslant \dfrac{85.71 \times n_院 + 25.71 \times n_专 + 2.14 \times n_心}{\Sigma S}$（$S$ 单位为 hm^2），上限实效模型为与医院服务半径内的所有综合医院总用地规模 $\Sigma S_医$、所有专科医院总用地规模 $\Sigma S_专$ 和所有社区卫生中心总用地规模 $\Sigma S_卫$，以及所有居住地块的用地规模

ΣS 相关的函数，即 $R_{医} \leqslant \dfrac{133.93 \times \Sigma S_{医} + 153.06 \times \Sigma S_{专} + 51.45 \times \Sigma S_{卫}}{\Sigma S}$（$S$ 单位为 hm²），理论模型下的容积率值域区间为（0.6，6.1）。基于地块层面模型和片区层面的"理论模型"，理想状态下居住地块的容积率值域区间为（0.6，5.9）。当住宅容积率值域区间结合实际建设状况中的平均建筑高度、住宅建筑密度细分时，住宅容积率值域区间修正为（0.8，5.9）。理想状态下的容积率"值域化"应结合建筑密度等其他开发强度指标一体化编制，可以用于不清楚居住地块所在片区土地使用布局情况时居住地块的容积率指标编制。

（3）量化开发强度当前绩效，明确当前开发强度绩效的问题症结

控规层面期望绩效下的开发强度指标为"理论达到"，若现状开发强度指标突破了"理论达到"的开发强度指标区间，则说明当前居住地块公共利益缺失的问题主要源于控规开发强度控制方面。居住地块开发强度的当前绩效可通过现状容积率和期望绩效下的容积率的数理关系来衡量，为介于（0，100%）之间的非负数。当现状容积率指标在基于各公共利益因子的期望绩效下的容积率值域区间内时，居住地块开发强度的当前绩效（PE）就达到了期望绩效，即 $PE=100\%$。当居住地块的现状住宅容积率 R_r 大于期望绩效下住宅容积率的最大值 $R_{公max}$ 时，则 $PE=\dfrac{R_{公max}}{R_r}$；当现状住宅容积率 R_r 小于期望绩效下住宅容积率的最小值 $R_{公min}$ 时，则 $PE=\dfrac{R_r}{R_{公min}}$。这时，开发强度的当前绩效均未达到期望绩效，即 $PE<100\%$。

以公共利益因子与容积率数学模型为平台，文中对西安市居住地块典型样本期望绩效下的容积率进行了计算，以此展开开发强度绩效分析。在地块自身层面，住宅建筑日照因子、组团绿地因子影响下的典型样本开发强度当前绩效的平均值分别约为 89%、84%；只有停车位因子影响下的开发强度当前绩效，在地下车库的层数为 1 层时就基本都达到了 100%。在片区层面，小学因子、中学因子、医院因子影响下的典型样本开发强度当前绩效的平均值分别约为 80%、80%、90%。综合单因子绩效分析结果，典型样本开发强度当前绩效的综合评价结果约为 86%，45 个综合绩效评价典型样本中仅有 2 个样本的绩效综合达到了 100%。43 个未达到期望绩效的样本中，27 个样本存在主要影响开发强度当前绩效的因子，住宅建筑日照因子、组团绿地因子、停车位因子、小学因子、中学因子、医院因子作为主要影响因子的次数分别为 1 次、2 次、0 次、12 次、10 次、6 次。由此可见，除停车位问题外，其他当前居住地块公共利益缺失的问题均主要源于控规开发强度控制方面，控规层面开发强度指标的合理编制对于保障居住地块的公共利益至关重要；同时，片区层面公共利益因子对居住地块开发强度指标的影响较地块层面大，在控规编制时应在规范要求的公共利益因子的用地规模范围内，尽量做到公共利益因子的用地规模与居住地块开发强度指标的合理同步控制；另外，控规层面期望绩效下的开发强度指标为"理论达到"，在下层面规划使用时必须和各公共利益因子的规范要求同时作用才能最终保障公共利益。

8.2　研究的不足之处与未来展望

（1）公共利益因子的假定性问题

其他学科"绩效"的既有研究成果已表明，构建科学、合理、完整的绩效分析与绩

效评价指标体系需要深入的专题研究。公共利益因子是开发强度绩效的指标，是公众物质规划层面各类需求的集中体现，在因子体系构筑方面与一般绩效指标的构筑要求相同，也应通过大量调查研究确定。但是，本研究鉴于研究重点的需要，选取的公共利益因子主要是相关规范的强制性条文中与居住地块开发强度有最实质、最直接、最大影响的因子。这些因子虽然能够满足绩效指标应与个体、组织需要达成的重要目标密切相关，应具有可靠性，应具有实用性的绩效指标一般选取标准，但是因子的覆盖面有待完善，"地块周边道路通行能力"等未来也应纳入因子体系。另外，开发强度绩效研究需要建立在研究对象所在片区用地布局相对合理的基础上，用地布局不合理的因子虽然能够构建理论层面的单因子容积率模型，但却无法构建实效模型，也就无法用于开发强度绩效分析与评价。所以，托儿所、幼儿园等一些公众"关注度高、满意度低"，却在许多城市的现状布局大都不合理的因子，也就不能作为本研究当前探讨的开发强度绩效的公共利益因子，但未来随着城市发展与用地布局的完善，托儿所、幼儿园等也应纳入开发强度绩效的因子体系。

（2）公共利益因子权重的预设性问题

在开发强度绩效研究中，各公共利益因子的权重平均分配。这主要是考虑以下两方面：①开发强度绩效选取的公共利益因子是相关规范的强制性条文中限定的因子，每个公共利益因子的规范要求都必须得到满足，因此在"绩效"研究阶段，各公共利益因子的权重就很难主观判断孰重孰轻，只能同等对待。②公共利益因子的"主"与"次"等权重问题应是本研究的结论而非前提。开发强度绩效旨在探寻居住地块公共利益缺失问题的产生根源、解决途径，其研究目标换言之就是要探明各公共利益因子对开发强度绩效的影响程度。本研究的结论已表明，各公共利益因子对于开发强度当前绩效的影响确实存在较大差异，如停车位因子对于开发强度绩效基本不产生影响，小学、中学、医院则对开发强度绩效有主要影响。因此，后续控规的开发强度控制，应以开发强度绩效的研究结果为基础，综合考虑各公共利益因子对开发强度指标的不同程度影响，更为科学地编制开发强度指标。

（3）数学模型构建中的规范限定、理论假设与现实状况的差异性问题

开发强度"值域化"模型的构建基于相关规范的要求和一定的理论假设展开，这与现实状况存在一定差异，但其对本研究成果并无实质性影响。①虽然现今有部分研究对居住区规范等既有规范的要求提出质疑和修正，但这并非本研究探讨的内容，其对开发强度绩效研究的方法、结论不会产生太大影响；另外，开发强度"值域化"模型构建的成果首先得到的是"完整模型"，其次才基于相关规范中的要求代入数据进行模型简化，那么当相关规范中的要求有所变化时，则可结合"完整模型"重新计算"简化模型"。②模型构建中的理论假设综合考虑现实状况设定，理论假设基本可以"还原"到现实状况中。如小学、中学模型构建中的学校规模、班额均参照相关规范设定，这确实与当下各学校可容纳的班级规模、班额较规范要求大的实际状况有所差异，但其模型构建中同时不考虑"择校生"问题，这样根据国家、地方有关中小学"择校生"比例未来限定在 10% 以下的要求，来自本学区以外的学生人数，即"择校生"人数就可以和超出规范限定班额的学生人数相抵消（根据表 6-16 所示，高新区研究区域内的中学班额突破规范要求人数的最大值为 6人，同时，规范限定中学班额一般不超过 50 人，则每班符合法规要求的"择校生"比例按 10% 计算为 5 人，这与突破规范要求的班额人数基本可以抵消）。所以，小学、中学模

型的构建可同时不考虑学校规模、班额过大与存在"择校生"多方面问题的影响，模型构建中的理论假设可以"还原"到现实状况中。③模型构建中的理论假设是为探讨控规层面"理论达到"的容积率指标最大值域区间，公共利益因子的服务对象以此理想化设定。如医院因子中的综合医院往往不但服务于所在居住区，也服务于城市层面，但基于医院因子的模型构建中，为得到综合医院服务范围内居住地块容积率指标的最大值域区间，假设综合医院仅为居住区内居住地块服务，不具有城市服务功能。当然，还有些理论假设有待后续完善，如停车位因子模型构建中，"地下停车场的总体规模分析"未考虑居住地块建筑退让红线与住宅建筑之间的"空余"地下空间不能建设地下停车场等问题。

（4）开发强度绩效的研究样本与研究层面的局限性问题

一方面，研究中典型样本的用地规划为组团规模（4～6hm²，开发强度绩效分析与评价中扩大为2～10hm²），但在现实情况下，很多居住地块的用地规模并非组团规模或小区规模等规范限定的标准规模，这就需要后续研究探讨特殊规模地块与组团规模地块之间容积率的转换计算问题。另一方面，本研究并未过多探讨地块所在片区用地布局不合理对开发强度绩效的影响，研究的典型样本主要为地块所在区域用地布局较为合理的居住地块。但在现实中，控规的主要应用区域——城市新区往往处于建设发展过程中，这时的用地布局还未达到完善状态。在这种状态下，开发强度绩效就很难完全脱离用地布局进行纯粹地探讨。另外，本研究主要考虑居住地块自身和地块所在片区两个层面的问题，并未过多关注城市层面的问题。但是，就城市整体而言，单个地块开发强度的合理其实并不能完全代表城市整体开发强度的合理。城市整体的开发强度应在保证居民宜居生活环境的基础上，尽量追求开发强度的最大化，以此提高土地使用效率。相关研究已证明，单个居住地块开发强度的增高，会带来与其配建的其他用地，特别是道路用地规模的几何倍增长，由此造成城市中很多高层林立区域的容积率一般比低矮的老城中心区更低。[●] 因此，后续开发强度绩效的研究就需要综合考虑用地布局问题和城市层面的开发强度控制问题，从控规开发控制及总规空间结构绩效、城市总体用地布局的综合角度来整体拓展开发强度绩效研究。

综上所述，本研究从大中城市居住地块当前控规层面开发强度控制中，公共利益因子的规范要求与开发强度指标之间的配建关系难以被准确把控的问题出发，提出开发强度绩效的概念，重点在地块自身和地块所在片区两个层面构建开发强度指标与公共利益因子配建关系的数学模型，以此量化分析已建居住地块开发强度的"当前绩效"，探讨开发强度"期望绩效"下，开发强度指标和公共利益因子的合理配建关系。期望研究成果能一定程度解决西安市城市居住地块以容积率为核心的开发强度指标与公共利益因子之间的合理配建问题，为后续控规居住地块开发强度的科学控制打下基础，同时为发展完善居住地块开发强度控制方法，充实以开发强度为核心的控规理论，进而有效引导和控制城市开发建设，实践城市规划与社会发展公平、公正的公共政策起到抛砖引玉作用。由于研究过程受制于研究视角和研究方法的缺陷，本研究难免存在诸多纰漏，这需要笔者在未来的学习和工作过程中加以完善。

---

❶ ［法］Serge Salat. 关于可持续城市化的研究——城市与形态［M］. 陆阳，张艳，译. 北京：中国建筑工业出版社，2012。

附录1 西安市中心城区居住地块备选样本指标统计图一

附录 2 西安市中心城区居住地块备选样本指标统计表一

地块编号	项目名称	用地面积 S (hm²)	总建筑面积 A (万 m²)	住宅建筑面积 Ar (万 m²)	容积率 R	住宅容积率 Rr	总建筑密度 M (%)	住宅建筑密度 Mr (%)	住宅平均层数 n (层)	居住户数 F (户)	居住人口 N (人)	绿地率 Y (%)	组团绿地面积 G (hm²)	停车位 P (个)		
														地上	地下	总数
1	西安市莲湖区龙景温泉山庄	0.17	0.71	0.30	3.5	1.8	56	25	6	64	205	36	0.00	6	49	55
2	中铁十七局	2.50	6.66	5.63	2.5	2.3	31	25	8	462	1478	41	0.11	6	54	60
3	武警陕西总队雁翔路小区	3.33	11.99	9.66	3.6	2.9	34	25	11	1271	4066	30	0.15	31	283	314
4	陕西崇立实业发展有限公司住宅	0.40	3.26	3.07	7.9	7.7	28	16	28	373	1194	27	0.00	20	183	203
5	东风仪表厂	1.10	16.77	1.65	1.5	1.4	26	25	6	1534	4909	35	0.05	8	69	77
6	长缨路住宅小区	1.88	4.69	4.40	2.5	2.3	32	19	8	457	1462	32	0.08	3	25	28
7	中华世纪城小区	41.30	96.17	74.13	2.0	1.8	21	18	10	8330	26656	42	3.93	300	2700	3000
8	西安建大科教产业园华鑫学府城	39.00	105.07	98.28	2.7	2.5	17	14	16	15367	49174	45	1.76	800	7200	8000
9	西安市人才服务中心单位职工住房	0.67	2.67	2.11	3.5	3.2	18	15	19	270	864	33	0.36	7	63	70
10	含光日出苑小区	0.77	5.37	4.81	6.4	6.3	28	25	23	450	1440	38	0.13	10	90	100
11	未央区农村信用联社	1.41	4.33	3.44	2.6	2.4	24	19	11	354	1133	33	0.06	11	102	113
12	谭家花苑商住小区	3.34	13.54	12.17	4.1	3.6	18	11	22	1214	3885	40	0.13	61	550	611

地块编号	项目名称	用地面积 S (hm²)	总建筑面积 A (万m²)	住宅建筑面积 A_r (万m²)	容积率 R	住宅容积率 R_r	总建筑密度 M (%)	住宅建筑密度 M_r (%)	住宅平均层数 n (层)	居住户数 F (户)	居住人口 N (人)	绿地率 Y (%)	组团绿地面积 G (hm²)	停车位 P (个) 地上	停车位 P (个) 地下	停车位 P (个) 总数
13	西安文八东路住宅小区	4.68	21.34	17.07	3.5	3.2	21	19	17	1536	4915	36	0.21	83	743	826
14	梅苑温泉小区	2.27	9.49	8.32	3.8	3.7	34	26	11	1004	3213	39	0.12	28	253	281
15	石棉厂安置楼	0.38	2.40	2.09	5.9	5.5	28	25	21	324	1037	35	0.00	7	59	66
16	龙腾新世界2期	1.42	8.32	6.39	5.3	4.5	36	25	15	880	2816	30	0.06	15	138	153
17	龙首置业有限公司职工住宅	0.80	5.80	4.80	7.2	6.0	38	25	19	675	2160	40	0.04	35	317	352
18	陕西环美置业建大洋房	2.01	7.99	7.39	4.0	3.7	26	23	15	554	1773	45	0.40	19	270	289
19	任水一方	0.83	3.66	3.14	4.0	3.8	15	14	27	315	1008	38	0.04	24	217	241
20	领·寓	1.02	3.29	2.64	3.2	2.6	32	21	18	330	1056	30	0.12	21	190	211
21	陕西师范大学雁塔校区二期住宅	5.33	11.88	9.50	3.5	3.1	26	25	14	1050	3360	32	0.24	29	264	293
22	西安世纪联合小区	4.16	21.95	17.56	4.9	4.2	20	18	24	1836	5875	38	0.19	137	1231	1368
23	上海裕都苑（莲湖中央公园）二期	9.07	27.54	27.06	2.5	2.0	13	11	19	2984	9549	53	2.65	72	646	718
24	武警陕西边防总队住宅	0.84	2.94	1.91	2.9	2.3	26	18	11	255	816	35	0.04	11	95	106
25	幸福宜家小区	0.55	3.70	4.36	8.3	7.9	25	23	34	408	1306	38	0.00	18	166	184
26	福景美地	1.84	8.50	7.86	7.3	4.3	39	31	19	707	2262	30	0.08	62	554	616
27	金裕花园二期	0.66	3.49	2.97	4.6	4.5	35	25	13	378	1210	32	0.00	20	179	199
28	唐华三棉住宅	7.72	27.68	23.64	3.1	3.1	26	26	12	2100	6720	34	0.15	8	68	76
29	荟锦园住宅小区	2.00	8.45	7.65	4.3	3.8	27	24	16	836	2675	39	0.04	45	402	447
30	西号巷3号院	1.05	2.21	1.96	2.3	1.9	32	26	7	240	768	23	0.07	11	100	111

地块编号	项目名称	用地面积 S (hm²)	总建筑面积 A (万m²)	住宅建筑面积 Aᵣ (万m²)	容积率 R	住宅容积率 Rᵣ	总建筑密度 M (%)	住宅建筑密度 Mᵣ (%)	住宅平均层数 n (层)	居住户数 F (户)	居住人口 N (人)	绿地率 Y (%)	组团绿地面积 G (hm²)	停车位 P (个) 地上	停车位 P (个) 地下	停车位 P (个) 总数
31	丰颐佳园住宅小区	4.29	24.64	21.04	4.9	4.4	26	24	19	2437	7798	36	0.05	112	1003	1115
32	安盛花苑	1.02	6.01	5.66	5.9	5.6	20	19	30	647	2070	39	0.00	48	432	480
33	百欣花园	3.85	11.04	9.74	2.9	2.5	19	16	16	1081	3459	45	0.04	56	508	564
34	崇业路住宅小区	1.38	4.00	3.50	2.9	2.5	20	17	15	449	1437	36	0.00	32	285	317
35	西安水泥制管厂家属区	3.35	11.22	9.37	3.4	2.8	26	22	13	1115	3568	38	0.00	44	394	438
36	西航怡鼎苑小区	3.30	18.89	16.49	5.1	5.0	34	33	15	1573	5034	31	0.00	127	1141	1268
37	西安机床厂、保温瓶厂职工住宅	0.32	2.20	2.00	6.9	6.3	22	20	32	222	710	36	0.00	7	59	66
38	西安残疾人联合会单位职工住房	0.98	3.42	3.01	3.5	3.1	32	28	11	365	1168	40	0.00	19	169	188
39	西北政法大学教职工住宅小区	1.59	4.55	4.15	2.4	2.2	10	9	23	416	1331	42	0.37	30	269	299
40	新6号高层住宅	0.35	2.24	1.94	6.4	5.5	30	26	21	212	678	27	0.00	11	101	112
41	玄武路小区配套用房	0.62	0.55	0.49	0.9	0.8	28	24	3	56	179	39	0.05	3	30	33
42	丈八北路小区	18.60	61.58	57.58	3.3	3.1	17	16	20	7260	23232	42	0.08	299	2691	2990
43	长乐坡住宅小区	1.39	4.52	4.02	5.7	2.9	23	12	25	476	1523	36	0.00	14	130	144
44	长缨东路住宅楼	0.60	1.76	1.56	11.0	10.1	34	31	33	156	499	25	0.00	9	85	94
45	纯翠花园	0.53	4.91	4.47	9.3	8.4	46	42	20	420	1344	25	0.00	40	363	403
46	汇腾在水一方	0.75	3.66	3.26	4.0	3.2	15	12	27	316	1011	38	0.00	24	217	241
47	佳信花园	1.81	2.67	2.29	1.5	1.3	28	24	5	258	826	40	0.40	21	193	214
48	景荟茗苑	0.85	5.13	4.63	6.0	4.8	29	23	21	570	1824	35	0.00	42	377	419
49	老年公寓	16.93	21.84	20.36	1.5	1.2	22	18	7	1746	5587	40	0.06	53	481	534

地块编号	项目名称	用地面积 S (hm²)	总建筑面积 A (万m²)	住宅建筑面积 A_r (万m²)	容积率 R	住宅容积率 R_r	总建筑密度 M (%)	住宅建筑密度 M_r (%)	住宅平均层数 n (层)	居住户数 F (户)	居住人口 N (人)	绿地率 Y (%)	组团绿地面积 G (hm²)	停车位 P (个) 地上	停车位 P (个) 地下	停车位 P (个) 总数
50	莲寿坊小区	1.59	4.38	3.98	2.8	2.5	43	40	6	437	1398	39	0.00	29	264	293
51	31街坊住宅楼	2.71	8.41	7.82	3.5	2.9	17	14	20	882	2822	40	0.07	31	277	308
52	电子物资西北公司职工住宅	0.68	2.77	2.34	4.1	3.4	45	38	9	256	819	35	0.00	5	43	48
53	西安东风仪表厂二期高层住宅	0.75	4.06	3.53	5.4	4.7	20	17	28	340	1088	50	0.00	12	108	120
54	西安茗泉小区住宅	9.50	23.23	20.23	2.4	2.1	19	16	13	2168	6938	39	0.04	163	1463	1626
55	汇鑫花园	1.04	4.01	3.97	3.9	3.8	22	22	17	293	938	39	0.05	47	189	236
56	翰林新苑	0.56	4.65	3.72	6.9	5.5	33	26	26	512	1638	38	0.00	33	134	167
57	桃园东路土地储备中心小区	3.16	11.35	9.08	3.6	2.9	20	16	18	1040	3328	38	0.14	96	386	482
58	祥和花园	1.95	11.99	11.78	6.2	6.0	33	32	19	896	2867	39	0.14	148	592	740
59	鑫宇友谊花园	0.61	4.16	3.33	6.9	5.5	23	18	31	450	1440	39	0.00	47	186	233
60	园丁新村三期高层住宅楼	3.55	16.90	16.65	4.8	4.7	20	19	24	1700	5440	41	0.26	172	690	862
61	枣园公寓	0.31	2.36	2.29	7.4	7.4	23	23	32	212	678	38	0.05	24	96	120
62	福邸茗门	4.32	23.01	22.93	5.3	5.2	30	30	17	2300	7360	39	0.37	322	1289	1611
63	海星未来城	3.72	14.45	14.30	3.9	3.8	33	32	12	1354	4333	38	0.22	2	10	12
64	曲江佳景心城	10.88	30.37	24.29	2.8	2.2	19	15	15	3025	9680	39	0.49	469	1878	2347
65	昆明路职工住宅区	0.98	6.30	5.04	6.4	5.1	26	20	25	750	2400	39	0.04	38	152	190
66	联志小区	0.77	5.12	4.96	6.6	6.4	25	25	26	480	1536	38	0.08	36	144	180
67	明苑住宅小区	1.61	9.32	9.14	5.8	5.7	20	20	29	744	2381	39	0.12	102	408	510
68	铭城十六号	2.47	15.39	15.07	6.2	6.1	24	23	26	1230	3936	39	0.18	189	754	943

地块编号	项目名称	用地面积 S (hm²)	总建筑面积 A (万m²)	住宅建筑面积 A_r (万m²)	容积率 R	住宅容积率 R_r	总建筑密度 M (%)	住宅建筑密度 M_r (%)	住宅平均层数 n (层)	居住户数 F (户)	居住人口 N (人)	绿地率 Y (%)	组团绿地面积 G (hm²)	停车位 P (个)		
														地上	地下	总数
69	陕西电力建设总公司职工住宅楼	6.71	23.26	22.54	3.5	3.4	23	23	15	1816	5811	39	0.29	305	1222	1527
70	陕西省公安厅职工住宅楼	1.40	6.20	6.05	4.4	4.3	20	20	22	545	1744	38	0.08	170	680	850
71	金桥太阳岛三期	0.86	3.59	3.46	4.3	4.0	40	40	11	412	1318	37	0.05	49	198	247
72	陕西省建筑构件公司住宅楼	1.30	8.28	6.63	6.7	5.4	20	16	34	686	2195	39	0.06	50	201	251
73	土地储备中心太白北路十三号	1.11	8.07	6.45	7.3	5.8	28	23	26	732	2342	38	0.05	81	322	403
74	大和·阳光公寓	0.83	6.46	6.27	7.8	7.6	24	24	32	650	2080	39	0.10	66	264	330
75	蔚蓝印象三期	1.28	6.54	6.35	5.1	5.0	21	21	25	625	2000	39	0.09	107	426	533
76	西安荣涛房地产有限公司宏林尚品	1.26	10.13	9.81	8.0	7.8	25	24	30	976	3123	38	0.14	92	368	460
77	新一代·北城国际	1.83	10.98	10.66	6.0	5.8	20	20	26	1014	3245	38	0.12	80	320	400
78	华宇凤凰城	10.46	25.72	25.17	2.5	2.4	20	19	11	2343	7498	40	0.35	141	565	706
79	陕西恒正·福邸铭门	3.97	23.98	19.19	5.3	4.2	26	20	21	1628	5210	38	0.25	217	867	1084
80	华城国际	0.57	4.04	3.69	6.5	6.5	31	30	21	493	1578	35	0.08	38	152	190
81	浐灞新城	3.88	10.39	9.94	2.7	2.6	25	24	10	1094	3501	34	0.17	26	104	130
82	陕西省汽车检测站职工住房	0.54	2.94	2.64	4.8	3.8	27	22	18	207	662	34	0.00	40	158	198
83	西安北方庆华机电公司住宅楼	1.70	6.49	5.19	3.3	2.6	30	24	11	671	2147	32	0.08	61	246	307
84	青松路小区	4.42	26.50	18.55	6.0	4.2	26	18	23	2780	8896	38	0.20	356	1426	1782

地块编号	项目名称	用地面积 S (hm²)	总建筑面积 A (万 m²)	住宅建筑面积 A_r (万 m²)	容积率 R	住宅容积率 R_r	总建筑密度 M (%)	住宅建筑密度 M_r (%)	住宅平均层数 n (层)	居住户数 F (户)	居住人口 N (人)	绿地率 Y (%)	组团绿地面积 G (hm²)	停车位 P (个)		
														地上	地下	总数
85	西彩新世界	0.84	1.56	1.09	4.1	2.9	50	35	8	140	448	25	0.04	28	112	140
86	朝阳花园小区	3.53	8.51	5.96	2.6	1.8	19	13	14	788	2522	34	0.16	148	593	741
87	建设西路新旅城小区	3.02	26.87	21.50	7.6	6.1	32	26	24	2700	8640	30	0.14	240	961	1201
88	雁塔区后村改造项目	15.47	77.80	70.02	5.0	4.5	31	28	16	6240	19968	37	0.70	1054	4214	5268
89	东方馨苑	2.93	8.50	5.95	2.9	2.0	24	17	12	641	2051	40	0.13	86	344	430
90	西安茗景置业有限公司居住小区	9.50	23.23	18.58	2.4	1.9	19	15	13	2212	7078	39	0.43	325	1301	1626
91	西安市土地储备中心 DK-X-11 规划	13.90	52.61	52.09	3.5	3.1	20	12	18	3493	11178	35	0.63	673	2690	3363
92	西安黄雁村地区改造居住小区	4.48	29.32	26.39	6.8	6.1	32	29	21	2470	7904	29	0.20	278	1110	1388
93	北沙坡地区综合居住小区	8.87	50.72	40.57	5.7	5.1	36	22	16	5067	16214	33	0.40	539	2156	2695
94	西安石墨制品厂职工住宅小区	0.64	1.40	1.26	2.2	2.0	36	33	6	189	605	38	0.00	14	56	70
95	土地储备中心南三环北住宅小区	13.28	44.76	35.81	4.0	3.6	17	15	24	4797	15350	35	0.60	716	2865	3581
96	西北三路市级机关住宅小区	5.65	26.99	18.89	4.5	2.7	18	11	26	2339	7485	39	0.25	270	1080	1350
97	洋镐东路住宅小区	3.53	17.08	13.66	4.8	3.9	19	15	25	1635	5232	40	0.16	163	654	817
98	金桥太阳岛三期	0.86	3.59	2.87	4.3	3.4	40	28	11	314	1005	37	0.04	49	198	247
99	KFQ-02 号地块住宅区	2.71	5.81	5.23	3.4	3.0	16	13	21	612	1958	35	0.12	94	375	469

地块编号	项目名称	用地面积 S (hm²)	总建筑面积 A (万m²)	住宅建筑面积 A_r (万m²)	容积率 R	住宅容积率 R_r	总建筑密度 M (%)	住宅建筑密度 M_r (%)	住宅平均层数 n (层)	居住户数 F (户)	居住人口 N (人)	绿地率 Y (%)	组团绿地面积 G (hm²)	停车位 P (个) 地上	停车位 P (个) 地下	停车位 P (个) 总数
100	丈八东路潘裕园住宅小区	2.00	8.45	5.91	4.3	3.8	27	16	16	712	2278	39	0.09	89	358	447
101	金地湖城大境	17.82	55.06	54.63	3.1	3.1	18	16	11	2299	7357	42	1.17	120	3452	3572
102	金水园小区	8.76	33.79	28.94	3.9	3.3	26	19	18	3091	9891	32	1.68	239	742	981
103	曲江玫瑰园	2.25	10.21	6.05	2.5	2.7	26	25	15	550	1760	38	0.51	0	530	530
104	瓦胡同	11.44	64.19	34.09	4.0	3.0	25	24	30	2254	7213	40	1.99	93	3593	3686
105	金地西安雁翔路	6.61	32.40	24.90	4.0	3.8	23	22	30	2485	7952	38	1.05	402	2317	2719
106	曲江紫汀苑	13.47	49.20	32.87	2.5	2.4	14	12	21	1784	5709	35	2.86	245	3139	3384
107	西安曲江名流印象	9.55	46.26	32.91	3.5	3.4	16	15	33	2903	9290	38	1.30	354	3044	3398
108	保利曲江春天花园	8.32	38.14	27.46	3.5	3.3	24	23	32	2702	8646	38	1.16	291	2622	2913
109	楼观新镇一	7.72	7.21	6.02	0.9	0.8	27	26	4	400	1280	32	0.00	66	0	66
110	楼观新镇二B地块	7.95	5.53	4.67	0.7	0.6	25	25	4	504	1613	38	0.00	64	0	64
111	楼观新镇二C地块	9.51	7.31	6.41	0.8	0.7	28	28	4	608	1946	38	0.00	61	0	61
112	曲江悦	0.41	2.26	2.03	5.0	5.0	30	29	27	198	634	36	0.11	8	200	208
113	羊村、五四村安置小区	6.97	33.91	25.74	4.0	3.7	25	13	30	2982	9542	36	0.27	368	1885	2253
114	柏涛金地一	5.18	16.05	12.24	2.6	2.4	21	19	21	1167	3734	38	0.26	180	1304	1484
115	柏涛金地二	6.32	22.41	16.93	3.0	2.7	21	18	20	1672	5350	38	0.28	196	1768	1964
116	悦成花园	1.09	1.99	1.99	1.8	1.8	28	28	7	146	467	34	0.17	23	127	150
117	曲江春晓苑	10.33	17.90	17.51	1.7	1.7	21	20	9	1368	4378	35	0.50	102	2846	2948
118	曲江兰亭	14.24	25.92	23.92	1.8	1.7	18	18	11	1579	5053	36	0.65	182	3024	3206
119	曲江南苑	9.29	22.67	20.96	2.4	2.3	22	17	11	1476	4723	35	0.42	314	2788	3102
120	南湖一号碧水西岸	21.22	35.40	28.86	1.7	1.4	20	19	10	1352	4326	36	0.47	342	3682	4024

地块编号	项目名称	用地面积 S (hm²)	总建筑面积 A (万m²)	住宅建筑面积 A_r (万m²)	容积率 R	住宅容积率 R_r	总建筑密度 M (%)	住宅建筑密度 M_r (%)	住宅平均层数 n (层)	居住户数 F (户)	居住人口 N (人)	绿地率 Y (%)	组团绿地面积 G (hm²)	停车位 P (个)		
														地上	地下	总数
121	西安曲江老年服务中心	5.69	12.18	12.18	2.6	2.6	25	25	15	824	2637	39	0.59	285	230	515
122	金泰假日花城五期	3.31	23.95	10.01	5.8	2.9	41	40	32	724	2317	30	0.52	22	1890	1912
123	金泰假日花城一期	3.60	11.87	10.72	3.3	3.0	28	28	18	784	2509	36	0.47	78	486	564
124	丰景佳园	7.41	20.08	19.93	2.7	2.7	27	26	10	1564	5005	32	0.69	204	1866	2070
125	秦浦花园	3.36	4.04	3.57	1.2	1.1	23	22	5	186	595	34	0.37	82	0	82
126	雁鸣小区一期	5.09	7.51	7.24	1.5	1.4	26	26	6	804	2573	35	0.20	102	0	102
127	雁鸣小区二期	6.30	8.44	8.07	1.4	1.3	27	26	6	996	3187	35	0.00	124	0	124
128	和平村	14.00	44.97	41.18	3.2	2.9	20	13	19	4208	13466	21	0.30	0	2700	2700
129	径建公馆	13.70	43.55	28.17	2.8	2.1	21	13	17	2759	8829	44	1.20	50	0	50
130	立丰	18.50	38.51	36.92	2.1	2.0	34	22	6	1964	6285	25	0.00	485	1940	2425
131	春天花园	3.80	18.40	15.35	4.2	4.0	16	14	27	1174	3757	48	0.60	50	650	700
132	奥达浐灞住宅小区	12.40	70.45	44.80	5.7	6.3	38	26	18	1620	5184	35	0.00	320	1280	1600
133	滹沱寨村安置小区北区	6.10	24.11	18.89	4.0	3.4	34	28	12	2112	6758	44	0.87	87	1080	1167
134	滹沱寨村安置小区南区	4.00	10.75	9.04	2.7	2.3	23	17	12	672	2150	37	0.00	65	520	585
135	菁松路小区	4.40	22.09	18.62	5.0	4.4	37	32	14	2300	7360	39	0.27	572	2288	2860
136	曲江六号	6.40	12.87	11.95	2.0	1.9	23	21	8	831	2659	38	0.32	154	763	917
137	曲江公馆	2.79	3.01	2.88	1.1	1.0	29	27	4	151	483	38	0.13	260	0	260
138	雁湖小区	14.14	15.10	14.45	1.1	1.1	28	27	6	2064	6605	31	0.12	322	1021	1343
139	曲江御苑	4.87	5.36	5.36	1.1	1.1	28	28	3	218	698	36	0.12	320	0	320
140	曲江明珠	17.31	35.35	34.27	2.0	2.0	20	20	18	2072	6630	34	0.68	302	2654	2956
141	翠竹园一期	3.25	6.80	6.80	2.1	2.1	18	18	12	432	1382	36	0.43	26	876	902

地块编号	项目名称	用地面积 S (hm²)	总建筑面积 A (万m²)	住宅建筑面积 Aᵣ (万m²)	容积率 R	住宅容积率 Rᵣ	总建筑密度 M (%)	住宅建筑密度 Mᵣ (%)	住宅平均层数 n (层)	居住户数 F (户)	居住人口 N (人)	绿地率 Y (%)	组团绿地面积 G (hm²)	停车位 P (个)		
														地上	地下	总数
142	翠竹园二期	10.54	17.86	16.85	1.7	1.6	21	20	12	1296	4147	33	0.41	287	2146	2433
143	蔚蓝君城	7.56	25.50	22.37	3.4	3.0	30	15	32	2563	8202	34	0.45	404	2233	2637
144	曲江玉玺台	2.00	8.94	7.98	4.5	4.0	27	20	25	2724	8717	37	0.11	0	760	760
145	北客站三号地	6.38	29.43	18.31	4.6	2.9	38	19	25	3381	10819	30	0.30	0	3364	3364

附录3 西安市中心城区居住地块备选样本指标统计图二

附录 4　西安市中心城区居住地块备选样本指标统计表二

序号	编号	项目名称	用地面积 S (hm²)	总建筑面积 A (万 m²)	住宅建筑面积 A_r (万 m²)	容积率 R	住宅容积率 R_r	总建筑密度 M (%)	住宅建筑密度 M_r (%)	住宅平均层数 n (层)	居住户数 F (户)	居住人口 N (人)	绿地率 Y (%)	组团绿地面积 G (hm²)	停车位 P (个) 地上	停车位 P (个) 地下	停车位 P (个) 总数
1	B1-2	杰作名园	1.36	4.34	3.83	3.2	2.8	55	18	5	370	1184	38	0.15	20	180	200
2	B1-3	枫叶新都市	19.89	43.10	37.89	2.2	1.9	21	18	8	2172	6950	39	2.09	122	1094	1216
3	B1-4	杰作公寓	1.16	2.52	2.17	2.2	1.9	38	11	5	220	704	37	0.15	30	300	330
4	B1-19	高科花园	4.02	11.95	11.40	3.0	2.8	26	19	8	930	2976	34	0.32	37	330	367
5	B1-20	陈家村二栋	0.63	2.33	2.33	3.7	3.7	15	15	25	230	736	35	0.09	6	55	61
6	B1-21	名贵国际俱乐部	0.61	4.08	3.50	6.6	5.7	45	23	13	350	1120	36	0.08	20	60	80
7	B1-23	米罗蓝山	1.01	6.09	6.05	6.1	6.0	31	30	19	376	1203	36	0.04	74	60	114
8	B1-24	唐南香榭	1.54	5.70	5.38	3.7	3.5	33	22	4	540	1728	35	0.28	28	70	98
9	B1-25	兴业园小区	8.05	9.25	8.92	1.1	1.1	41	39	3	890	2848	30	0.11	40	360	400
10	B1-26	都市印象 SOLO 街区	0.99	5.41	4.30	5.5	4.3	45	17	12	430	1376	36	0.12	22	200	222
11	B1-27	都市印象	4.46	9.97	9.97	2.2	2.2	12	12	18	1000	3200	45	0.15	38	342	380
12	B1-28	城市风景	1.29	4.96	3.90	3.8	3.0	35	13	9	390	1248	35	0.04	20	180	200
13	B1-29	利君明天	3.67	12.66	12.14	3.5	3.3	20	13	8	1700	5440	35	0.25	56	500	556
14	B1-30	赢园雅筑	1.01	3.07	2.61	3.0	2.6	32	15	7	256	819	37	0.04	3	25	28
15	B1-45	高新六路 7 号	0.52	0.77	0.70	1.5	1.4	30	30	7	220	704	31	0.07	5	45	50
16	B2-04	高科花园	3.00	11.64	8.86	3.9	3.0	37	34	8	1400	4480	36	0.05	22	200	222
17	B2-13	中国国际航空家属院	0.70	2.74	2.74	3.9	3.9	22	22	18	270	864	25	0.06	3	30	33

序号	编号	项目名称	用地面积 S (hm²)	总建筑面积 A (万 m²)	住宅建筑面积 Ar (万 m²)	容积率 R	住宅容积率 Rr	总建筑密度 M (%)	住宅建筑密度 Mr (%)	住宅平均层数 n (层)	居住户数 F (户)	居住人口 N (人)	绿地率 Y (%)	组团绿地面积 G (hm²)	停车位 P (个) 地上	停车位 P (个) 地下	停车位 P (个) 总数
18	B2-24	西安汇城电信	0.63	0.62	0.46	1.0	0.7	29	18	3	50	160	37	0.08	25	225	250
19	B2-25	枫景观天下	1.22	6.90	6.20	5.7	5.1	52	21	10	240	768	39	0.07	10	90	100
20	B2-27	华怡园	1.36	2.59	2.43	1.9	1.8	28	28	6	300	960	34	0.11	55	65	120
21	B2-40	枫叶苑北区	3.62	7.20	6.96	2.0	1.9	31	27	7	700	2240	36	0.24	150	0	150
22	B2-43	一品美道	1.31	4.73	4.24	3.6	3.2	32	18	11	420	1344	10	0.10	10	90	100
23	B2-45	省电信家属院	0.75	4.06	4.06	5.4	5.4	27	27	20	410	1312	35	0.04	9	80	89
24	B2-48	中行小区	3.21	12.33	7.31	3.8	2.3	20	10	23	730	2336	39	0.51	19	170	189
25	B2-49	蒋家寨新村	4.00	10.65	9.32	2.7	2.3	35	33	7	930	2976	36	0.29	27	240	267
26	B2-50	皇家锦园	1.28	3.46	3.34	2.7	2.6	41	39	7	330	1056	35	0.06	8	70	78
27	B2-51	秦锦园	0.61	1.63	1.49	2.7	2.4	36	35	7	150	480	37	0.00	5	45	50
28	B2-52	环亚住宅	0.42	0.99	0.99	2.4	2.4	34	34	7	100	320	37	0.00	4	38	42
29	B2-53	文华住宅	0.21	0.59	0.59	2.9	2.9	36	36	8	60	192	37	0.00	3	27	30
30	B2-56	欧锦园	0.41	2.24	2.24	5.4	5.4	42	42	13	200	640	30	0.00	0	180	180
31	B3-18	高新枫尚	0.36	5.04	4.41	14.1	12.3	59	46	27	1000	3200	32	0.02	0	390	390
32	B3-19	高新银座	1.28	4.78	4.76	3.7	3.7	46	29	18	478	1530	35	0.12	75	45	120
33	B3-46	高新广场D座	0.76	3.81	3.81	5.0	5.0	36	20	25	4444	14221	35	0.18	89	86	175
34	B3-50	丹枫国际	0.94	5.66	4.30	6.0	4.6	47	36	25	559	1789	36	0.00	30	253	283
35	B3-74	亚美大厦	0.70	4.60	3.66	6.6	5.2	41	12	19	366	1171	28	0.13	20	60	80
36	B3-75	金枫国际	1.69	17.17	16.89	10.1	10.0	41	37	27	1717	5494	30	0.04	122	80	202
37	B3-79	天幕阔景	0.35	4.24	4.24	12.1	12.1	46	46	26	424	1357	35	0.00	243	300	543
38	B4-18	夏日景色	2.77	8.00	7.30	2.9	2.6	31	17	18	992	3174	33	0.26	100	60	160
39	B4-19	夏日景色	3.22	7.10	5.47	2.2	1.7	34	14	13	547	1750	36	0.47	70	25	95
40	B5-03	红锦花园	1.34	3.38	3.22	2.6	2.5	36	36	7	264	845	41	0.08	123	200	323
41	B5-05	枫叶苑南区	5.82	10.15	10.10	1.7	1.7	31	31	7	960	3072	38	0.08	100	59	159

序号	编号	项目名称	用地面积 S (hm²)	总建筑面积 A (万m²)	住宅建筑面积 A_r (万m²)	容积率 R	住宅容积率 R_r	总建筑密度 M (%)	住宅建筑密度 M_r (%)	住宅平均层数 n (层)	居住户数 F (户)	居住人口 N (人)	绿地率 Y (%)	组团绿地面积 G (hm²)	停车位 P (个) 地上	停车位 P (个) 地下	停车位 P (个) 总数
42	B5-06	外贸小区	0.39	0.80	0.40	2.1	1.0	15	15	7	84	269	36	0.00	14	24	38
43	B5-07	华立小区	0.27	0.76	0.76	2.8	2.8	43	40	7	56	179	35	0.00	12	12	24
44	B5-08	黄雅小区	0.86	2.55	1.77	2.8	2.0	48	29	7	168	538	37	0.04	30	18	48
45	B5-09	枫叶广场	0.75	4.51	4.05	6.4	5.8	36	36	15	186	595	41	0.00	76	65	141
46	B5-10	建叶大厦	0.46	1.46	1.27	2.9	2.5	28	14	15	116	371	32	0.00	34	18	52
47	B5-11	国税局	0.39	1.32	0.31	3.3	0.8	44	44	12	31	99	26	0.00	50	35	85
48	B5-13	庆安颐秀园	2.75	5.64	5.53	2.0	2.0	25	24	7	788	2522	42	0.27	80	23	103
49	B5-16	枫叶新家园	2.84	6.36	6.19	2.3	2.2	25	22	12	435	1392	42	0.32	100	46	146
50	B5-20	枫叶新都市	4.40	8.89	8.84	2.0	2.0	16	16	12	1210	3872	39	0.22	55	1000	1055
51	B5-30	四季风景	0.84	3.51	3.49	4.2	4.1	22	18	22	224	717	42	0.87	50	120	170
52	B5-33	水晶国际	1.07	1.50	1.18	1.4	1.0	31	18	10	129	413	34	0.08	28	56	84
53	B5-34	盛世华庭	0.73	3.03	3.02	4.1	4.1	38	38	12	330	1056	39	0.05	46	46	92
54	B5-35	欣景苑	1.46	3.52	3.51	2.4	2.4	27	27	13	386	1235	32	0.08	90	37	127
55	B5-36	中天花园	3.35	8.91	8.90	2.7	2.7	23	20	12	902	2886	35	0.22	187	285	472
56	B5-37	群贤花园	0.72	3.26	2.90	4.5	4.0	25	25	18	216	691	39	0.13	0	50	50
57	B5-43	秦祥花园	1.28	3.11	3.11	2.4	2.4	35	35	7	294	941	34	0.05	40	195	235
58	B5-44	枫叶广场二期	0.41	2.37	2.01	5.7	4.9	31	30	16	140	448	40	0.00	22	90	112
59	B5-45	含光佳苑	0.51	3.88	3.85	7.5	7.5	29	28	26	256	819	36	0.12	12	120	142
60	B5-46	家属院门	3.83	6.04	5.16	1.6	1.3	23	22	7	736	2355	30	0.27	50	540	590
61	B5-47	法院家属院	0.32	0.89	0.89	2.8	2.8	40	40	7	84	269	34	0.00	30	37	67
62	B5-48	煤气公司家属院	1.12	3.00	3.00	2.7	2.7	38	38	7	84	269	36	0.18	10	26	36
63	B5-49	双威	2.24	10.10	9.07	4.5	4.0	33	33	14	386	1235	25	0.38	15	150	165
64	B7-5	南窑头新村	13.04	19.18	18.05	1.5	1.5	49	49	3	531	1699	37	0.11	102	323	425
65	B7-15	南窑头新村	10.81	15.24	15.14	1.4	1.4	47	47	3	423	1354	35	0.23	120	218	338

序号	编号	项目名称	用地面积 S (hm²)	总建筑面积 A (万m²)	住宅建筑面积 Ar (万m²)	容积率 R	住宅容积率 Rr	总建筑密度 M (%)	住宅建筑密度 Mr (%)	住宅平均层数 n (层)	居住户数 F (户)	居住人口 N (人)	绿地率 Y (%)	组团绿地面积 G (hm²)	停车位 P (个) 地上	停车位 P (个) 地下	停车位 P (个) 总数
66	B7-27	绿港花园	1.65	11.10	10.26	6.7	6.2	38	21	18	900	2880	35	0.33	80	70	150
67	B7-29	绿港花园	1.05	2.32	2.32	2.2	2.2	37	37	6	232	742	37	0.05	45	145	185
68	B8-2	通安房产	0.65	1.31	0.87	2.0	1.3	22	22	9	131	419	37	0.06	10	95	105
69	B8-3	华安置业	0.87	3.18	3.18	3.7	3.7	23	23	16	318	1018	33	0.10	10	70	80
70	B8-4	仁和房产	2.66	13.76	13.76	5.2	5.2	22	22	23	1376	4403	36	0.25	8	75	83
71	B8-5	佳鑫实业	1.50	6.19	5.92	4.1	4.0	29	23	14	619	1981	30	0.12	15	80	95
72	B8-13	林凯花园	0.62	1.11	1.11	1.8	1.8	16	16	11	111	355	36	0.06	10	90	100
73	B8-14	长安居	1.17	2.47	2.24	2.1	1.9	20	13	10	247	790	35	0.14	20	50	70
74	B8-15	望庭国际	3.42	20.00	20.00	5.9	5.9	19	19	30	2000	6400	35	0.13	160	1440	1600
75	B8-16	审计署家属楼	1.13	3.56	3.44	3.1	3.0	25	20	13	356	1139	35	0.08	20	50	70
76	B8-23	云顶园	4.38	29.27	25.94	6.7	5.9	31	31	19	1244	3981	35	0.42	475	520	995
77	B8-24	枫林绿洲	38.17	147.00	131.55	3.9	3.4	18	13	22	6000	19200	45	2.67	300	2700	3000
78	B9-1	大华阳光曼哈顿	2.41	10.15	8.60	4.2	3.5	26	11	16	739	2365	40	0.18	55	142	197
79	B9-4	荣禾城市理想	2.10	16.80	13.92	8.0	6.6	35	23	23	1392	4454	34	0.30	60	526	586
80	B9-7	高科集团	1.80	5.23	3.98	2.9	2.2	41	14	16	398	1274	30	0.20	20	298	318
81	B10-11	八号府邸	2.20	5.03	4.20	2.3	1.9	33	19	12	420	1344	42	0.17	60	270	330
82	B10-12	丈八沟碧水源	2.03	4.53	2.26	2.2	1.1	27	19	6	226	723	30	0.36	20	160	181
83	B10-14	枫林意树	4.74	13.21	12.81	2.8	2.7	18	15	16	1280	4096	40	0.18	40	140	180
84	B10-19	橡树街区	2.87	11.23	10.09	3.9	3.5	31	18	13	1010	3232	12	0.04	50	450	500
85	B12-6	大唐世家	0.32	1.76	1.17	5.5	3.7	31	31	18	117	374	30	0.08	10	84	94
86	B12-9	罗曼公社	0.71	4.06	1.35	5.7	1.9	39	11	15	135	432	34	0.13	30	78	108
87	B12-10	大唐世家	3.07	9.35	9.20	3.1	3.0	24	17	12	920	2944	36	0.61	30	673	703
88	B12-28	裕昌·大阳城	1.72	6.78	6.45	3.9	3.7	22	18	19	645	2064	35	0.34	53	463	516
89	B12-29	裕昌·大阳城	2.17	8.63	8.21	4.0	3.8	22	18	19	821	2627	35	0.43	67	590	657

序号	编号	项目名称	用地面积 S (hm²)	总建筑面积 A (万 m²)	住宅建筑面积 A_r (万 m²)	容积率 R	住宅容积率 R_r	总建筑密度 M (%)	住宅建筑密度 M_r (%)	住宅平均层数 n (层)	居住户数 F (户)	居住人口 N (人)	绿地率 Y (%)	组团绿地面积 G (hm²)	停车位 P (个) 地上	地下	总数
90	B12-34	裕昌·大阳城	2.12	8.25	7.75	3.9	3.7	21	17	19	775	2480	30	0.58	120	500	620
91	B12-37	金泰假日花城	11.70	66.00	24.50	5.6	2.1	26	10	22	2450	7840	42	0.65	5773	500	1960
92	B12-38	金泰假日花城	9.80	28.81	26.23	2.9	2.7	25	21	12	2623	8394	35	0.50	240	2383	2623
93	B12-39	紫薇尚层	3.66	16.33	15.94	4.5	4.4	25	25	18	1594	5101	20	0.40	31	0	31
94	B12-41	金泰假日花城	2.19	9.40	8.63	4.3	3.9	26	20	17	863	2762	25	0.22	146	717	863
95	B12-44	融侨馨苑	6.95	17.79	17.65	2.6	2.5	16	12	16	1765	5648	40	0.20	178	1587	1765
96	B12-45	融侨馨苑	2.40	6.14	6.10	2.6	2.5	16	12	16	610	1952	40	0.48	98	512	610
97	B12-46	融侨馨苑	19.80	50.68	50.32	2.6	2.5	16	12	16	5032	16102	43	0.57	500	3500	4000
98	B13-6	凯悦华庭	1.61	5.50	4.13	3.4	2.6	30	16	11	413	1322	36	0.04	225	105	330
99	B13-14	紫薇城市花园	6.39	21.65	17.25	3.4	2.7	24	23	11	1725	5520	40	0.66	257	575	832
100	B13-17	精典四季花园	1.67	4.27	4.09	2.5	2.4	30	26	9	409	1309	35	0.25	20	100	120
101	B13-18	精典四季花园	1.16	3.13	3.13	2.7	2.7	22	22	12	313	1002	35	0.21	20	100	120
102	B13-19	四季金桥花园	1.92	5.57	5.24	2.9	2.7	27	23	11	524	1677	30	0.46	50	369	419
103	B14-6	电子花园	1.03	5.90	5.72	5.8	5.6	38	38	15	572	1830	33	0.08	30	150	180
104	B14-29	唐园庭院	9.95	27.66	26.52	2.8	2.7	31	28	9	2652	8486	34	0.25	40	2572	2612
105	B14-30	唐园小区	17.37	27.79	26.12	1.6	1.5	27	24	6	2612	8358	30	0.60	71	2020	2090
106	B14-35	假日新城小区	2.22	3.46	2.83	1.6	1.3	24	18	7	283	906	36	0.04	91	50	141
107	B14-36	万国新苑	1.98	11.17	10.52	5.6	5.3	28	26	21	1052	3366	37	0.10	32	100	132
108	B17-21	瞪羚谷	3.96	4.36	4.36	1.1	1.1	19	19	6	436	1395	34	0.71	55	385	440
109	B17-28	锦业76	1.14	2.05	1.91	1.8	1.7	23	20	8	191	611	30	0.06	22	104	126
110	B18-06	罗马景苑	7.78	16.35	15.32	2.1	2.0	14	11	16	1152	3686	32	0.27	36	288	324
111	B18-07	丈八一号	1.91	5.57	5.57	2.9	2.9	27	27	11	462	1478	35	0.06	20	188	208
112	B18-09	高科尚都	5.52	13.83	13.30	2.5	2.4	15	15	15	1028	3290	38	0.32	24	180	204
113	B18-10	丈八家园	2.81	5.57	5.57	2.0	2.0	18	18	11	462	1478	39	0.04	34	128	162

序号	编号	项目名称	用地面积 S (hm²)	总建筑面积 A (万m²)	住宅建筑面积 Ar (万m²)	容积率 R	住宅容积率 Rr	总建筑密度 M (%)	住宅建筑密度 Mr (%)	住宅平均层数 n (层)	居住户数 F (户)	居住人口 N (人)	绿地率 Y (%)	组团绿地面积 G (hm²)	停车位 P (个) 地上	地下	总数
114	B18-12	绿地世纪城	12.90	27.10	26.40	2.1	2.0	16	14	15	2031	6499	41	1.72	15	268	283
115	B18-14	西港雅苑	6.15	15.24	13.68	2.3	2.0	14	14	17	943	3018	42	0.60	20	58	78
116	B18-26	缤纷南郡	15.61	54.65	50.00	3.5	3.2	19	17	30	4867	15574	45	1.80	110	4200	4310
117	B19-02	绿地公寓	1.54	4.56	4.38	3.0	2.9	12	11	25	292	934	38	0.04	24	76	100
118	B19-16	绿地诺丁山	1.94	5.38	4.89	2.8	2.5	12	11	23	326	1043	26	0.06	36	85	121
119	B19-18	仕嘉公寓	3.96	7.76	7.18	2.0	1.8	19	12	15	582	1862	26	0.58	30	260	290
120	B20-05	陕西煤化工业集团研发中心公寓楼	3.16	16.07	13.41	5.1	4.2	42	22	21	1250	4000	44	0.45	54	0	54
121	B20-09	和城	5.03	11.17	10.62	2.2	2.1	13	11	17	944	3021	42	0.20	25	0	25
122	YH-34	银领花园	2.10	5.05	5.00	2.4	2.4	30	30	8	479	1533	36	0.06	90	0	90
123	YH-46	天朗·蓝树湖	8.58	31.74	28.74	3.7	3.4	20	17	25	4000	12800	41	0.25	100	2000	2100
124	YH-47	左岸春天	0.67	6.90	5.70	10.3	8.5	27	27	32	549	1757	47	0.04	28	160	188
125	YH-49	鱼化龙御国际大厦	1.25	13.50	12.00	10.8	9.6	41	25	32	1300	4160	44	0.04	30	50	80
126	YH-57	捷瑞新时代	1.30	6.04	5.91	4.6	4.5	18	15	26	300	960	39	0.05	30	40	70
127	YH-75	龙城铭园	5.14	30.00	29.20	5.8	5.7	18	17	25	3000	9600	40	0.80	50	550	600
128	YH-94	复地优尚国际二期	4.46	23.00	22.55	5.2	5.1	18	17	27	2100	6720	43	0.20	80	200	280
129	YH-97	雁塔公路站家属院	0.59	0.58	0.29	1.0	0.5	24	19	4	24	77	40	0.00	30	0	30
130	YH-149	鸿基新城廉租房	1.31	7.97	7.97	6.1	6.1	25	25	24	768	2458	35	0.06	120	250	370
131	YH-150	鸿基新城	6.00	13.24	11.46	2.2	1.9	20	17	11	833	2666	35	0.45	80	140	220
132	YH-153	易道郡·玫瑰公馆	6.20	26.71	18.95	4.3	3.1	18	13	24	1580	5056	40	0.41	100	1700	1800

序号	编号	项目名称	用地面积 S (hm²)	总建筑面积 A (万m²)	住宅建筑面积 A_r (万m²)	容积率 R	住宅容积率 R_r	总建筑密度 M (%)	住宅建筑密度 M_r (%)	住宅平均层数 n (层)	居住户数 F (户)	居住人口 N (人)	绿地率 Y (%)	组团绿地面积 G (hm²)	停车位 P (个) 地上	停车位 P (个) 地下	停车位 P (个) 总数
133	C3-18	法士特居住小区	15.00	34.41	33.00	2.3	2.2	21	20	11	2357	7542	35	0.80	200	0	200
134	C4-01	付村	14.07	20.75	20.59	1.5	1.5	27	23	5	1029.6	3295	32	0.00	400	0	400
135	C12-31	陕西西安出口加工B区蓝博工业社区	4.20	4.20	4.10	1.0	1.0	21	20	5	550	1760	30	0.04	100	0	100
136	C13-2	阳光城一期	23.67	113.60	108.96	4.8	4.6	20	20	24	24174	77357	38	0.36	400	5000	5400
137	C13-3	阳光城二期	12.00	7.34	6.60	0.6	0.6	21	18	3	516	1651	26	0.20	120	0	120
138	C13-5	阳光城三期	18.00	58.32	54.00	3.2	3.0	18	17	18	3600	11520	36	0.40	100	400	500
139	C13-6	阳光城四期	20.00	68.20	63.80	3.4	3.2	31	29	11	4557	14582	35	0.45	150	300	450
140	C13-08	阳光金城一期多层公寓	4.01	15.10	11.04	3.8	2.7	25	25	11	850	2720	36	0.34	50	200	250
141	C13-04	紫薇田园都市A区	11.57	19.72	18.65	1.7	1.6	24	22	7	1494	4781	40	1.10	0	532	532
142	C13-04	紫薇田园都市B区	9.34	20.05	18.64	2.1	2.0	24	23	9	1514	4845	40	0.25	0	532	532
143	C13-04	紫薇田园都市C区	7.81	9.67	7.17	1.2	0.9	29	28	3	566	1811	41	0.25	0	533	533
144	C13-04	紫薇田园都市D区	10.00	21.74	20.87	2.2	2.1	24	23	9	1592	5094	41	0.55	0	730	730
145	C13-04	紫薇田园都市E区	11.18	9.04	7.18	0.8	0.6	30	19	3	298	954	40	0.30	0	830	830
146	C13-04	紫薇田园都市F区	10.35	23.58	20.25	2.3	2.0	39	28	7	1650	5280	43	0.30	0	431	431
147	C13-04	紫薇田园都市G区	4.69	11.75	10.40	2.5	2.2	28	27	8	824	2637	39	0.46	0	534	534

序号	编号	项目名称	用地面积 S (hm²)	总建筑面积 A (万m²)	住宅建筑面积 A_r (万m²)	容积率 R	住宅容积率 R_r	总建筑密度 M (%)	住宅建筑密度 M_r (%)	住宅平均层数 n (层)	居住户数 F (户)	居住人口 N (人)	绿地率 Y (%)	组团绿地面积 G (hm²)	停车位 P (个)		
															地上	地下	总数
148	C13-04	紫薇田园都市H区	4.95	11.76	10.40	2.4	2.1	22	22	10	824	2637	38	0.44	0	532	532
149	C13-04	紫薇田园都市J区	11.33	21.25	18.31	1.9	1.6	28	23	7	1524	4877	44	0.75	0	832	832
150	C13-04	紫薇田园都市K区	10.25	21.23	17.90	2.1	1.7	28	25	7	1199	3837	37	0.87	0	733	733
151	未编号2	牧业公司	2.50	12.00	5.00	4.8	2.0	30	20	20	333	1066	22	0.05	60	70	150
152	未编号3	锦花园（一期）	2.00	4.50	4.08	2.3	2.0	36	25	8	272	870	37	0.06	80	0	80
153	未编号4	早安林茈	3.24	12.16	10.37	3.8	3.2	20	20	16	691	2211	35	0.10	100	200	300
154	临时编号4	鼎盛都市花园	1.33	4.10	3.52	3.1	2.6	28	24	11	235	752	35	0.04	100	0	100
155	C5-01	长征365	2.88	7.35	7.21	2.6	2.5	20	17	12	481	1539	36	0.05	80	150	230

附录 5 西安市中心城区居住地块典型样本指标统计表一

序号	地块编号	项目名称	用地面积 S (hm²)	总建筑面积 A (万 m²)	住宅建筑面积 A_r (万 m²)	容积率 R	住宅容积率 R_r	总建筑密度 M (%)	住宅建筑密度 M_r (%)	住宅平均层数 n (层)	居住户数 F (户)	居住人口 N (人)	绿地率 Y (%)	组团绿地面积 G (hm²)	停车位 P (个) 地上	停车位 P (个) 地下	停车位 P (个) 总数
1	2	中铁十七局	2.50	6.66	5.63	2.5	2.3	31	25	8	462	1478	41	0.11	6	54	60
2	3	武警陕西总队雁翔路小区	3.33	11.99	9.66	3.6	2.9	34	25	11	1271	4066	30	0.15	31	283	314
3	12	谭家花苑南住小区	3.34	13.54	12.17	4.1	3.6	18	11	22	1214	3885	40	0.13	61	550	611
4	13	西安文八东路住宅小区	4.68	21.34	17.07	3.5	3.2	21	19	17	1536	4915	36	0.21	83	743	826
5	14	梅苑温泉小区	2.27	9.49	8.32	3.8	3.7	34	26	11	1004	3213	39	0.12	28	253	281
6	18	陕西环美置业建大洋房	2.01	7.99	7.39	4.0	3.7	26	23	15	554	1773	45	0.40	19	270	289
7	21	陕西师范大学雁塔校区二期住宅	5.33	11.88	9.50	3.5	3.1	26	25	14	1050	3360	32	0.24	29	264	293
8	22	西安世纪联合小区	4.16	21.95	17.56	4.9	4.2	20	18	24	1836	5875	38	0.19	137	1231	1368
9	23	上海裕都苑（莲湖中央公园）二期	9.07	27.54	27.06	2.5	2.0	13	11	19	2984	9549	53	2.65	72	646	718
10	28	唐华三棉住宅	7.72	27.68	23.64	3.1	3.1	26	26	12	2100	6720	34	0.15	8	68	76

序号	地块编号	项目名称	用地面积 S (hm²)	总建筑面积 A (万m²)	住宅建筑面积 Ar (万m²)	容积率 R	住宅容积率 Rr	总建筑密度 M (%)	住宅建筑密度 Mr (%)	住宅平均层数 n (层)	居住户数 F (户)	居住人口 N (人)	绿地率 Y (%)	组团绿地面积 G (hm²)	停车位 P (个)		
															地上	地下	总数
11	29	蓉锦园住宅小区	2.00	8.45	7.65	4.3	3.8	27	24	16	836	2675	39	0.04	45	402	447
12	31	丰硕佳园住宅小区	4.29	24.64	21.04	4.9	4.4	26	24	19	2437	7798	36	0.05	112	1003	1115
13	33	百欣花园	3.85	11.04	9.74	2.9	2.5	19	16	16	1081	3459	45	0.04	56	508	564
14	35	西安水泥制管厂家属区	3.35	11.22	9.37	3.4	2.8	26	22	13	1115	3568	38	0.00	44	394	438
15	36	西航怡鼎苑小区	3.30	18.89	16.49	5.1	5.0	34	33	15	1573	5034	31	0.00	127	1141	1268
16	51	31街坊住宅楼	2.71	8.41	7.82	3.5	2.9	17	14	20	882	2822	40	0.07	31	277	308
17	54	西安茗景小区住宅	9.50	23.23	20.23	2.4	2.1	19	16	13	2168	6938	39	0.04	163	1463	1626
18	57	桃园东路土地储备中心小区	3.16	11.35	9.08	3.6	2.9	20	16	18	1040	3328	38	0.14	96	386	482
19	60	园丁新村三期高层住宅楼	3.55	16.90	16.65	4.8	4.7	20	19	24	1700	5440	41	0.26	172	690	862
20	62	福邸茗门	4.32	23.01	22.93	5.3	5.2	30	30	17	2300	7360	39	0.37	322	1289	1611
21	63	海星未来城	3.72	14.45	14.30	3.9	3.8	33	32	12	1354	4333	38	0.22	2	10	12
22	68	铭城十六号	2.47	15.39	15.07	6.2	6.1	24	23	26	1230	3936	39	0.18	189	754	943
23	69	陕西电力建设总公司职工住宅楼	6.71	23.26	22.54	3.5	3.4	23	23	15	1816	5811	39	0.29	305	1222	1527

序号	地块编号	项目名称	用地面积 S (hm²)	总建筑面积 A (万 m²)	住宅建筑面积 Aᵣ (万 m²)	容积率 R	住宅容积率 Rᵣ	总建筑密度 M (%)	住宅建筑密度 Mᵣ (%)	住宅平均层数 n (层)	居住户数 F (户)	居住人口 N (人)	绿地率 Y (%)	组团绿地面积 G (hm²)	停车位 P (个)		
															地上	地下	总数
24	79	陕西恒正·福邸铭门	3.97	23.98	19.19	5.3	4.2	26	20	21	1628	5210	38	0.25	217	867	1084
25	81	浐灞新城	3.88	10.39	9.94	2.7	2.6	25	24	10	1094	3501	34	0.17	26	104	130
26	84	青松路小区	4.42	26.50	18.55	6.0	4.2	26	18	23	2780	8896	38	0.20	356	1426	1782
27	86	朝阳花园小区	3.53	8.51	5.96	2.6	1.8	19	13	14	788	2522	34	0.16	148	593	741
28	87	建设西路新旅城小区	3.02	26.87	21.50	7.6	6.1	32	26	24	2700	8640	30	0.14	240	961	1201
29	89	东方肇苑	2.93	8.50	5.95	2.9	2.0	24	17	12	641	2051	40	0.13	86	344	430
30	90	西安茗置业有限公司居住小区	9.50	23.23	18.58	2.4	1.9	19	15	13	2212	7078	39	0.43	325	1301	1626
31	92	西安黄雁村地区改造居住小区	4.48	29.32	26.39	6.8	6.1	32	29	21	2470	7904	29	0.20	278	1110	1388
32	93	北沙坡地区综合居住小区	8.87	50.72	40.57	5.7	5.1	36	22	16	5067	16214	33	0.40	539	2156	2695
33	96	西北三路市级机关住宅小区	5.65	26.99	18.89	4.5	2.7	18	11	26	2339	7485	39	0.25	270	1080	1350
34	97	洋镐东路住宅小区	3.53	17.08	13.66	4.8	3.9	19	15	25	1635	5232	40	0.16	163	654	817
35	99	KFQ-02号地块住宅区	2.71	5.81	5.23	3.4	3.0	16	13	21	612	1958	35	0.12	94	375	469
36	100	丈八东路荞锦园住宅小区	2.00	8.45	5.91	4.3	3.8	27	16	16	712	2278	39	0.09	89	358	447
37	102	金水园小区	8.76	33.79	28.94	3.9	3.3	26	19	18	3091	9891	32	1.68	239	742	981

序号	地块编号	项目名称	用地面积 S (hm²)	总建筑面积 A (万m²)	住宅建筑面积 A_r (万m²)	容积率 R	住宅容积率 R_r	总建筑密度 M (%)	住宅建筑密度 M_r (%)	住宅平均层数 n (层)	居住户数 F (户)	居住人口 N (人)	绿地率 Y (%)	组团绿地面积 G (hm²)	停车位 P (个) 地上	停车位 P (个) 地下	停车位 P (个) 总数
38	103	曲江玫瑰园	2.25	10.21	6.05	2.5	2.7	26	25	15	550	1760	38	0.51	0	530	530
39	105	金地西安雁翔路	6.61	32.40	24.90	4.0	3.8	23	22	30	2485	7952	38	1.05	402	2317	2719
40	107	西安曲江名流印象	9.55	46.26	32.91	3.5	3.4	16	15	33	2903	9290	38	1.30	354	3044	3398
41	108	保利曲江春天花园	8.32	38.14	27.46	3.5	3.3	24	23	32	2702	8646	38	1.16	291	2622	2913
42	109	楼观新镇一	7.72	7.21	6.02	0.9	0.8	27	26	4	400	1280	32	0.00	66	0	66
43	110	楼观新镇二B地块	7.95	5.53	4.67	0.7	0.6	25	25	4	504	1613	38	0.00	64	0	64
44	111	楼观新镇二C地块	9.51	7.31	6.41	0.8	0.7	28	28	4	608	1946	38	0.00	61	0	61
45	113	羊村、五四村安置小区	6.97	33.91	25.74	4.0	3.7	25	13	30	2982	9542	36	0.27	368	1885	2253
46	114	柏涛金地一	5.18	16.05	12.24	2.6	2.4	21	19	21	1167	3734	38	0.26	180	1304	1484
47	115	柏涛金地二	6.32	22.41	16.93	3.0	2.7	21	18	20	1672	5350	38	0.28	196	1768	1964
48	119	曲江南苑	9.29	22.67	20.96	2.4	2.3	22	17	11	1476	4723	35	0.42	314	2788	3102
49	121	西安曲江老年服务中心	5.69	12.18	12.18	2.6	2.6	25	25	15	824	2637	39	0.59	285	230	515
50	122	金泰假日花城五期	3.31	23.95	10.01	5.8	2.9	41	40	32	724	2317	30	0.52	22	1890	1912
51	123	金泰假日花城一期	3.60	11.87	10.72	3.3	3.0	28	28	18	784	2509	36	0.47	78	486	564
52	124	丰景佳园	7.41	20.08	19.93	2.7	2.7	27	26	10	1564	5005	32	0.69	204	1866	2070
53	125	秦浦花园	3.36	4.04	3.57	1.2	1.1	23	22	5	186	595	34	0.37	82	0	82

序号	地块编号	项目名称	用地面积 S (hm²)	总建筑面积 A (万m²)	住宅建筑面积 Ar (万m²)	容积率 R	住宅容积率 Rr	总建筑密度 M (%)	住宅建筑密度 Mr (%)	住宅平均层数 n (层)	居住户数 F (户)	居住人口 N (人)	绿地率 Y (%)	组团绿地面积 G (hm²)	停车位 P (个) 地上	地下	总数
54	126	雁鸣小区一期	5.09	7.51	7.24	1.5	1.4	26	26	6	804	2573	35	0.20	102	0	102
55	127	雁鸣小区二期	6.30	8.44	8.07	1.4	1.3	27	26	6	996	3187	35	0.00	124	0	124
56	131	春天花园	3.80	18.40	15.35	4.2	4.0	16	14	27	1174	3757	48	0.60	50	650	700
57	133	潭沱寨村安置小区北区	6.10	24.11	18.89	4.0	3.4	34	28	12	2112	6758	44	0.87	87	1080	1167
58	134	潭沱寨村安置小区南区	4.00	10.75	9.04	2.7	2.3	23	17	12	672	2150	37	0.00	65	520	585
59	135	青松路小区	4.40	22.09	18.62	5.0	4.4	37	32	14	2300	7360	39	0.27	572	2288	2860
60	136	曲江六号	6.40	12.87	11.95	2.0	1.9	23	21	8	831	2659	38	0.32	154	763	917
61	137	曲江公馆	2.79	3.01	2.88	1.1	1.0	29	27	4	151	483	38	0.13	260	0	260
62	139	曲江御苑	4.87	5.36	5.36	1.1	1.1	28	28	3	218	698	36	0.12	320	0	320
63	141	翠竹园一期	3.25	6.80	6.80	2.1	2.1	18	18	12	432	1382	36	0.43	26	876	902
64	143	蔚蓝君城	7.56	25.50	22.37	3.4	3.0	30	15	32	2563	8202	34	0.45	404	2233	2637
65	144	曲江玉玺台	2.00	8.94	7.98	4.5	4.0	27	20	25	2724	8717	37	0.11	0	760	760
66	145	北客站三号地	6.38	29.43	18.31	4.6	2.9	38	19	25	3381	10819	30	0.30	0	3364	3364

附录 6 西安市中心城区居住地块典型样本指标统计表二

序号	地块编号	项目名称	用地面积 S (hm²)	总建筑面积 A (万m²)	住宅建筑面积 Aᵣ (万m²)	容积率 R	住宅容积率 Rᵣ	总建筑密度 M (%)	住宅建筑密度 Mᵣ (%)	住宅平均层数 n (层)	居住户数 F (户)	居住人口 N (人)	绿地率 Y (%)	组团绿地面积 G (hm²)	停车位 P (个) 地上	停车位 P (个) 地下	停车位 P (个) 总数
1	B1-19	高科花园	4.02	11.95	11.40	3.0	2.8	26	19	8	930	2976	34	0.32	37	330	367
2	B1-25	兴业园小区	8.05	9.25	8.92	1.1	1.1	41	39	3	890	2848	30	0.11	40	360	400
3	B1-27	都市印象	4.46	9.97	9.97	2.2	2.2	12	12	18	1000	3200	45	0.15	38	342	380
4	B1-29	利君明天	3.67	12.66	12.14	3.5	3.3	20	13	8	1700	5440	35	0.25	56	500	556
5	B2-04	高科花园	3.00	11.64	8.86	3.9	3.0	37	34	8	1400	4480	36	0.05	22	200	222
6	B2-40	枫叶苑北区	3.62	7.20	6.96	2.0	1.9	31	27	7	700	2240	36	0.24	150	0	150
7	B2-48	中行小区	3.21	12.33	7.31	3.8	2.3	20	10	23	730	2336	39	0.51	19	170	189
8	B2-49	蒋家寨新村	4.00	10.65	9.32	2.7	2.3	35	33	7	930	2976	36	0.29	27	240	267
9	B4-18	夏目景色	2.77	8.00	7.30	2.9	2.6	31	17	18	992	3174	33	0.26	100	60	160
10	B4-19	夏目景色	3.22	7.10	5.47	2.2	1.7	34	14	13	547	1750	36	0.47	70	25	95
11	B5-05	枫叶苑南区	5.82	10.15	10.10	1.7	1.7	31	31	7	960	3072	38	0.08	100	59	159
12	B5-13	庆安颐秀园	2.75	5.64	5.53	2.0	2.0	25	24	7	788	2522	42	0.27	80	23	103
13	B5-16	枫叶新家园	2.84	6.36	6.19	2.3	2.2	25	22	12	435	1392	42	0.32	100	46	146
14	B5-20	枫叶新都市	4.40	8.89	8.84	2.0	2.0	16	16	12	1210	3872	39	0.22	55	1000	1055
15	B5-36	中天花园	3.35	8.91	8.90	2.7	2.7	23	20	12	902	2886	35	0.22	187	285	472
16	B5-46	家属院门	3.83	6.04	5.16	1.6	1.3	23	22	7	736	2355	30	0.27	50	540	590
17	B5-49	双威	2.24	10.10	9.07	4.5	4.0	33	33	14	386	1235	25	0.38	15	150	165
18	B8-4	仁和房产	2.66	13.76	13.76	5.2	5.2	22	22	23	1376	4403	36	0.25	8	75	83

序号	地块编号	项目名称	用地面积 S (hm²)	总建筑面积 A (万m²)	住宅建筑面积 A_r (万m²)	容积率 R	住宅容积率 R_r	总建筑密度 M (%)	住宅建筑密度 M_r (%)	住宅平均层数 n (层)	居住户数 F (户)	居住人口 N (人)	绿地率 Y (%)	组团绿地面积 G (hm²)	停车位 P (个) 地上	地下	总数
19	B8-15	望庭国际	3.42	20.00	20.00	5.9	5.9	19	19	30	2000	6400	35	0.13	160	1440	1600
20	B8-23	云顶园	4.38	29.27	25.94	6.7	5.9	31	31	19	1244	3981	35	0.42	475	520	995
21	B9-1	大华阳光曼哈顿	2.41	10.15	8.60	4.2	3.5	26	11	16	739	2365	40	0.18	55	142	197
22	B9-4	荣禾城市理想	2.10	16.80	13.92	8.0	6.6	35	23	23	1392	4454	34	0.30	60	526	586
23	B10-11	八号府邸	2.20	5.03	4.20	2.3	1.9	33	19	12	420	1344	42	0.17	60	270	330
24	B10-12	丈八沟碧水源	2.03	4.53	2.26	2.2	1.1	27	19	6	226	723	30	0.36	20	160	181
25	B10-14	枫林意树	4.74	13.21	12.81	2.8	2.7	18	15	16	1280	4096	40	0.18	40	140	180
26	B10-19	橡树街区	2.87	11.23	10.09	3.9	3.5	31	18	13	1010	3232	12	0.04	50	450	500
27	B12-10	大唐世家	3.07	9.35	9.20	3.1	3.0	24	17	12	920	2944	36	0.61	30	673	703
28	B12-29	裕昌·大阳城	2.17	8.63	8.21	4.0	3.8	22	18	19	821	2627	35	0.43	67	590	657
29	B12-34	裕昌·大阳城	2.12	8.25	7.75	3.9	3.7	21	17	19	775	2480	30	0.58	120	500	620
30	B12-38	金泰假日花城	9.80	28.81	26.23	2.9	2.7	25	21	12	2623	8394	35	0.50	240	2383	2623
31	B12-39	紫薇尚层	3.66	16.33	15.94	4.5	4.4	25	25	18	1594	5101	20	0.40	31	0	31
32	B12-41	金泰假日花园	2.19	9.40	8.63	4.3	3.9	26	20	17	863	2762	25	0.22	146	717	863
33	B12-44	融侨馨苑	6.95	17.79	17.65	2.6	2.5	16	12	16	1765	5648	40	0.20	178	1587	1765
34	B12-45	融侨馨苑	2.40	6.14	6.10	2.6	2.5	16	12	16	610	1952	40	0.48	98	512	610
35	B13-14	紫薇城市花园	6.39	21.65	17.25	3.4	2.7	24	23	11	1725	5520	40	0.66	257	575	832
36	B14-29	唐园庭院	9.95	27.66	26.52	2.8	2.7	31	28	9	2652	8486	34	0.25	40	2572	2612
37	B14-35	假日新城小区	2.22	3.46	2.83	1.6	1.3	24	18	7	283	906	36	0.04	91	50	141
38	B17-21	瞪羚谷	3.96	4.36	4.36	1.1	1.1	19	19	6	436	1395	34	0.71	55	385	440
39	B18-06	罗马景苑	7.78	16.35	15.32	2.1	2.0	14	11	16	1152	3686	32	0.27	36	288	324
40	B18-09	高科尚都	5.52	13.83	13.30	2.5	2.4	15	15	15	1028	3290	38	0.32	24	180	204
41	B18-10	丈八家园	2.81	5.57	5.57	2.0	2.0	18	18	11	462	1478	39	0.04	34	128	162
42	B18-14	西港雅苑	6.15	15.24	13.68	2.3	2.0	14	14	17	943	3018	42	0.60	20	58	78

序号	地块编号	项目名称	用地面积 S (hm²)	总建筑面积 A (万m²)	住宅建筑面积 Ar (万m²)	容积率 R	住宅容积率 Rr	总建筑密度 M (%)	住宅建筑密度 Mr (%)	住宅平均层数 n (层)	居住户数 F (户)	居住人口 N (人)	绿地率 Y (%)	组团绿地面积 G (hm²)	停车位 P (个) 地上	停车位 P (个) 地下	停车位 P (个) 总数
43	B19-18	仕嘉公寓	3.96	7.76	7.18	2.0	1.8	19	12	15	582	1862	26	0.58	30	260	290
44	B20-05	陕西煤化工业集团研发中心公寓楼	3.16	16.07	13.41	5.1	4.2	42	22	21	1250	4000	44	0.45	54	0	54
45	B20-09	和城	5.03	11.17	10.62	2.2	2.1	13	11	17	944	3021	42	0.20	25	0	25
46	YH-34	银领花园	2.10	5.05	5.00	2.4	2.4	30	30	8	479	1533	36	0.06	90	0	90
47	YH-46	天朗·蓝树湖	8.58	31.74	28.74	3.7	3.4	20	17	25	4000	12800	41	0.25	100	2000	2100
48	YH-75	龙城铭园	5.14	30.00	29.20	5.8	5.7	18	17	25	3000	9600	40	0.80	50	550	600
49	YH-94	复地优尚国际二期	4.46	23.00	22.55	5.2	5.1	18	17	27	2100	6720	43	0.20	80	200	280
50	YH-150	鸿基新城	6.00	13.24	11.46	2.2	1.9	20	17	11	833	2666	35	0.45	80	140	220
51	YH-153	易道郡·玫瑰公馆	6.20	26.71	18.95	4.3	3.1	18	13	24	1580	5056	40	0.41	100	1700	1800
52	C12-31	陕西西安出口加工B区蓝博工业社区	4.20	4.20	4.10	1.0	1.0	21	20	5	550	1760	30	0.04	100	0	100
53	C13-08	阳光金城一期多层公寓	4.01	15.10	11.04	3.8	2.7	25	25	11	850	2720	36	0.34	50	200	250
54	C13-04	紫薇田园都市B区	9.34	20.05	18.64	2.1	2.0	24	23	9	1514	4845	40	0.25	0	532	532
55	C13-04	紫薇田园都市C区	7.81	9.67	7.17	1.2	0.9	29	28	3	566	1811	41	0.25	0	533	533
56	C13-04	紫薇田园都市D区	10.00	21.74	20.87	2.2	2.1	24	23	9	1592	5094	41	0.55	0	730	730
57	C13-04	紫薇田园都市G区	4.69	11.75	10.40	2.5	2.2	28	27	8	824	2637	39	0.46	0	534	534

序号	地块编号	项目名称	用地面积 S (hm²)	总建筑面积 A (万 m²)	住宅建筑面积 A_r (万 m²)	容积率 R	住宅容积率 R_r	总建筑密度 M (%)	住宅建筑密度 M_r (%)	住宅平均层数 n (层)	居住户数 F (户)	居住人口 N (人)	绿地率 Y (%)	组团绿地面积 G (hm²)	停车位 P (个) 地上	停车位 P (个) 地下	停车位 P (个) 总数
58	C13-04	紫薇田园都市 H 区	4.95	11.76	10.40	2.4	2.1	22	22	10	824	2637	38	0.44	0	532	532
59	未编号 2	牧业公司	2.50	12.00	5.00	4.8	2.0	30	20	20	333	1066	22	0.05	60	70	150
60	未编号 3	锦花园（一期）	2.00	4.50	4.08	2.3	2.0	36	25	8	272	870	37	0.06	80	0	80
61	未编号 4	旱安林庄	3.24	12.16	10.37	3.8	3.2	20	20	16	691	2211	35	0.10	100	200	300
62	C5-01	长征 365	2.88	7.35	7.21	2.6	2.5	20	17	12	481	1539	36	0.05	80	150	230

附录7 西安市高新区研究区域内的小学及其服务范围对应的居住地块一览表

服务片区序号	小学		居住地块			
	学校名称	用地面积 $S_小$（hm²）	用地编号	项目名称	用地面积 S（hm²）	居住人口 N（人）
1	东辛庄小学 高新第二小学	0.50 1.93	B1-2	杰作名园	1.36	1184
			B1-3	枫叶新都市	19.89	6950
			B1-4	杰作公寓	1.16	704
			B1-19	高科花园	4.02	2976
			B1-20	陈家村二栋	0.63	736
			B1-21	名贵国际俱乐部	0.61	1120
			B1-23	米罗蓝山	1.01	1203
			B1-24	唐南香榭	1.54	1728
			B1-25	兴业园小区	8.05	2848
			B1-26	都市印象SOLO街区	0.99	1376
			B1-27	都市印象	4.46	3200
			B1-28	城市风景	1.29	1248
			B1-29	利君明天	3.67	5440
			B1-30	赢园雅筑	1.01	819
			B1-45	高新六路7号	0.52	704
			YH-46	天朗·蓝树湖	8.58	12800
			YH-47	左岸春天	0.67	1757
			YH-49	鱼化龙御国际大厦	1.25	4160
			YH-57	捷瑞新时代	1.30	960
小计	共2所	2.43	19个地块		62.01	51914
2	南窑头小学 双水磨小学 高新第二学校 鱼化小学	0.44 1.13 1.40 1.55	B4-18	夏日景色	2.77	3174
			B4-19	夏日景色	3.22	1750
			B7-5	南窑头新村	13.04	1699
			B7-15	南窑头新村	10.81	1354
			B7-27	绿港花园	1.65	2880
			B7-29	绿港花园	1.05	742
			B10-11	八号府邸	2.20	1344
			B10-12	丈八沟碧水源	2.03	723
			B10-14	枫林意树	4.74	4096
			B10-19	橡树街区	2.87	3232
			YH-75	龙城铭园	5.14	9600
			YH-149	鸿基新城廉租房	1.31	2458
			YH-150	鸿基新城	6.00	2666
			YH-153	易道郡·玫瑰公馆	6.20	5056
小计	共4所	4.52	14个地块		63.03	40774

右上角: 续表

服务片区序号	小学		居住地块			
	学校名称	用地面积 $S_小$（hm²）	用地编号	项目名称	用地面积 S（hm²）	居住人口 N（人）
3	丈八沟小学 高新第四小学 高新第五小学	0.83 1.65 1.30	B17-21	瞪羚谷	3.96	1395
			B17-28	锦业76	1.14	611
			B18-06	罗马景苑	7.78	3686
			B18-07	丈八一号	1.91	1478
			B18-09	高科尚都	5.52	3290
			B18-10	丈八家园	2.81	1478
			B18-12	绿地世纪城	12.90	6499
			B18-14	西港雅苑	6.15	3018
			B18-26	缤纷南郡	15.61	15574
			B19-02	绿地公寓	1.54	934
			B19-16	绿地诺丁山	1.94	1043
			B19-18	仕嘉公寓	3.96	1862
			B20-05	陕西煤化工业集团研发中心公寓楼	3.16	4000
小计	共3所	3.78	13个地块		68.38	44870
4	高新第一小学 科创路小学 甘家寨小学	2.61 0.63 0.44	B2-04	高科花园	3.00	4480
			B2-13	中国国际航空家属院	0.70	864
			B2-24	西安汇城电信	0.63	160
			B2-25	枫景观天下	1.22	768
			B2-27	华怡园	1.36	960
			B2-40	枫叶苑北区	3.62	2240
			B2-43	一品美道	1.31	1344
			B2-45	省电信家属院	0.75	1312
			B2-48	中行小区	3.21	2336
			B2-49	蒋家寨新村	4.00	2976
			B2-50	皇家花园	1.28	1056
			B2-51	秦锦园	0.61	480
			B2-52	环亚住宅	0.42	320
			B2-53	文华住宅	0.21	192
			B2-56	欧锦园	0.41	640
			B3-18	高新枫尚	0.36	3200
			B3-19	高新银座	1.28	1530
			B3-46	高新广场D座	0.76	14221
			B3-50	丹枫国际	0.94	1789
			B3-74	亚美大厦	0.70	1171
			B3-75	金鹰国际	1.69	5494
			B3-79	天幕阔景	0.35	1357
			B5-03	红锦花园	1.34	845
			B5-05	枫叶苑南区	5.82	3072
			B5-06	外贸小区	0.39	269

服务片区序号	小学		居住地块			
	学校名称	用地面积 $S_小$（hm²）	用地编号	项目名称	用地面积 S（hm²）	居住人口 N（人）
4	高新第一小学 科创路小学 甘家寨小学	2.61 0.63 0.44	B5-07	华立小区	0.27	179
			B5-08	黄雅小区	0.86	538
			B5-09	枫叶广场	0.75	595
			B5-10	建叶大厦	0.46	371
			B5-11	国税局	0.39	99
			B5-13	庆安颐秀园	2.75	2522
			B5-16	枫叶新家园	2.84	1392
			B5-33	水晶国际	1.07	413
			B5-34	盛世华庭	0.73	1056
			B5-35	欣景苑	1.46	1235
			B5-36	中天花园	3.35	2886
			B5-37	群贤花园	0.72	691
			B5-43	泰祥花园	1.28	941
			B5-44	枫叶广场二期	0.41	448
			B5-45	含光佳苑	0.51	819
			B5-46	家属院门	3.83	2355
			B5-47	法院家属院	0.32	269
			B5-48	煤气公司家属院	1.12	269
			B5-49	双威	2.24	1235
小计	共3所	3.68		44个地块	61.72	71389
5	高新第三小学	2.85	B5-20	枫叶新都市	4.40	3872
			B5-30	四季风景	0.84	717
			B8-2	通安房产	0.65	419
			B8-3	华安置业	0.87	1018
			B8-4	仁和房产	2.66	4403
			B8-5	佳鑫实业	1.50	1981
			B8-13	林凯花园	0.62	355
			B8-14	长安居	1.17	790
			B8-15	望庭国际	3.42	6400
			B8-16	审计署家属楼	1.13	1139
			B8-23	云顶园	4.38	3981
			B8-24	枫林绿洲	38.17	19200
			B9-1	大华阳光曼哈顿	2.41	2365
小计	共1所	2.85		13个地块	62.22	46640
6	木塔寨小学	0.54	B20-09	和城	5.03	3021
小计	共1所	0.54		1个地块	5.03	3021

服务片区序号	小学		居住地块			
	学校名称	用地面积 $S_小$（hm²）	用地编号	项目名称	用地面积 S（hm²）	居住人口 N（人）
7	西工大附小融侨分校 电子城小学 南苑小学	1.20 0.93 0.21	B9-4	荣禾城市理想	2.10	4454
			B9-7	高科集团	1.80	1274
			B12-6	大唐世家	0.32	374
			B12-9	罗曼公社	0.71	432
			B12-10	大唐世家	3.07	2944
			B12-28	裕昌·大阳城	1.72	2064
			B12-29	裕昌·大阳城	2.17	2627
			B12-34	裕昌·大阳城	2.12	2480
			B12-37	金泰假日花城	11.70	7840
			B12-38	金泰假日花城	9.80	8394
			B12-39	紫薇尚层	3.66	5101
			B12-41	金泰假日花城	2.19	2762
			B12-44	融侨馨苑	6.95	5648
			B12-45	融侨馨苑	2.40	1952
			B12-46	融侨馨苑	19.80	16102
			B13-6	凯悦华庭	1.61	1322
			B13-14	紫薇城市花园	6.39	5520
			B13-17	精典四季花园	1.67	1309
			B13-18	精典四季花园	1.16	1002
			B13-19	四季金桥花园	1.92	1677
			B14-29	唐园庭院	9.95	8486
			B14-30	唐园小区	17.37	8358
			B14-35	假日新城小区	2.22	906
			B14-36	万国新苑	1.98	3366
小计	共3所	2.34		24个地块	114.78	96394
8	东仪路小学	0.42	B14-6	电子花园	1.03	1830
小计	共1所	0.42		1个地块	1.03	1830

注：鱼化小学及用地编号为 YH-xx 的居住地块虽然不在研究区域范围内，但是考虑到研究区域及其周边区域的小学服务范围与居住地块需要完全对应，所以将研究区域临近的小学、居住地块纳入统一考虑。

附录8 西安市高新区研究区域内的中学及其 服务范围对应的居住地块一览表

| 服务片区序号 | 中学 | | 居住地块 | | | |
	学校名称	用地面积 $S_{中}$（hm²）	编号	项目名称	用地面积 S（hm²）	居住人口 N（人）
			B1-2	杰作名园	1.36	1184
			B1-3	枫叶新都市	19.89	6950
			B1-4	杰作公寓	1.16	704
			B1-19	高科花园	4.02	2976
			B1-20	陈家村二栋	0.63	736
			B1-21	名贵国际俱乐部	0.61	1120
			B1-23	米罗蓝山	1.01	1203
			B1-24	唐南香榭	1.54	1728
			B1-25	兴业园小区	8.05	2848
			B1-26	都市印象SOLO街区	0.99	1376
			B1-27	都市印象	4.46	3200
			B1-28	城市风景	1.29	1248
			B1-29	利君明天	3.67	5440
			B1-30	赢园雅筑	1.01	819
			B1-45	高新六路7号	0.52	704
			B4-18	夏日景色	2.77	3174
			B4-19	夏日景色	3.22	1750
1	高新第二学校 西安第十四中学	0.50 1.80	B7-5	南窑头新村	13.04	1699
			B7-15	南窑头新村	10.81	1354
			B7-27	绿港花园	1.65	2880
			B7-29	绿港花园	1.05	742
			B10-11	八号府邸	2.20	1344
			B10-12	丈八沟碧水源	2.03	723
			B10-14	枫林意树	4.74	4096
			B10-19	橡树街区	2.87	3232
			YH-46	天朗·蓝树湖	8.58	12800
			YH-47	左岸春天	0.67	1757
			YH-49	鱼化龙御国际大厦	1.25	4160
			YH-57	捷瑞新时代	1.30	960
			YH-75	龙城铭园	5.14	9600
			YH-149	鸿基新城廉租房	1.31	2458
			YH-150	鸿基新城	6.00	2666
			YH-153	易道郡·玫瑰公馆	6.20	5056
小计	共2所	2.30	33个地块		125.04	92688

服务片区序号	中学		居住地块			
	学校名称	用地面积 $S_{中}$（hm²）	编号	项目名称	用地面积 S（hm²）	居住人口 N（人）
2	高新第三中学	3.33	B17-21	瞪羚谷	3.96	1395
			B17-28	锦业76	1.14	611
			B18-06	罗马景苑	7.78	3686
			B18-07	丈八一号	1.91	1478
			B18-09	高科尚都	5.52	3290
			B18-10	丈八家园	2.81	1478
			B18-12	绿地世纪城	12.90	6499
			B18-14	西港雅苑	6.15	3018
			B18-26	缤纷南郡	15.61	15574
			B19-02	绿地公寓	1.54	934
			B19-16	绿地诺丁山	1.94	1043
			B19-18	仕嘉公寓	3.96	1862
			B20-05	陕西煤化工业集团研发中心公寓楼	3.16	4000
小计	共1所	3.33		13个地块	68.38	44870
3	高新一中高中部 高新一中初中部	3.04 2.38	B2-04	高科花园	3.00	4480
			B2-13	中国国际航空家属院	0.70	864
			B2-24	西安汇城电信	0.63	160
			B2-25	枫景观天下	1.22	768
			B2-27	华怡园	1.36	960
			B2-40	枫叶苑北区	3.62	2240
			B2-43	一品美道	1.31	1344
			B2-45	省电信家属院	0.75	1312
			B2-48	中行小区	3.21	2336
			B2-49	蒋家寨新村	4.00	2976
			B2-50	皇家花园	1.28	1056
			B2-51	秦锦园	0.61	480
			B2-52	环亚住宅	0.42	320
			B2-53	文华住宅	0.21	192
			B2-56	欧锦园	0.41	640
			B3-18	高新枫尚	0.36	3200
			B3-19	高新银座	1.28	1530
			B3-46	高新广场D座	0.76	14221
			B3-50	丹枫国际	0.94	1789
			B3-74	亚美大厦	0.70	1171
			B3-75	金鹰国际	1.69	5494
			B3-79	天幕阔景	0.35	1357
			B5-03	红锦花园	1.34	845
			B5-05	枫叶苑南区	5.82	3072
			B5-06	外贸小区	0.39	269

服务片区序号	中学		居住地块			
	学校名称	用地面积 $S_{中}$ (hm²)	编号	项目名称	用地面积 S (hm²)	居住人口 N (人)
3	高新一中高中部 高新一中初中部	3.04 2.38	B5-07	华立小区	0.27	179
			B5-08	黄雅小区	0.86	538
			B5-09	枫叶广场	0.75	595
			B5-10	建叶大厦	0.46	371
			B5-11	国税局	0.39	99
			B5-13	庆安颐秀园	2.75	2522
			B5-16	枫叶新家园	2.84	1392
			B5-33	水晶国际	1.07	413
			B5-34	盛世华庭	0.73	1056
			B5-35	欣景苑	1.46	1235
			B5-36	中天花园	3.35	2886
			B5-37	群贤花园	0.72	691
			B5-43	泰祥花园	1.28	941
			B5-44	枫叶广场二期	0.41	448
			B5-45	含光佳苑	0.51	819
			B5-46	家属院门	3.83	2355
			B5-47	法院家属院	0.32	269
			B5-48	煤气公司家属院	1.12	269
			B5-49	双威	2.24	1235
			B5-20	枫叶新都市	4.40	3872
			B5-30	四季风景	0.84	717
			B8-2	通安房产	0.65	419
			B8-3	华安置业	0.87	1018
			B8-4	仁和房产	2.66	4403
			B8-5	佳鑫实业	1.50	1981
			B8-13	林凯花园	0.62	355
			B8-14	长安居	1.17	790
			B8-15	望庭国际	3.42	6400
			B8-16	审计署家属楼	1.13	1139
			B8-23	云顶园	4.38	3981
			B8-24	枫林绿洲	38.17	19200
			B9-1	大华阳光曼哈顿	2.41	2365
			B20-09	和城	5.03	3021
小计	共2所	5.42		58个地块	128.97	121050
4	西安电子科技中学	2.20	B9-4	荣禾城市理想	2.10	4454
	西京公司子校	1.09	B9-7	高科集团	1.80	1274
	西安南苑中学	0.57	B12-6	大唐世家	0.32	374
	西安市第四十六中学	2.13	B12-9	罗曼公社	0.71	432
			B12-10	大唐世家	3.07	2944

服务片区序号	中学		居住地块			
	学校名称	用地面积	编号	项目名称	用地面积	居住人口
		$S_{中}$（hm²）			S（hm²）	N（人）
4	西安电子科技中学 西京公司子校 西安南苑中学 西安市 第四十六中学	2.20 1.09 0.57 2.13	B12-28	裕昌·大阳城	1.72	2064
			B12-29	裕昌·大阳城	2.17	2627
			B12-34	裕昌·大阳城	2.12	2480
			B12-37	金泰假日花城	11.70	7840
			B12-38	金泰假日花城	9.80	8394
			B12-39	紫薇尚层	3.66	5101
			B12-41	金泰假日花城	2.19	2762
			B12-44	融侨馨苑	6.95	5648
			B12-45	融侨馨苑	2.40	1952
			B12-46	融侨馨苑	19.80	16102
			B13-6	凯悦华庭	1.61	1322
			B13-14	紫薇城市花园	6.39	5520
			B13-17	精典四季花园	1.67	1309
			B13-18	精典四季花园	1.16	1002
			B13-19	四季金桥花园	1.92	1677
			B14-6	电子花园	1.03	1830
			B14-29	唐园庭院	9.95	8486
			B14-30	唐园小区	17.37	8358
			B14-35	假日新城小区	2.22	906
			B14-36	万国新苑	1.98	3366
小计	共4所	5.99	25个地块		115.81	98224

注：西安市第十四中学及用地编号为 YH-xx 的居住地块虽然不在研究区域范围内，但是考虑到研究区域及其周边区域的中学服务范围与居住地块需要完全对应，所以将研究区域临近的中学、居住地块纳入统一考虑。

附录9 西安市高新区研究区域内的医疗卫生设施及其服务范围对应的居住地块一览表

服务片区序号	医院		居住地块			
	医院名称	用地面积 $S_医$（hm^2）	编号	项目名称	用地面积 S（hm^2）	居住人口 N（人）
1	西安莲湖太长医院	0.11	B3-18	高新枫尚	0.36	3200
			B3-19	高新银座	1.28	1530
			B3-46	高新广场D座	0.76	14221
			B3-50	丹枫国际	0.94	1789
			B3-74	亚美大厦	0.70	1171
			B3-75	金鹰国际	1.69	5494
			B3-79	天幕阔景	0.35	1357
小计	1座医院	0.11		7个地块	6.08	28762
2	高新医院 西安健桥医院 丈八社区卫生服务中心	4.00 0.09 0.20	B1-2	杰作名园	1.36	1184
			B1-3	枫叶新都市	19.89	6950
			B1-4	杰作公寓	1.16	704
			B1-19	高科花园	4.02	2976
			B1-20	陈家村二栋	0.63	736
			B1-21	名贵国际俱乐部	0.61	1120
			B1-23	米罗蓝山	1.01	1203
			B1-24	唐南香榭	1.54	1728
			B1-25	兴业园小区	8.05	2848
			B1-26	都市印象SOLO街区	0.99	1376
			B1-27	都市印象	4.46	3200
			B1-28	城市风景	1.29	1248
			B1-29	利君明天	3.67	5440
			B1-30	赢园雅筑	1.01	819
			B1-45	高新六路7号	0.52	704
			B2-04	高科花园	3.00	4480
			B2-13	中国国际航空家属院	0.70	864
			B2-24	西安汇城电信	0.63	160
			B2-25	枫景观天下	1.22	768
			B2-27	华怡园	1.36	960
			B2-40	枫叶苑北区	3.62	2240
			B2-43	一品美道	1.31	1344
			B2-45	省电信家属院	0.75	1312
			B2-56	欧锦园	0.41	640

服务片区序号	医院		居住地块			
	医院名称	用地面积	编号	项目名称	用地面积	居住人口
		$S_医$（hm²）			S（hm²）	N（人）
2	高新医院 西安健桥医院 丈八社区卫生服务中心	4.00 0.09 0.20	B4-18	夏日景色	2.77	3174
			B4-19	夏日景色	3.22	1750
			B5-03	红锦花园	1.34	845
			B5-05	枫叶苑南区	5.82	3072
			B5-06	外贸小区	0.39	269
			B5-07	华立小区	0.27	179
			B5-08	黄雅小区	0.86	538
			B5-13	庆安颐秀园	2.75	2522
			B5-16	枫叶新家园	2.84	1392
			B5-20	枫叶新都市	4.40	3872
			B5-30	四季风景	0.84	717
			B7-5	南窑头新村	13.04	1699
			B7-15	南窑头新村	10.81	1354
			B7-27	绿港花园	1.65	2880
			B7-29	绿港花园	1.05	742
			B8-2	通安房产	0.65	419
			B8-3	华安置业	0.87	1018
			B8-4	仁和房产	2.66	4403
			B8-5	佳鑫实业	1.50	1981
			B8-13	林凯花园	0.62	355
			B8-14	长安居	1.17	790
			B8-15	望庭国际	3.42	6400
			B8-16	审计署家属楼	1.13	1139
			YH-46	天朗．蓝树湖	8.58	12800
			YH-47	左岸春天	0.67	1757
			YH-49	鱼化龙御国际大厦	1.25	4160
			YH-57	捷瑞新时代	1.30	960
			YH-75	龙城铭园	5.14	9600
			YH-149	鸿基新城廉租房	1.31	2458
			YH-150	鸿基新城	6.00	2666
			YH-153	易道郡·玫瑰公馆	6.20	5056
小计	2座医院，1处社区卫生服务中心	4.29	55个地块		157.73	125971
3	体育医院 陕西省交通医院	1.30 0.56	B10-11	八号府邸	2.20	1344
			B10-12	丈八沟碧水源	2.03	723
			B10-14	枫林意树	4.74	4096
			B10-19	橡树街区	2.87	3232
			B17-21	瞪羚谷	3.96	1395
			B17-28	锦业76	1.14	611
			B18-06	罗马景苑	7.78	3686

服务片区序号	医院		居住地块			
	医院名称	用地面积 $S_{医}$（hm²）	编号	项目名称	用地面积 S（hm²）	居住人口 N（人）
3	体育医院 陕西省交通医院	1.30 0.56	B18-07	丈八一号	1.91	1478
			B18-09	高科尚都	5.52	3290
			B18-10	丈八家园	2.81	1478
			B18-12	绿地世纪城	12.90	6499
			B18-14	西港雅苑	6.15	3018
			B18-26	缤纷南郡	15.61	15574
			B19-02	绿地公寓	1.54	934
			B19-16	绿地诺丁山	1.94	1043
			B19-18	仕嘉公寓	3.96	1862
			B20-05	陕西煤化工业集团研发中心公寓楼	3.16	4000
小计	2座医院	1.86		17个地块	80.22	54266
4	陕西同济医院 丽人医院	0.42 0.19	B2-48	中行小区	3.21	2336
			B2-49	蒋家寨新村	4.00	2976
			B2-50	皇家花园	1.28	1056
			B2-51	秦锦园	0.61	480
			B2-52	环亚住宅	0.42	320
			B2-53	文华住宅	0.21	192
			B5-09	枫叶广场	0.75	595
			B5-10	建叶大厦	0.46	371
			B5-11	国税局	0.39	99
			B5-33	水晶国际	1.07	413
			B5-34	盛世华庭	0.73	1056
			B5-35	欣景苑	1.46	1235
			B5-36	中天花园	3.35	2886
			B5-37	群贤花园	0.72	691
			B5-43	泰祥花园	1.28	941
			B5-44	枫叶广场二期	0.41	448
			B5-45	含光佳苑	0.51	819
			B5-46	家属院门	3.83	2355
			B5-47	法院家属院	0.32	269
			B5-48	煤气公司家属院	1.12	269
			B5-49	双威	2.24	1235
			B8-23	云顶园	4.38	3981
			B8-24	枫林绿洲	38.17	19200
			B9-1	大华阳光曼哈顿	2.41	2365
			B20-09	和城	5.03	3021
小计	2座医院	0.61		25个地块	78.36	49610

服务片区序号	医院		居住地块			
	医院名称	用地面积 $S_医$（hm²）	编号	项目名称	用地面积 S（hm²）	居住人口 N（人）
5	陕西省博爱医院 兵器工业 521 医院 西安市第八医院 623 社区卫生服务中心 西京职工医院 39 研究所医院 电子城 205 社区卫生服务中心 204 所医院	1.67 4.67 0.23 0.20 0.20 0.20 0.20 0.20	B9-4	荣禾城市理想	2.10	4454
			B9-7	高科集团	1.80	1274
			B12-6	大唐世家	0.32	374
			B12-9	罗曼公社	0.71	432
			B12-10	大唐世家	3.07	2944
			B12-28	裕昌·大阳城	1.72	2064
			B12-29	裕昌·大阳城	2.17	2627
			B12-34	裕昌·大阳城	2.12	2480
			B12-37	金泰假日花城	11.70	7840
			B12-38	金泰假日花城	9.80	8394
			B12-39	紫薇尚层	3.66	5101
			B12-41	金泰假日花城	2.19	2762
			B12-44	融侨馨苑	6.95	5648
			B12-45	融侨馨苑	2.40	1952
			B12-46	融侨馨苑	19.80	16102
			B13-6	凯悦华庭	1.61	1322
			B13-14	紫薇城市花园	6.39	5520
			B13-17	精典四季花园	1.67	1309
			B13-18	精典四季花园	1.16	1002
			B13-19	四季金桥花园	1.92	1677
			B14-6	电子花园	1.03	1830
			B14-29	唐园庭院	9.95	8486
			B14-30	唐园小区	17.37	8358
			B14-35	假日新城小区	2.22	906
			B14-36	万国新苑	1.98	3366
小计	6 座医院，2 处社区卫生服务中心	7.57	25 个地块		115.81	98224

注：1. 陕西省交通医院、西安市第八医院均紧邻研究区域，对研究区域有一定服务功能，本研究将陕西省交通医院取 1/3 用地面积纳入第 3 医院服务片区，将西安市第八医院取 1/4 用地面积纳入第 5 医院服务片区；
2. 用地编号为 YH-xx 的居住地块不在研究区域范围内，但是考虑到研究区域及其周边区域的医院服务范围与居住地块需要完全对应，所以将研究区域临近的居住地块纳入统一考虑。

图 表 索 引

参 考 文 献

[1] Schneier C E，Beatly R W，Baired C S. The performance management sourcebook [M]. Amherst，Massachusetts：Human Resource Development Press，Inc，1987.

[2] Ko Ching Shih. American housing, a macro view [M]. K C S & Assoc Shih，1990.

[3] Faludi A. A Decision-centred View of Environmental Planning [M]. Oxford：Pergamon Press Ltd，1987.

[4] Chadwick G. A System View of Planning [M]. Oxford：Pergamon Press Ltd，1978.

[5] Rossi P H，Freeman H E. Evaluation：A systematic Approach [M]. 5thed. Newbury Park，CA：Sage，1993.

[6] Guba E G，Lincoln Y S. Fourth Generation Evaluation [M]. Newburry Park，CA：Sage，1989.

[7] Bobrow D B，Dryzek J S. Policy Analysis by Design [M]. Pittsburgh，PA：University of Pittsburgh Press，1987.

[8] Raymond J Corsini. Concise Encyclopedia of Psychology [M]. New York City：John & Wiley and Sons，Inc，1987.

[9] William P Anthony. Strategic Human Resource Management [M]. Second Edition. Florida：The Dryden Press，1996.

[10] Marvin D Dunnette. Handbook of Industrial and Organizational Psychology [M]. New York：John & Wiley and Sons，Inc，1983.

[11] 高收入国家的相关数据详见：联合国人居中心，编著. 城市化的世界：全球人类住区报告 1996 [M]. 沈建国，于立，董立，译. 北京：中国建筑工业出版社，1999.

[12] 高珮义. 中外城市化比较研究 [M]. 天津：南开大学出版社，2004.

[13] 同济大学，天津大学，重庆大学，华南理工大学，华中科技大学，联合编写. 控制性详细规划 [M]. 北京：中国建筑工业出版社，2011.

[14] 夏南凯，田宝江，王耀武. 控制性详细规划 [M]. 第二版. 上海：同济大学出版社，2005.

[15] 中国城市科学研究会，中国城市规划协会，中国城市规划学会，中国城市规划设计研究院. 中国城市规划发展报告 2010—2011 [R]. 北京：中国建筑工业出版社，2011.

[16] 宁骚. 公共政策学 [M]. 北京：高等教育出版社，2003.

[17] 同济大学建筑城规学院. 城市规划资料集 第七分册 城市居住区规划 [M]. 北京：中国建筑工业出版社，2004.

[18] [美] 约翰·M. 利维. 现代城市规划 [M]. 孙景秋等，译. 北京：中国人民大学出版社，2003.

[19] [法] 卢梭. 社会契约论 [M]. 何兆武，译. 北京：商务印书馆，1980.

[20] [英] 亚当·斯密. 国富论 [M]. 杨敬年，译. 西安：陕西人民出版社，2011.

[21] 孙施文. 城市规划哲学 [M]. 北京：中国建筑工业出版社，1997.

[22] [美] 约翰·M. 利维. 现代城市规划 [M]. 孙景秋等，译. 北京：中国人民大学出版社，2003.

[23] 周俭. 城市住宅区规划原理 [M]. 上海：同济大学出版社，1999.

[24] 张兵. 城市规划实效论——城市规划实践的分析理论 [M]. 北京：中国人民大学出版社，1998.

[25] [美] 埃德蒙·N. 培根. 城市设计 [M]. 黄富厢，朱琪，译. 北京：中国建筑工业出版社，

2003.

[26] 吕俊华，彼得·罗，张杰，主编. 中国现代城市住宅（1840—2000）［M］. 北京：清华大学出版社，2003.

[27] ［美］威廉·N. 邓恩. 公共政策分析导论［M］. 第二版. 谢明，杜子芳，等，译. 北京：中国人民大学出版社，2010.

[28] 梁思成. 建筑文萃［M］. 北京：生活·读书·新知三联书店，2006.

[29] 黄明华，王琛，杨辉. 县城公共服务设施：城乡联动与适宜性指标［M］. 武汉：华中科技大学出版社，2013.

[30] 卜毅. 建筑日照［M］. 北京：中国建筑工业出版社，1988.

[31] 王俊秀. 中国汽车社会发展报告（2012—2013）：汽车社会与规则［M］. 北京：社会科学文献出版社，2013.

[32] 顾朝林，甄峰，张京祥. 集聚与扩散：城市空间结构新论［M］. 南京：东南大学出版社，2000.

[33] ［英］尼格尔·泰勒. 1945 年后西方城市规划理论的流变［M］. 李白玉，陈贞，译. 北京：中国建筑工业出版社，2006.

[34] ［法］Serge Salat. 关于可持续城市化的研究——城市与形态［M］. 陆阳，张艳，译. 北京：中国建筑工业出版社，2012.

[35] P. Healey. Researching Planning ［J］. Practical TPR，1991（4）：447-459.

[36] Breheny M. and Hooper A. The Return of Rationality ［M］ //Rationality in Planning：Critical Essays on the Role of Rationality in Urban and Regional Planning. London：Pion Limited ，1985.

[37] Racheue Alterman Morris Hill. Implementation of urban land use plans ［J］. AIP Journal，1978，44（3）：274-285.

[38] CALKINS H W. The planning monitonan accountability theory of plan evaluation ［J］. Environment and Planning A，1979（7）：745-758.

[39] Alexander，E. R.，Faludi，A. Planning and Plan Implementation：Notes on evaluation on criteria ［J］. Environment and planning B：Planning and Design，1989（16）：127-140.

[40] McLoughlin，J. B. Political Economy Center or Periphery? ［J］. Town Planning and Spatial Envionment and Planning A，1994，26（7）.

[41] Intriligator M D，E Sheshinski. Toward a Theory of Plann'mg ［C］ //W. Heller R. StarrD Starrett（Eds.）. Social Choice and Public Decision MaKmg ［C］. UK：Cambridge University Press，1986.

[42] TALEN E. Do plans get implemented? A review of evaluation in planning ［J］. Journal of Planning Literature ，1996，10（3）：248-259.

[43] G. J. Knaap，L. D. Hopkins，K. P. Donaghy. Do Plans Matter? A Framework for Examining the Logic and Effects of Land Use Planning ［J］. Journal of Planning Education and Research，1998（18）：25-34.

[44] Cook T P. Postpositivist Critical Multiplism，in R L Shortland and M MMark（eds），Social Science and Social Policy ［J］. Newbury Park，CA，Sage，1985：129-146.

[45] Healey P. The Communicative Turn in planning. Theory and its Implication for Spatial Strategy Formation ［M］ //F. Fischer and J. Forester（eds），The Argumentative Turn in Policy Analysis and Planning Durham. NC：Duke University Press，1993：233-253.

[46] Alexander ER. Rationality Revisited：Planning Paradigms in a Post-Postmodernist Perspective ［J］. Journal of Planning Education & Research，2000（19）：242-256.

[47] Lichfield D. Community Impact Assessment and Planning. The Role of Objectives in Evaluation De-

sign [M] //H. Voogd (ed), Recent Developments in Evaluation. Groningen Geo Press, 2001: 153-74.

[48] Devris DL, Morrison AM, Shullman SL, Gerlaeh M. Performance appraisal on the line [J]. Greensboro, NC: Center for creative leadership, Technical Report, 1980 (16): 48-61.

[49] Kane J S, Lawler E E. Performance distribution assessment: A new framework for conceiving and appraising job performance [Z]. 1980.

[50] 李璐颖. 城市化率50%的拐点迷局——典型国家快速城市化阶段发展特征的比较研究 [J]. 城市规划学刊, 2013 (3): 43-49.

[51] 王晓东. 政策视角下对控制性详细规划的几点认识 [J]. 城市规划, 2011 (12): 13-15.

[52] 何子张. 控规与土地出让条件的"硬捆绑"与"软捆绑"——兼评厦门土地"招拍挂"规划咨询 [J]. 规划师, 2009 (11): 76-81.

[53] 汪坚强. 溯本逐源: 控制性详细规划基本问题探讨——转型期控规改革的前提性思考 [J]. 城市规划学刊, 2012 (6): 58-65.

[54] 黄明华, 王阳. 值域化: 绩效视角下的城市新建区开发强度控制思考 [J]. 城市规划学刊, 2013 (4): 54-59.

[55] 周一星. 城市研究的第一科学问题是基本概念的正确性 [J]. 城市规划学刊, 2006 (1): 1-5.

[56] 黄明华, 程妍, 张祎然. 不以规矩, 不成方圆——对城市规划术语标准化与规范化的思考 [J]. 规划师, 2011 (8): 107-111.

[57] 石楠. 试论城市规划中的公共利益 [J]. 城市规划, 2004 (6): 20-31.

[58] 李东泉, 蓝志勇. 论公共政策导向的城市规划与管理 [J]. 中国行政管理, 2008 (5): 36-39.

[59] 马武定. 城市规划本质的回归 [J]. 城市规划学刊, 2005 (1): 16-20.

[60] 沈桥林. 公共利益的界定与识别 [J]. 行政与法, 2006 (1): 87-90.

[61] 任立民, 纪高峰. 论我国现行法律中的公共利益条款 [J]. 南华大学学报 (社会科学版), 2005 (1): 76-78.

[62] 高家伟. 论市场经济体制下政府职能的界限 [J]. 法学家, 1997 (6): 11-18.

[63] 石楠. 试论城市规划中的公共利益 [J]. 城市规划, 2004 (6): 20-31.

[64] 吴志强, 于泓. 城市规划学科的发展方向 [J]. 城市规划学刊, 2005 (06): 2-10.

[65] 蔡克光. 城市规划的公共政策属性及其在编制中的体现 [J]. 城市问题, 2010 (12): 18-22, 80.

[66] 孙晖, 梁江. 控制性详细规划应当控制什么——美国地方规划法规的启示 [J]. 城市规划, 2000 (5): 19-21.

[67] 李泠烨. 城市规划合法性基础研究——以美国区划制度初期的公共利益判断为对象 [J]. 环球法律评论, 2010 (3): 59-71.

[68] 田莉. 城市规划的"公共利益"之辩——《物权法》实施的影响与启示 [J]. 城市规划, 2010 (1): 29-32+47.

[69] 马庆林. 日本住宅建设计划及其借鉴意义 [J]. 国际城市规划, 2012 (4): 95-101.

[70] 陆大道. 我国的城镇化进程与空间扩张 [J]. 城市规划学刊, 2007 (4): 47-52.

[71] 蔡克光, 陈烈. 基于公共政策视角的城市规划绩效偏差分析 [J]. 热带地理, 2010 (6): 633-637.

[72] 李飞. 对《城市居住区规划设计规范》(2002) 中居住小区理论概念的再审视与调整 [J]. 城市规划学刊, 2011 (3): 96-102.

[73] 欧阳鹏. 公共政策视角下城市规划评估模式与方法初探 [J]. 城市规划, 2008 (12): 22-28.

[74] 刘美霞. 中美住宅形式对比研究 [J]. 中国建设信息, 2004 (10): 41-44.

[75] 薛涌. 国远郊居住模式面临转折点 [J]. 共产党员 (下半月), 2012 (2): 44.

[76] 吴浩军. 簇团开发理论和实践 [J]. 国际城市规划, 2009 (6): 53-65.

[77] 肖诚. 欧美对居住密度与住宅形式关系的探讨 [J]. 南方建筑，1998 (3)：81-84.

[78] 马庆林. 日本住宅建设计划及其借鉴意义 [J]. 国际城市规划，2012 (4)：95-101.

[79] 李恩平，李奇. 韩国快速城市化时期的住房政策演变及其启示 [J]. 发展研究，2011 (7)：37-40.

[80] Man-Hyung Lee, Chan-Ho Kim. 韩国城市与区域规划体系发展过程与特点 [J]. 高毅存，翻译. 北京规划建设，2005 (5)：62-64.

[81] 王光裕. 韩国城市建设启示 [J]. 上海房地，2002 (11)：46-48.

[82] 韩林飞，周岳，薛飞. 北京 VS 首尔——住宅形式、社区布局和住房政策的提升空间 [J]. 北京规划建设，2009 (5)：130-133.

[83] 汪军，陈曦. 西方规划评估机制的概述——基本概念、内容、方法演变以及对中国的启示 [J]. 国际城市规划，2011 (6)：78-83.

[84] 刘刚，王兰. 协作式规划评价指标及芝加哥大都市区框架规划评析 [J]. 国际城市规划，2009 (6)：34-39.

[85] 王金岩，吴殿廷. 城市空间重构：从"乌托邦"到"辨证乌托邦"——大卫·哈维《希望的空间》的中国化解读 [J]. 城市发展研究，2007 (6)：1-7.

[86] 魏立华，丛艳国. 从"零地价"看珠江三角洲的城市化及其城市规划绩效 [J]. 规划师，2005 (04)：8-13.

[87] 韦亚平，赵民. 都市区空间结构与绩效——多中心网络结构的解释与应用分析 [J]. 城市规划，2006 (4)：9-16.

[88] 彭坤焘，赵民. 关于"城市空间绩效"及城市规划的作为 [J]. 城市规划，2010 (8)：9-17.

[89] 彭坤焘. 提升城市住房市场宏观调控的绩效——空间视角的分析 [J]. 城市规划，2008 (9)：21-27.

[90] 李峰清，赵民. 关于多中心大城市住房发展的空间绩效——对重庆市的研究与延伸讨论 [J]. 城市规划学刊，2011 (3)：6-19.

[91] 申明锐，罗震东. 英格兰保障性住房的发展及其对中国的启示 [J]. 国际城市规划，2012 (4)：28-35.

[92] 张京祥，陈浩. 南京市典型保障性住区的社会空间绩效研究——基于空间生产的视角 [J]. 现代城市研究，2012 (6)：66-71.

[93] 车志晖，张沛. 城市空间结构发展绩效的模糊综合评价——以包头中心城市为例 [J]. 现代城市研究，2012 (6)：50-58.

[94] 王旭辉，孙斌栋. 特大城市多中心空间结构的经济绩效——基于城市经济模型的理论探讨 [J]. 城市规划，2011 (6)：20-27.

[95] 吕斌，曹娜. 中国城市空间形态的环境绩效评价 [J]. 城市发展研究，2011 (7)：38-46.

[96] 吴一洲，吴次芳，李波，罗文斌. 城市规划控制绩效的时空演化及其机理探析——以北京 1958—2004 年间五次总体规划为例 [J]. 城市规划，2013 (7)：33-41.

[97] 何邕健，袁大昌，冯时. 基于城镇化绩效的资源型城市转型战略 [J]. 河北工程大学学报（自然科学版），2009 (1)：58-62.

[98] 吴一洲，王琳. 我国城镇化的空间绩效：分析框架、现实困境与优化路径 [J]. 规划师，2012 (9)：65-70.

[99] 李红锦，李胜会. 城市群空间结构绩效研究——基于珠三角城市群的实证研究 [J]. 商业时代，2012 (5)：134-135.

[100] 刘耀彬，杨文文. 基于 DEA 模型的环鄱阳湖区城市群空间网络结构绩效分析 [J]. 长江流域资源与环境，2012 (9)：1052-1057.

[101] 张浩然，衣保中. 城市群空间结构特征与经济绩效——来自中国的经验证据 [J]. 经济评论，2012 (1)：42-47＋115.

[102] 沈奕，韦亚平. 城市基础教育设施的空间服务绩效评价——以巢湖为例 [C] //中国城市规划学会. 规划创新——2010 中国城市规划年会论文集. 重庆：重庆出版集团，重庆出版社.

[103] 孙斌栋，涂婷，石巍，郭研苓. 特大城市多中心空间结构的交通绩效检验——上海案例研究 [J]. 城市规划学刊，2013 (2)：63-69.

[104] 阮梅洪，楼倩，牛建弄. 新城中村对城市空间绩效的影响研究——以义乌市宅基地安置的新城中村建设为例 [J]. 华中建筑，2011 (12)：110-115.

[105] 刘晓星，陈易. 对陆家嘴中心区城市空间演变趋势的若干思考 [J]. 城市规划学刊，2012 (3)：102-110.

[106] 吕斌，张玮璐，王璐，高晓雪. 城市公共文化设施集中建设的空间绩效分析——以广州、天津、太原为例 [J]. 建筑学报，2012 (7)：1-7.

[107] 曹芳东，黄震方，吴江，徐敏. 转型期城市旅游业绩效评价及空间格局演化机理——以泛长江三角洲地区为例 [J]. 自然资源学报，2013 (1)：148-160.

[108] 吕慧芬，黄明华. 控制性详细规划实效性分析 [C] //2005 年城市规划年会论文集. 中国城市规划学会，2005：992-997.

[109] 陈卫杰，濮卫民. 控制性详细规划实施评价方法探讨——以上海市浦东新区金桥集镇为例 [J]. 规划师，2008 (3)：67-70.

[110] 施治国. 长沙市控制性详细规划实施评价初探——以长沙市开福区控制性详细规划评估为例 [J]. 中外建筑，2010 (6)：73-74.

[111] 姚燕华，孙翔，王朝晖，彭冲. 广州市控制性规划导则实施评价研究 [J]. 城市规划，2008 (2)：38-44.

[112] 徐玮. 理性评估、科学编制，提高规划的针对性和前瞻性——上海控制性详细规划实施评估方法研究 [J]. 上海城市规划，2011 (6)：80-85.

[113] 孟江平. 作为控规编制管理体系内重要环节的规划评估——以上海市安亭国际汽车城核心区控规实施评估为例 [C] //转型与重构：2011 中国城市规划年会论文集. 南京：东南大学出版社，2011.

[114] 桑劲. 控制性详细规划实施结果评价框架探索——以上海市某社区控制性详细规划实施评价为例 [J]. 城市规划学刊，2013 (4)：73-80.

[115] 沈继仁. 北京近年居住小区规划评析 [J]. 建筑学报，1983 (2)：9-17.

[116] 赵万良，顾军. 上海市社区规划建设研究 [J]. 城市规划汇刊，1999 (6)：1-13.

[117] 胡伟. 城市规划与社区规划之辨析 [J]. 城市规划汇刊，2001 (1)：60-63.

[118] 孙施文，邓永成. 开展具有中国特色的社区规划——以上海市为例 [J]. 城市规划汇刊，2001 (6)：16-18.

[119] 徐一大，吴明伟. 从住区规划到社区规划 [J]. 城市规划汇刊，2002 (4)：54-55，59.

[120] 王颖. 上海城市社区实证研究——社区类型、区位结构及变化趋势 [J]. 城市规划汇刊，2002 (6)：33-40.

[121] 张玉枝. 居住社区评价体系 [J]. 上海城市规划，2000 (3)：16-20.

[122] 五地区和谐社会（社区）评价体系比较 [J]. 领导决策信息，2006 (12)：26-27.

[123] 周常春，杜庆. 我国和谐社区评价指标体系研究综述 [J]. 生产力研究，2011 (8)：210-214.

[124] 张静，艾彬，徐建华. 基于主因子分析的生态社区评价方法研究——以上海外环以内区域为例 [J]. 生态科学，2005 (4)：339-343.

[125] 田美荣，高吉喜，张彪，乔青. 生态社区评价指标体系构建研究 [J]. 环境科学研究，2007

(3)：87-92.

[126] 周传斌，戴欣，王如松，黄锦楼. 生态社区评价指标体系研究进展 [J]. 生态学报，2011（16）：4749-4759.

[127] 郑童，吕斌，张纯. 基于模糊评价法的宜居社区评价研究 [J]. 城市发展研究，2011（9）：118-124.

[128] 简逢敏，伍江. "住宅区规划实施后评估"的内涵与方法研究 [J]. 上海城市规划，2006（3）：46-51.

[129] 李伟国，朱坚鹏. 建立住宅区公共服务设施评价体系 [J]. 城乡建设，2005（5）：44-46.

[130] 袁也. 公共空间视角下的社区规划实施评价——基于上海曹杨新村的实证研究 [J]. 城市规划学刊，2013（2）：87-94.

[131] 杨光杰，白梅. 居住区的评价与空间分异研究——以淄博市中心城区为例 [J]. 山东理工大学学报（自然科学版），2006，20（6）：59-65.

[132] 杨肖，胡婧，李鑫. 十堰市绿地系统规划的评价与思考 [J]. 农业科技与装备，2009，（12）：27-30.

[133] 陈国平，赵运林. 城市绿地系统规划评价及其体系 [J]. 湖南城市学院学报：自然科学版，2009（2）：32-35.

[134] 张毅，邢占文，郭晓汾. 城市公共停车场规划评价指标体系解析 [J]. 城市问题，2007（7）：40-42.

[135] 胡纹，王玲玲. 居住区公共服务设施配套标准新思考——以《重庆市居住区公共服务设施配套标准》制订工作为例 [J]. 重庆建筑，2007（4）：25-26.

[136] 陈坚. 探讨小康住宅示范小区的停车指标和合理规模——以北京市居住区停车调研为基础 [J]. 规划师，1998（02）：70-77.

[137] 唐子来. 居住小区服务设施的需求形态：趋势推断和实证检验 [J]. 城市规划，1999（5）：31-35.

[138] 杨震，赵民. 论市场经济下居住区公共服务设施的建设方式 [J]. 城市规划，2002（5）：14-19.

[139] 晋璟瑶，林坚，杨春志，高志强，周琴丹. 城市居住区公共服务设施有效供给机制研究——以北京市为例 [J]. 城市发展研究，2007（6）：95-100.

[140] 尹若冰. 居住空间隔离视角下城市居民日常生活设施使用调查研究——以上海中心城区提篮桥街道为例 [C] //转型与重构：2011中国城市规划年会论文集. 南京：东南大学出版社，2011.

[141] 陈晓健. 公众诉求与城市规划决策：基于城市设施使用情况调研的分析和思考 [J]. 国际城市规划，2013（1）：31-35.

[142] 林茂. 住宅建筑合理高密度的系统化研究——容积率与绿地量的综合平衡 [J]. 新建筑，1988（4）：38-43.

[143] 韩晓晖，张晔. 居住组团模式日照与密度的研究 [J]. 住宅科技，1999（9）：6-9.

[144] 宋小冬，孙澄宇. 日照标准约束下的建筑容积率估算方法探讨. 城市规划汇刊，2004（6）：70-73.

[145] 宋小冬，田峰. 现行日照标准下高层建筑宽度和侧向间距的控制与协调. 城市规划学刊 [J]，2009（4）：82-85.

[146] 宋小冬，田峰. 高层、高密度、小地块条件下建筑日照二级间距的控制与协调 [J]. 城市规划学刊，2009（5）：96-100.

[147] 宋小冬，庞磊，孙澄宇. 住宅地块容积率估算方法再探 [J]. 城市规划学刊，2010（2）：57-63.

[148] 王献香. 交通条件约素下的土地开发强度研究 [J]. 交通与运输，2008（12）：7-10.

[149] 邹德慈. 容积率研究 [J]. 城市规划，1994（1）：19-23.

[150] 朱晓光. 控制性详细规划的指标确定 [J]. 城市规划汇刊, 1992 (1): 31-33+23.

[151] 何强为. 容积率的内涵及其指标体系 [J]. 城市规划, 1996 (1): 25-27.

[152] 咸宝林, 陈晓键. 合理容积率确定方法探讨 [J]. 规划师, 2008 (11): 60-65.

[153] 黄明华, 黄汝钦. 控制性详细规划中商业性开发项目容积率"值域化"研究 [J]. 规划师, 2010 (10): 28-33.

[154] 王京元, 郑贤, 莫一魁. 轨道交通 TOD 开发密度分区构建及容积率确定——以深圳市轨道交通 3 号线为例 [J]. 城市规划, 2011 (4): 30-35.

[155] 张民选. 绩效指标体系为何盛行欧美澳 [J]. 高等教育研究, 1986 (3): 86-91.

[156] 杨杰, 方俐洛, 凌文辁. 对绩效评价的若干基本问题的思考 [J]. 中国管理科学, 2000, 8 (4): 74-80.

[157] 杨长峰, 宋月丽. 基于灰色系统理论的快餐企业营销绩效评价方法 [J]. 中国商贸, 2010 (25): 50-51.

[158] 王广彦, 王薇, 董继国. 基于贝叶斯网络的高校教师绩效评价方法 [J]. 统计与决策, 2010 (18): 160-162.

[159] 张蕾. 基于 RBF 神经网络的中医药科研绩效评价方法分析 [J]. 无线互联科技, 2010 (4): 41-43.

[160] 吴先聪, 刘星. 基于格序理论的管理者绩效评价方法 [J]. 系统工程理论与实践, 2011 (2): 239-246.

[161] 陈晓利. 基于改进遗传算法的物流绩效评价方法 [J]. 物流科技, 2011 (2): 67-70.

[162] 张京祥, 陈浩. 南京市典型保障性住区的社会空间绩效研究——基于空间生产的视角 [J]. 现代城市研究, 2012 (06): 66-71.

[163] 吕斌, 张玮璐, 王璐, 高晓雪. 城市公共文化设施集中建设的空间绩效分析——以广州、天津、太原为例 [J]. 建筑学报, 2012 (7): 1-7.

[164] 叶贵, 汪红霞. 可拓评价方法在城市规划管理绩效评价中的应用 [J]. 统计与决策, 2010 (2): 167-169.

[165] 吕斌, 曹娜. 中国城市空间形态的环境绩效评价 [J]. 城市发展研究, 2011 (7): 38-46.

[166] 李红锦, 李胜会. 城市群空间结构绩效研究——基于珠三角城市群的实证研究 [J]. 商业时代, 2012 (5): 134-135.

[167] 苏腾, 曹珊. 英国城乡规划法的历史演变 [J]. 北京规划建设, 2008 (2): 86-90.

[168] 刘鸿典. 对解决城市住宅西晒问题的探讨 [J]. 建筑学报, 1954 (1): 15-18.

[169] 黄汉文. 计算机辅助日照环境分析及图形显示 [J]. 计算机辅助设计与图形学学报, 1998 (4): 322.

[170] 李英, 梁圣复. 影响现代室内环境健康的几个建筑设计因素及对策——由非典事件引发的思考 [J]. 四川建筑科技研究, 2004 (4): 99-100+102.

[171] 陆秋婷. 住宅建筑的日照环境分析 [J]. 江苏环境科技, 2007 (3): 53-56.

[172] 魏秀瑛. 如何解决东西朝向住宅的西晒问题 [J]. 中外建筑, 2007 (9): 120-121.

[173] 徐明尧. 也谈绿地率——兼论居住区绿地规划控制 [J]. 规划师, 2000 (5): 99-101.

[174] 孟丰敏. 城市的稀缺资源——停车位 [J]. 人车路, 2010 (6): 4-13.

[175] 汪江, 李世芬, 郑非非. 既有住区停车问题探讨 [J]. 华中建筑, 2010 (3): 103-105.

[176] 徐旭忠. 重庆市要求新建小区需按每户一车配停车位 [J]. 城市规划通讯, 2008 (21): 7.

[177] 刘勇强, 孙银莉. 对城市住区停车问题的思考 [J]. 住宅科技, 2008 (4): 33-37.

[178] 于光. 如何解决现有住宅区的停车问题 [J]. 新建筑, 1995 (5): 43-44.

[179] 陈坚. 小汽车与居住区规划 [J]. 建筑学报, 1996 (7): 29-31.

[180] 朱大明，胡金会. 居住区地下停车库规模的影响因素 [J]. 地下空间，2000 (1)：61-63.

[181] 王璇，束昱，侯学渊. 地下车库的选址与规模研究 [J]. 地下空间，1995 (1)：50-54.

[182] 陈燕萍. 居住区停车方式的选择 [J]. 建筑学报，1998 (7)：32-34.

[183] 黄明华，屈雯，王阳，丁亮. 控制和引导双视角下容积率控制方法初探——以准格尔旗西城区为例 [C] //中国城市规划学会. 多元与包容—— 2012 年中国城市规划年会论文集. 昆明：云南科技出版社，2012.

[184] 陈睿. 都市圈空间结构的经济绩效研究 [D]. 北京：北京大学，2007.

[185] 郑晓伟. 基于公共利益的城市新建居住用地容积率"值域化"控制方法研究 [D]. 西安：西安建筑科技大学，2012.

[186] 宋玲. 独立居住地块容积率"值域化"研究 [D]. 西安：西安建筑科技大学，2013.

[187] 张玉钦. 控制性详细规划指标体系研究 [D]. 广州：广州大学，2009.

[188] 伍敏. 公共利益及市场经济规律对我国规划控制要素的影响研究——以曹妃甸新建空港工业区控制性详细规划为例 [D]. 北京：中国城市规划设计研究院，2008.

[189] 陈俊. 城市规划中公共利益的分析 [D]. 武汉：华中科技大学，2006.

[190] 程道品. 生态旅游区绩效评价及模型构件——龙胜生态旅游区案例研究 [D]. 长沙：中南林学院，2003.

[191] 杜立钊. 欠发达地区城市化的驱动机制及其绩效分析——中国的经验研究 [D]. 兰州：西北师范大学，2004.

[192] 贾干荣. 生产者服务业空间分布及其绩效研究——对上海市的实证分析 [D]. 南京：东南大学，2006.

[193] 赵莹. 大城市空间结构层次与绩效——新加坡和上海的经验研究 [D]. 上海：同济大学，2007.

[194] 陈睿. 都市圈空间结构的经济绩效研究 [D]. 北京：北京大学，2007.

[195] 马彦强. 兰州城市空间结构演变分析及绩效评价 [D]. 兰州：兰州大学，2012.

[196] 李雅青. 城市空间经济绩效评估与优化研究 [D]. 武汉：华中科技大学，2009.

[197] 张鑫. 城市基础设施项目绩效评价研究 [D]. 西安：西安工业大学，2012.

[198] 杨陈润. 城市交通综合题空间结构绩效研究 [D]. 成都：西南交通大学，2012.

[199] 李楠. 山东省旅游业的空间结构及其优化研究——以市场绩效分析为中心 [D]. 青岛：青岛大学，2010.

[200] 段龙松. 物流园区布局与绩效评价建模 [D]. 南昌：南昌大学，2010.

[201] 高世超. 产业政策空间绩效视角下上海临港重装备产业区发展研究 [D]. 上海：华东师范大学，2010.

[202] 宁艳杰. 城市生态住区基本理论构建及评价指标体系研究 [D]. 北京：北京林业大学，2006.

[203] 冯晶艳. 居住区规划使用后评估方法研究 [D]. 上海：华东师范大学，2008.

[204] 刘洪营. 城市居住停车理论与方法研究 [D]. 长安大学，2009.

[205] 王阳. 城市总体规划层面上土地使用强度控制体系研究 [D]. 西安：西安建筑科技大学，2011.

[206] 郭妮. 居住小区机动车停车问题的量化分析 [D]. 杭州：浙江大学，2005.

[207] 吴笑晶. 基于平衡计分卡的和谐社区实施及评价体系研究——长宁区和谐社区建设实证研究 [D]. 上海：上海大学，2007.

[208] 裴艳飞. 西安市住宅市场消费者满意度研究 [D]. 西安：陕西师范大学，2009.

[209] 田峰. 高密度城市环境日照间距研究 [D]. 上海：同济大学，2004.

[210] 成三彬. 建筑日照分析及日照约束下最大容积率的计算 [D]. 合肥：安徽理工大学，2011.

[211] 中华人民共和国建设部. 城市规划编制办法 [M]. 北京：中国法制出版社，2006.

[212] 中华人民共和国建设部. 城市绿地分类标准 CJJ/T 85—2002 [S]. 北京：中国建筑工业出版社，

2002.

[213] 中华人民共和国住房和城乡建设部，中华人民共和国国家质量监督检验检疫总局. 城市用地分类与规划建设用地标准 GB 50137—2011 [S]. 北京：中国建筑工业出版社，2012.

[214] 中华人民共和国建设部. 城市居住区规划设计规范（2002 版）GB 50180—93 [S]. 北京：中国建筑工业出版社，2002.

[215] 中华人民共和国建设部. 工程建设标准强制性条文（城乡规划部分）[S]. 北京：中国建筑工业出版社，2000.

[216] 中华人民共和国建设部. 民用建筑设计通则 GB 50352—2005 [S]. 北京：中国建筑工业出版社，2005.

[217] 中华人民共和国建设部. 住宅建筑规范 GB 50386—2005 [S]. 北京：中国建筑工业出版社，2005.

[218] 中华人民共和国住房和城乡建设部，中华人民共和国国家质量监督检验检疫总局. 住宅设计规范 GB 50096—2011 [S]. 北京：中国建筑工业出版社，2012.

[219] 中华人民共和国建设部. 汽车库建筑设计规范 JGJ 100—98 [S]. 北京：中国建筑工业出版社，1998.

[220] 中华人民共和国教育部. 城市普通中小学校校舍建设标准 [S]. 北京：高等教育出版社，2003.

[221] 中华人民共和国住房和城乡建设部，中华人民共和国国家质量监督检验检疫总局. 中小学校设计规范 GB 50099—2011 [S]. 北京：中国建筑工业出版社，2010.

[222] 中华人民共和国住房和城乡建设部，中华人民共和国国家发展和改革委员会. 综合医院建设标准（建标 110—2008）[S]. 北京：中国计划出版社，2008.

[223] 中华人民共和国住房和城乡建设部，中华人民共和国国家发展和改革委员会. 中医医院建设标准 [S]. 北京：中国计划出版社，2008.

[224] 中华人民共和国卫生部，中华人民共和国国家中医药管理局. 城市社区卫生服务中心基本标准 [Z]. 2006.

[225] 中华人民共和国住房和城乡建设部，中华人民共和国国家质量监督检验检疫总局. 城市公共服务设施规划规范 GB 50442—2008 [S]. 北京：中国建筑工业出版社，2008.

[226] 国家技术监督局，中华人民共和国国家建设部. 高层民用建筑设计防火规范（2005 年版）GB 50045—95 [S]. 北京：中国建筑工业出版社，2005.

[227] 中华人民共和国建设部，中华人民共和国国家质量监督检验检疫总局. 住宅设计规范建筑设计防火规范 GB 50016—2006 [S]. 北京：中国建筑工业出版社，2006.

[228] 住宅用地容积率新规存疑点，不得低于 1 难实现 [EB/OL]. 凤凰网，2011-1-2. http://365jia.cn/news/2011-01-02/F842A6A7C35BC670.html.

[229] 盘点世界十大最奇怪的住宅 [EB/OL]. 新华网，2013-05-05. http://news.xinhuanet.com/tech/2012-06/05/C-123168585_8.html.

[230] 崔军平. 赵民：城市空间绩效分析 [EB/OL]. 焦点西安房地产网，2007-7-6. http://house.focus.cn/news/2007-07-06/333288.html.

[231] 刘月月. 北京《新城控规实施评估和优化维护系统》达到国内领先水平 [N]. 中国建设报，2009-12-8（3）.

[232] 孙雪梅. 新建小区须配自行车停车场 [N]. 京华时报，2012-09-16（003）.

[233] 朱凯，张天宇. 昨天开幕的居住空间创意设计展诠释节约型居住理念——小户型将成未来住宅消费新趋势 [N]. 南京日报，2012-09-02（A02）.

[234] 张璐. 居住类用地停车率由 50% 猛提到 80% 济南规划硬杠破解停车难 [N]. 齐鲁晚报，2010-1-17（A05）.

[235] 西安市规划局，西安市城市规划设计研究院. 西安市第四次城市总体规划（2008—2020 年）[R]. 2012.

[236] 西安建大城市规划设计研究院. 西安曲江区公共服务设施规划 [R]. 2008.

[237] 西安建大城市规划设计研究院. 西安高新区公共服务设施规划 [R]. 2012.

[238] 博思堂. 龙盛——曲江玫瑰园营销策划报告 [R]. 2011.

[239] 孙施文. 现代城市规划的特征 [R]. 2013.

[240] 王长川.《建筑设计防火规范》《高层民用建筑设计防火规范》整合意见讲稿 [R]. 2012.